高等院校应用型本科"十三五"规划教材 · 计算机类

C++面向对象程序设计

C++ MIANXIANG DUIXIANG CHENGXU SHEJI

主　编　王　静

副主编　张秋生　刘胜艳　徐　冬

华中科技大学出版社
http://www.hustp.com
中国 · 武汉

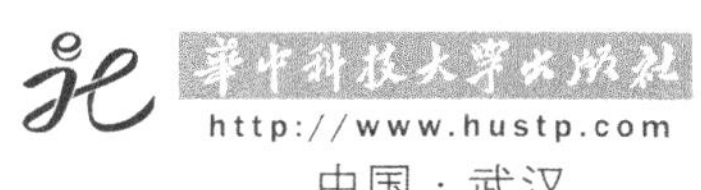

图书在版编目(CIP)数据

C++面向对象程序设计/王静主编. —武汉：华中科技大学出版社，2017.8(2021.8 重印)
ISBN 978-7-5680-3100-4

Ⅰ.①C… Ⅱ.①王… Ⅲ.①C 语言-程序设计-教材 Ⅳ.①TP312.8

中国版本图书馆 CIP 数据核字(2017)第 168997 号

C++面向对象程序设计
C++ Mianxiang Duixiang Chengxu Sheji

王 静 主编

策划编辑：曾 光
责任编辑：史永霞
封面设计：孢 子
责任监印：朱 玢
出版发行：华中科技大学出版社(中国·武汉) 电话：(027)81321913
武汉市东湖新技术开发区华工科技园 邮编：430223
录 排：武汉正风天下文化发展有限公司
印 刷：武汉邮科印务有限公司
开 本：787mm×1092mm 1/16
印 张：17.75
字 数：467 千字
版 次：2021 年 8 月第 1 版第 2 次印刷
定 价：40.00 元

前言

面向对象程序设计是目前大型程序设计的主流方法，其具有封装、继承、多态等特点，使设计者可以方便地将现实世界的对象抽象封装在一起，并通过它所提供的接口来实现对象之间的交互，保证了对象的稳定和安全特性。为了最大限度地实现代码复用，在面向对象程序设计中又提供了继承方法，它允许子类继承父类的所有属性和方法，并可以灵活地在子类中对从父类继承来的属性和方法进行扩充和修改，实现子类的特例化；为了实现处理方法的名同义不同（函数名相同，具体处理的参数数据类型及个数及处理过程可能不相同），在面向对象程序设计中，又提供了多态性处理方法，允许对函数和运算符重载（静态多态），并提出了虚函数的概念，实现动态绑定，增强了程序处理的灵活性。

面向对象程序设计方法，对降低软件的复杂性，改善其重用性和维护性，提高软件的生产效率，有着十分重要的意义。

C++语言是在C语言的基础上，扩充了面向对象机制形成的一种面向对象程序设计语言。对于具有C语言基础的人来说，学习C++会比较容易。C++全面兼容了C语言，继承了C语言的全部优点和功能。因为C语言广泛流行，所以有面向对象机制的C++语言的出现大大促进了面向对象程序设计方法的发展。

本书以Visual C++ 2012作为主要开发平台，在C语言的基础上，紧密结合C++的标准，从C语言过渡到C++语言，涵盖了C++语言的主要特征，使初学者能够很快掌握C++。本书语言通俗，层次清晰，理论与实例结合，力求做到深入浅出，将复杂的概念用简洁浅显的语言来讲述，使读者尽快迈入面向对象程序设计的大门，迅速掌握C++程序设计的基本技能和面向对象的概念和方法，并能编写出具有良好风格的程序。

本书共11章，第1章面向对象程序设计概述，第2章C++入门，第3章类和对象Ⅰ，第4章类和对象Ⅱ，第5章组合和继承，第6章多态与虚函数，第7章运算符重载，第8章模板和命名空间，第9章输入输出流，第10章异常处理，第11章Windows程序开发概述和MFC库。本书所有例题均在VC++ 2012下调试通过。为了与C++国际标准相一致，使用标准C++的头文件，系统头文件不带后缀“.h”，使用系统库时用命名空间 std。

由于作者水平有限，时间仓促，难免有疏漏和错误之处，敬请各位专家和读者批评指正。

编　者

2017 年 3 月

目录 CONTENTS

第1章 面向对象程序设计概述

【学习目标】

（1）了解面向对象技术的发展历史。

（2）了解面向对象软件开发的过程。

（3）掌握面向对象程序设计的相关术语。

（4）掌握面向对象程序设计的特征。

（5）了解目前常用的面向对象程序设计语言。

传统的软件开发方法曾经给软件产业带来了巨大的进步，尤其是在开发中小规模软件项目中获得了成功。但是随着硬件性能的提高和图形用户界面的推广，软件的应用更加普及与深入。当开发大型软件产品时，由于面对的问题越来越复杂，再使用传统软件开发方法，成本较高，成功率较低。

随着面向对象编程语言 Simula 67 中首次引入了类和对象的概念，人们逐渐开始注重面向对象分析和面向对象设计的研究，因此产生了面向对象方法学。到了 20 世纪 90 年代，面向对象方法学已经成为人们在开发软件时的主流软件设计方法。

1.1 面向对象程序设计的发展历史

“对象”和“对象的属性”这样的概念可以追溯到 20 世纪 50 年代初，它们首先出现于关于人工智能的早期著作中。但是出现了面向对象语言之后，面向对象思想才得到了迅速的发展。

1967 年，挪威计算中心的 Kristen Nygaard 和 Ole-Johan Dahl 开发的 Simula 67 语言被认为是最早的面向对象程序设计语言。它引入了所有后来面向对象程序设计语言所遵循的基础概念：对象、类和继承。他们对类、对象、继承和动态绑定等重要概念的首先引入，为面向对象这一当前最流行、最重要的程序设计技术奠定了基础。

Simula 67 的面向对象概念的影响是巨大而深远的。它本身虽然未能广泛流行，但在它的影响下产生的面向对象技术却迅速传播开来。

20 世纪 70 年代，Smalltalk 的问世又给面向对象的语言注入了新的血液。Smalltalk 被认为是第一个真正面向对象的语言，Smalltalk 的问世标志着面向对象程序设计方法的正式形成。

面向对象源于 Simula，真正的 OOP 由 Smalltalk 奠基。Smalltalk 现在被认为是最纯的 OOPL（面向对象程序设计语言）。

而在实践中，人们开始渐渐发现，由于 C 语言是如此深入人心，以至于当前最好的解决软件设计危机的方法并不是另外发明一种新语言去代替 C 语言，而是在它的基础上加以发展，使之可以扩展到面向对象的领域。

在这种形势下，C＋＋于 20 世纪 80 年代初面世。C＋＋保留了 C 语言原有的特点，同时增加了面向对象的机制。由于 C＋＋对 C 语言的改进主要是增加了类，因此它最初被设计者称为“带类的 C”，后来为了强调它是 C 的增强版，就采用 C 语言中的自加运算符号“＋＋”，改称它为“C＋＋”。从 C＋＋的名字中可以看出，C＋＋是 C 的超集，因此 C＋＋既可以用于面向过程的结构化程序设计，又可以用于面向对象的程序设计，是一种功能强大的混合型的程序设计语言。

从20世纪80年代中期到90年代，是面向对象语言走向繁荣的阶段。其主要表现是大批比较实用的面向对象编程语言的涌现，例如C++、Objective-C、Object Pascal、Eiffel等。这些面向对象的编程语言分为纯OO型语言和混合型OO语言。混合型OO语言是在传统的过程式语言基础上增加了OO语言成分形成的，在实用性方面具有更大的优势。此时的纯OO型语言也比较重视实用性。现在，在面向对象编程方面，普遍采用语言、类库和可视化编程环境相结合的方式，如Visual C++、Delphi等。面向对象方法也从编程发展到设计、分析，进而发展到整个软件生命周期。

到20世纪90年代，面向对象的分析与设计方法已多达数十种，这些方法都各有所长。目前，统一建模语言UML已经成为世界性的建模语言，适用于多种开发方法。把UML作为面向对象的建模语言，不但在软件产业界获得了普遍支持，在学术界影响也很大。

在C++之后，影响巨大的就是Java和C#语言了。从某个角度来说，它们是更纯粹的面向对象语言。因为C++可以用于面向过程的结构化程序设计，而Java和C#则没有这个功能。不过，Java和C#也有自己的特点，它们都支持丰富的MetaClass，这使得一切皆对象的概念支持得越发深刻。

在面向对象发展到现今，又出现了一些重大的变革，最突出的就是动态语言的出现。动态语言也是支持面向对象技术的，最典型的动态语言有JavaScript、Python、Ruby等。它们一个重大的变化就是将类的信息改变为动态的，并提出了Ducking Type的概念，这在很大程度上提升了编程的生产力。

其实，不仅仅在程序设计方面，面向对象也在不断向其他方面渗透。1980年Grady Booch提出了面向对象设计的概念，面向对象分析由此开始。1985年，第一个商用面向对象数据库问世。1990年以来，面向对象分析、测试、度量和管理等研究都得到长足发展。

从此，全世界掀起了一股面向对象的热潮，至今盛行不衰，面向对象也逐渐成为程序设计的主流。

目前，面向对象设计方法和结构化方法仍是两种在系统开发领域相互依存的、不可替代的方法。

1.2 结构化程序设计概述

在讨论面向对象程序设计之前，我们需要讨论一下传统的软件程序设计，也称为结构化程序设计。

结构化程序设计由E. W. Dijkstra在1969年提出，是以模块化设计为中心，将待开发的软件系统采用自顶向下、逐步求精，划分为若干个相互独立的模块，这样使完成每一个模块的工作变得单纯而明确。结构化程序设计主要强调的是程序的易读性。

它将整个待解决的问题，抽象为描述事物的数据以及描述对数据进行处理的算法，或者说数据处理过程。

面向过程的程序设计思想的核心是功能的分解：

第一步要做的工作就是将问题分解成若干个称为模块的功能块；

第二步根据模块功能来设计一系列用于存储数据的数据结构；

第三步编写一些过程(或函数)对这些数据进行操作。

显然，这种方法将数据结构和过程作为两个实体来对待，其着重点在过程。该方法强调的是将一个较为复杂的任务分解成许多易于控制和处理的子任务，自顶向下顺序地完成软件开发各阶段的任务。

面向过程的程序设计的缺点之一就是数据结构和过程的分离，一旦数据结构需要变更，就必须修改与之有关的所有模块。因此，面向过程的程序的可重用性差，维护代价高。

下面我们举一个实例来进一步讨论面向过程的程序设计方法。

考虑一个学生信息系统。该系统所处理的学生类型是研究生，允许用户进行输入学生信息、输出学生信息、插入(学生)、删除(学生)、查找(学生)等操作。首先根据面向过程的程序设计方法，将学生信息系统分解成 5 个对应的模块来实现以上工作，接着，建立一个简单的数据结构：

```
struct Student{
    char Name[20];                    //姓名
    long lNum;                        //学号
    float fGrade                      //成绩
};
```

然后，对每个过程按照一定的操作顺序编写程序。此时，数据结构与“过程”分离。

我们考虑如果数据结构发生了一些变化会产生什么样的结果。这时如果需要再增加一种学生类型——在职研究生，则原来的程序就不能处理了，因为学生类型不同，不同类型的学生对应不同的处理，就需要重新编写程序代码。因此，面向过程的程序可重用性差，维护代价高。

在整个 20 世纪 70 年代，结构化方法在软件开发中占绝对统治地位。当时问题规模比较小，需求变化也不大。但是，到了 70 年代末期，随着计算机科学的发展和应用领域的不断扩大，人们对计算机技术的要求越来越高。问题越来越复杂，规模越来越大，需求变化越来越快，面向过程就显得有些力不从心。如上例，当根据需求变化要修改某个结构体时，与之相关的所有过程函数就不得不也要相应地进行修改；而当修改一个过程函数时，也往往会涉及其他数据结构。在系统规模较小的时候，这还比较容易解决，可是当系统规模越来越大，涉及多人协作开发的时候，结构化程序设计语言和结构化分析与设计已经无法满足用户需求的变化，于是人们开始寻找更先进的软件开发方法和技术，OOP 由此应运而生。

面向对象程序设计(OOP)技术被认为是程序设计方法学的一场实质性的革命，是程序设计方法学的一个里程碑。OOP 大大提高了软件的开发效率，减少了软件开发的复杂性，提高了软件系统的可维护性、可扩展性。

1.3 面向对象程序设计概述

面向对象程序设计思维更接近人的思维活动，按人们认识客观世界的系统思维方式，采用基于对象(实体)的概念建立模型，模拟客观世界，分析、设计、实现软件的办法，通过面向对象的理念，使计算机软件系统能与现实世界中的系统一一对应。这种思想与传统的方法有很大不同。

面向对象是将客观事物看作具有属性和行为的对象，通过对客观事物的抽象找出同一类对象的共同属性(静态属性)和行为(动态特征)，形成类。每个对象有自己的数据、操作、功能和目的。通过类的继承和派生、多态等技术，提高软件代码的可重用性。

例如，在1.2节的学生信息系统中，采用面向对象的思想，可以先定义一个学生类(研究生)，包括学生的基本信息如姓名、学号、成绩等和学生所对应的相应的操作；当需要增加一种学生类型(如在职研究生)时，可以采用继承和派生的方式，在学生类的基础上派生出一个新类，这样该新类不仅可以继承学生类的所有特性，而且可以根据需要增加必要的程序代码，从而避免了公用代码的重复开发，实现了代码重用。

面向对象程序设计是一种新的程序设计范型。面向对象程序的主要结构特点是：

第一，程序一般由类的定义和类的使用两部分组成，在主程序中定义各对象并规定它们之间传递信息的规律；

第二，程序中的一切操作都是通过向对象发送消息来实现的，对象接收到消息后，启动有关方法完成相应的操作。

在面向对象的程序设计中，着重点在那些将要被操作的数据，而不是在实现这些操作的过程。数据构成了软件分解的基础，而不是功能。更重要的是，不能将数据和相应操作看成两个分离的实体，而是要把它们作为一个完整的实体来对待。数据与定义在它上面的操作构成一个整体。同时，数据本身不能被外部程序和过程直接存取，唯一的办法是通过定义在该数据上的操作，间接地实现对数据的读写，这样就实现了对信息的隐藏。

面向对象程序设计的最大优点就是软件具有可重用性。当人们对软件系统的要求有所改变时，并不需要程序员做大量的工作，就能使系统做相应的变化。

类与对象是面向对象程序设计中最重要的概念，也是一个难点，想要掌握面向对象程序设计的技术，首先就要很好地理解这两个概念。

1.3.1 面向对象的软件开发

随着软件规模的迅速增大，软件人员面临的问题十分复杂。需要规范整个软件开发过程，明确软件开发过程中每个阶段的任务，在保证前一个阶段工作的正确性的情况下，再进行下一阶段的工作。这就是软件工程学需要研究和解决的问题。面向对象的软件工程包括以下几个部分。

1. 面向对象分析

在软件工程中的系统分析阶段，系统分析员要和用户结合在一起，对用户的需求做出精确的分析和明确的描述，从宏观的角度概括出系统应该做什么(而不是怎么做)。面向对象的分析，要按照面向对象的概念和方法，在对任务的分析中，从客观存在的事物和事物之间的关系，归纳出有关的对象(包括对象的属性和行为)以及对象之间的联系，并将具有相同属性和行为的对象用一个类(class)来表示，建立一个能反映真实工作情况的需求模型。

2. 面向对象设计

根据面向对象分析阶段形成的需求模型，对每一部分分别进行具体的设计，首先是进行类的设计，类的设计可能包含多个层次(利用继承与派生)。然后以这些类为基础，提出程序设计的思路和方法，包括对算法的设计。

在设计阶段，并不牵涉某一种具体的计算机语言，而是用一种更通用的描述工具(如伪代码或流程图)来描述。

3. 面向对象编程

根据面向对象设计的结果，用一种计算机语言把它写成程序，显然应当选用面向对象的计算机语言(例如C++)，否则无法实现面向对象设计的要求。

4. 面向对象测试

在写好程序后交给用户使用前，必须对程序进行严格的测试。测试的目的是发现程序中的错误并改正它。面向对象测试是用面向对象的方法进行测试，以类作为测试的基本单元。

5. 面向对象维护

因为对象的封装性，修改一个对象对其他对象影响很小。利用面向对象的方法维护程序，大大提高了软件维护的效率。

现在设计一个大的软件，严格按照面向对象软件工程的 5 个阶段进行，这 5 个阶段的工作不是由一个人从头到尾完成的，而是由不同的人分别完成的。这样，OOP 阶段的任务就比较简单了，程序编写者只需要根据 OOD 提出的思路用面向对象语言编写出程序即可。在一个大型软件的开发中，OOP 只是面向对象开发过程中的一个很小的部分。如果所处理的是一个较简单的问题，可以不必严格按照以上 5 个阶段进行，往往由程序设计者按照面向对象的方法进行程序设计，包括类的设计（或选用已有的类）和程序的设计。

1.3.2 面向对象程序设计方法的基本概念

面向对象程序设计（object oriented programming，OOP，面向对象编程）的一条基本原则是计算机程序是由单个能够起到子程序作用的单元或对象组合而成的，是一种把面向对象的思想应用于软件开发过程中，指导开发活动的系统方法，是建立在“对象”概念基础上的方法学。

对象是由数据和容许的操作组成的封装体，与客观实体有直接对应关系，一个对象类定义了具有相似性质的一组对象。而继承是对具有层次关系的类的属性和操作进行共享的一种方式。所谓面向对象就是基于对象概念，以对象为中心，以类和继承为构造机制，来认识、理解、刻画客观世界和设计、构建相应的软件系统。

1. 对象

对象（object）是要研究的任何事物。从一本书到一家图书馆，甚至极其复杂的自动化工厂、航天飞机等，都可看作对象，它不仅能表示有形的实体，也能表示无形的（抽象的）规则、计划或事件。每个对象皆有自己的内部状态和运动规律，如学生张三具有名字、专业、某门功课成绩等内部状态，具有吃饭、睡觉、选课、考试等运动规律。对象由数据（描述事物的属性）和作用于数据的操作（体现事物的行为）构成一个独立整体。

从程序设计者来看，对象是一个程序模块；从用户来看，对象为他们提供所希望的行为。在对象内的操作通常称为方法。

对象可指现实社会中的对象，即问题域中的对象；也可指程序中的对象，即解题域中的对象。

2. 类

类（class）是具有相似内部状态和运动规律的实体的集合（或统称、抽象）。类的概念来自于人们认识自然、认识社会的过程。在这一过程中，人们主要使用两种方法：由特殊到一般的归纳法和由一般到特殊的演绎法。在归纳的过程中，我们从一个个具体的事物中把共同的特征抽取出来，形成一个一般的概念，这就是“归类”。如昆虫、狮子、爬行动物，因为它们都能动，所以归类为动物。在演绎的过程中我们又把同类的事物，根据不同的特征分成不同的小类，这就是“分类”，如动物→猫科动物→猫→大花猫等。对于一个具体的类，它有许多具体的个体,我们就管这些个体叫作"对象"。类的内部状态是指类集合中对象的共同状态,类的运动规律是指类集合中对象的共同运动规律。如柏拉图对人做如下定义:人是没有毛、能直立行走的动物。在柏拉图的定义中,"人"是一个类,具有"没有毛、能直立行走"等一些区别于其他事物的共同特征;而张三、李四、王五等一个个具体的人,是"人"这个类的一个个"对象"。

类是对象的模板,即类是对一组有相同数据和相同操作的对象的定义。一个类所包含的方法和数据描述一组对象的共同属性和行为。类是在对象之上的抽象,对象则是类的具体化,是类的实例。类可有其子类,也可有其他类,形成类层次结构。

在面向对象的软件技术中,"类"就是对具有相同数据和相同操作的一组相似对象的定义。也就是说,类是对具有相同属性和行为的一个或多个对象的描述,通常在这种描述中也包括对怎样创建该类的新对象的说明。通俗地讲,类是对具有相同属性和行为的一组相似的对象的抽象。

如 1.2 节中的例子,我们可以定义一个学生类。

```
class Student
{
   int Num;            //学号
   char sName[20];     //姓名
   float fGrader;      //成绩
public:
   void input();       //输入学生信息
   void print();       //输出学生信息
};
```

3. 实例

实例(instance)是一个类所描述的一个具体的对象。例如,通过"大学生"类定义一个具体的对象学生王明就是大学生类的一个实例,就是一个对象。学号:160201;姓名:王明;高等数学成绩:80,这些就是对象中的数据。输入学生信息、输出学生信息等操作就是对象中的操作。

实例就是由某个特定的类所描述的一个具体的对象。实际上,类是建立对象时使用的"模板",按照这个模板所建立的一个个具体的对象,就是类的实际例子,简称实例。

注意:使用"对象"这个术语,既可以指一个具体的对象,也可以泛指一般的对象;但是,使用"实例"这个术语,必然是指一个具体的对象。

类和对象之间的关系是抽象和具体的关系。类是对多个对象进行综合抽象的结果,对象是类的个体实物,一个具体的对象是类的一个实例。

4. 属性

属性,就是在类中定义的数据。它是对客观世界实体所具有的性质的抽象。例如,Student 类中所定义的表示学生的学号、姓名、成绩的数据成员就是 Student 类的属性。类的每个实例都有自己特有的属性值。如上例中学生王明的学号:160201;姓名:王明;高等数学成绩:80,就是实例王明自己特有的属性。

5. 消息

现实世界中的对象不是孤立存在的实体,它们之间存在着各种各样的联系,正是它们之间的相互作用、联系和连接,才构成了世间各种不同的系统。

在面向对象程序设计中，对象之间也需要联系，我们称为对象的交互。面向对象程序设计技术必须提供一种机制，允许一个对象与另一个对象的交互，这种机制称为消息传递。一个对象向另一个对象发出的请求称为“消息”。当对象接收到发给它的消息时，就调用有关的方法，执行相应的操作。

例如，zhangsan 是 Student 类的对象，当要求他输入自己的个人信息时，在 C++ 中应该向他发下列信息：

```
zhangsan.input();
```

其中 zhangsan 是接收消息的对象的名字，input 是消息名。当对象 zhangsan 接收到这个消息后，确定应完成的操作并执行之。

一般情况下，我们称发送消息的对象为发送者或请求者，接收消息的对象为接收者或目标对象。发送者发送消息，接收者通过调用相应的方法对消息做出响应。这个过程不断重复，系统不停地运转，最终得到相应的结果。

消息具有以下三个性质：

(1) 同一个对象可以接收不同形式的多个对象，做出不同的响应；

(2) 相同形式的消息可以传递给不同的对象，所做出的响应可以是不同的；

(3) 接收对象对消息的响应并不是一定的，对象可以响应消息，也可以不响应。

6. 方法

方法是对象所执行的操作，也是类中所定义的服务。方法描述了对象执行操作的算法和响应消息的方法。在 C++ 中把方法称为成员函数。

例如，为了让 Student 类中的对象能够响应输入运算，在 Student 类中必须给出成员函数 void input()的定义，也就是要给出这个函数的实现代码。

7. 重载

在解决问题时，经常会遇到一些函数，它们的功能相同，但参数类型不同或参数个数不相等。例如，求一个数的立方或求最大值问题，参数类型可能是整型，也可能是实型；可能是求两个参数的最大值，也可能是求三个参数的最大值。但很多程序设计语言要求函数名必须唯一，因此就需要定义不同函数名，使得程序员需要记忆很多不同的名字，增加了程序员的负担。针对这类问题，C++ 提供了重载机制，即允许具有相同或相似功能的函数使用同一函数名，从而减少了程序员记忆多个函数名字的负担。C++ 提供的重载包括函数重载和运算符重载。函数重载是指同一作用域内的若干个参数特征不同的函数可以使用相同的函数名字，运算符重载是指同一个运算符可以施加于不同类型的操作数上。也就是说，相同名字的函数或运算符在不同的场合可以表现出不同的行为。

1.3.3 面向对象程序设计的特征

面向对象程序设计是一种把面向对象的思想应用于软件开发过程中，指导开发活动的系统方法，是建立在“对象”概念基础上的方法学。对象是由数据和操作组成的封装体，与客观实体有直接对应关系，一个对象类定义了具有相似性质的一组对象。面向对象程序设计具有抽象性、封装性、继承性和多态性等特征。

抽象：从事物中舍弃个别的、非本质的特征，而抽取共同的、本质特征的思维方式。

封装：将数据和代码捆绑到一起，避免了外界的干扰和不确定性。对象的某些数据和代码可以是私有的，不能被外界访问，以此实现对数据和代码不同级别的访问权限。

继承：让某个类型的对象获得另一个类型的对象的特征。通过继承可以实现代码的重用：从已存在的类派生出的一个新类将自动具有原来那个类的特性，同时，它还可以拥有自己的新特性。

多态：一般类和特殊类可以有相同格式的属性或操作，但这些属性或操作具有不同的含义，即具有不同的数据类型或表现出不同的行为。

1. 抽象

类的定义中明确指出类是一组具有内部状态和运动规律对象的抽象，抽象是一种从一般的观点看待事物的方法。它要求我们集中于事物的本质特征（内部状态和运动规律），而非具体细节或具体实现。面向对象鼓励我们用抽象的观点来看待现实世界，也就是说，现实世界是一组抽象的对象——类组成的。

抽象就是从众多的事物中抽取出共同的、本质性的特征，舍弃其非本质的特征。例如，苹果、香蕉、酥梨、葡萄、桃子等，它们共同的特征就是水果。得出水果概念的过程，就是一个抽象的过程。共同特征是指那些能把一类事物与其他类事物分开来的特征，这些具有区分作用的特征又称为本质特征。而共同特征是相对的，是指从某一片面来看是共同的。例如，对于汽车和大米，从买卖的角度看都是商品，都有价格，这是它们的共同特征，而从其他方面比较时，它们则是不同的。所以在抽象时，哪些是共同特征，决定于从什么角度进行抽象，抽象的角度取决于分析问题的目的。抽象的目的主要是降低复杂度，以得到问题域中较简单的概念，好让人们能够控制其过程或以宏观的角度了解许多特定的事态。

抽象包含两个方面：一方面是过程抽象，另一方面是数据抽象。过程抽象就是针对对象的行为特征，如鸟会飞、会跳等，这些方面可以抽象为方法，即过程，写成类时都是鸟的方法。数据抽象就是针对对象的属性，如建立一个鸟这样的类，鸟会有以下特征——两个翅膀，两只脚，有羽毛等，写成类时这些都应是鸟的属性。

例如，用面向对象程序设计方法设计学生信息管理系统，由于管理的对象是学生，分析的重点应该是学生，通过分析学生信息管理系统的各种功能、操作和学生的主要属性（学号、姓名、班级、年龄、各科成绩等），找出其共性，将学生作为一个整体对待，并抽象成一个类（Student）。将学生群体抽象为一个类的过程如图 1-1 所示。在该抽象过程中，首先有高低、胖瘦、俊丑、学习好坏等各不相同的学生 1、学生 2……但他们都属于学生，都具有学号、姓名、班级、年龄、性别、成绩等属性（数据），还有输入学号、修改班级、打印各科成绩等行为（方法）。因此，可以把这些属性和方法封装起来而形成类。有了类后就可以建立类的实例，即类对应的对象。在此基础上还可以派生出其他类。

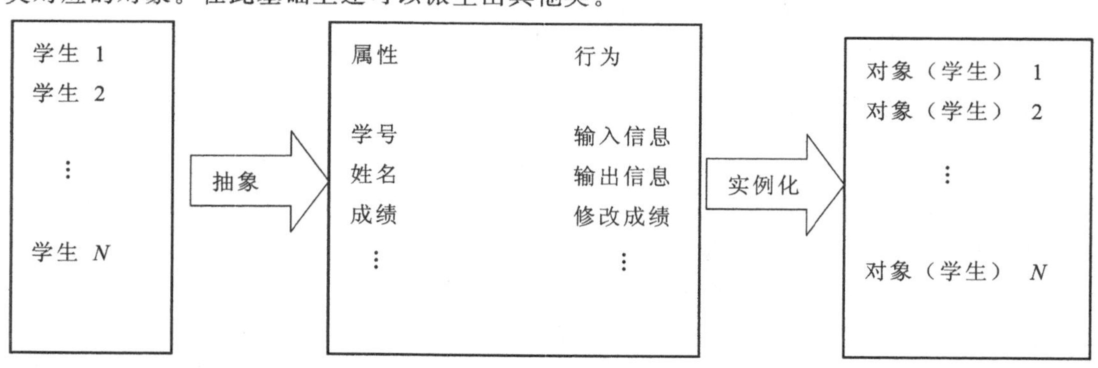

图 1-1　抽象过程示意图

2. 封装

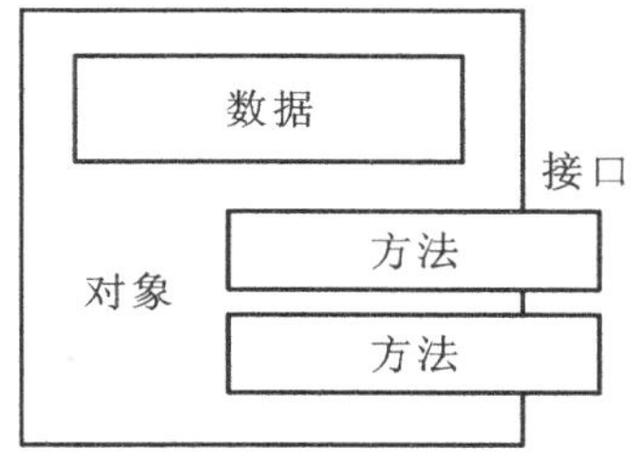

图 1-2 对象结构示意图

对象间的相互联系和相互作用过程主要通过消息机制得以实现。对象之间并不需要过多地了解对方内部的具体状态或运动规律。面向对象的类是封装良好的模块,类定义将其说明(用户可见的外部接口)与实现(用户不可见的内部实现)显式地分开,其内部实现按其具体定义的作用域提供保护。对象结构示意图如图 1-2 所示。

封装是一种信息隐蔽技术,是对象的重要特性。封装使数据和加工该数据的方法(函数)封装为一个整体,以实现独立性很强的模块,使得用户只能见到对象的外特性(对象能接受哪些消息,具有哪些处理能力),而对象的内特性(保存内部状态的私有数据和实现加工能力的算法)对用户是隐蔽的。封装的目的在于把对象的设计者和对象的使用者分开,使用者不必知晓行为实现的细节,只需用设计者提供的消息来访问该对象。就像电视机、录音机、洗衣机等,从其外形来看,各种电子或机械部件被封装在盒子内部。使用这些电器的人并不需要知道电器内部有哪些部件,它们是如何组装的,它们的工作原理又如何。使用者只需要会使用电器提供的几个外部按钮(对应于对象的外部接口),就可以实现自己所需要的功能。将电器部件封装在盒子内部,既可以避免各种人为的损坏,也便于维护和管理。在此,类是封装的最基本单位,在类中定义的接收对方消息的方法可称为类的接口。封装防止了程序相互依赖性而带来的变动影响。

通过封装,我们很好地实现了细节对外界的隐藏,从而达到数据说明与操作实现分离的目的,使用者只需要知道它的说明即可使用它。

3. 继承

继承是类不同抽象级别之间的关系。类的定义主要有 2 种办法归纳和演绎。由一些特殊类归纳出来的一般类称为这些特殊类的父类,特殊类称为一般类的子类,同样父类可演绎出子类,父类是子类更高级别的抽象。子类可以继承父类的所有内部状态和运动规律。广义地说,继承是指能够直接获得已有的性质与特征,而不必重复定义它们,且继承具有传递性。在 OO 软件技术中,继承是子类自动地共享基类中定义的数据和方法的机制。继承性使得相似的对象可以共享程序代码和数据结构,从而大大减少了程序中的冗余信息。

在计算机软件开发中采用继承性,提供了类的规范的等级结构;通过类的继承关系,使公共的特性能够共享,提高了软件的重用性。

一个类通过继承不仅可以直接继承其他类的全部特性,同时还可对继承来的特性进行修改并新增子类所特有的特性。继承分为单继承(一个子类只有一个父类)和多继承(一个类有多个父类),如图 1-3 所示。当允许一个类只能继承一个类时,类的继承就是单继承,比如 Java 语言中,一个类继承另一个类时只能是单继承,而 C++语言中就允许一个类继承多个类。

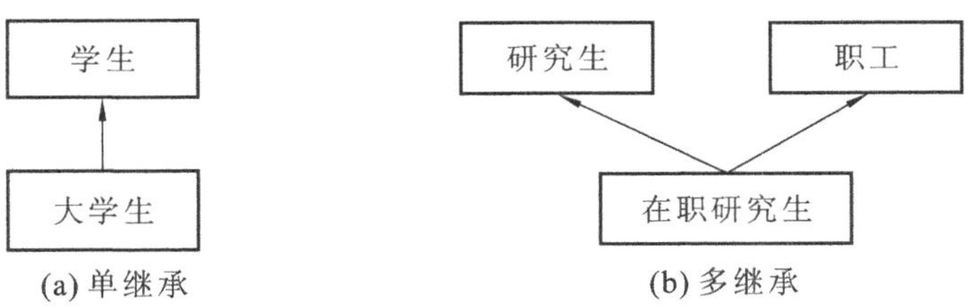

图 1-3 单继承和多继承

类的对象是各自封闭的，如果没有继承性机制，则类对象中的数据、方法就会出现大量重复。继承不仅支持系统的可重用性，而且还促进系统的可扩充性。

4. 多态

多态性是面向对象方法的重要特征。不同的对象，收到同一个消息可以产生不同的结果，这种现象称为多态性。多态性允许每个对象以适合自身的方式去响应共同的消息。例如：一个学生拿着象棋对另一个学生说："咱们玩棋吧。"另一个学生听到请求后，就明白是下象棋；一个小朋友拿着跳棋对另一个小朋友说："咱们玩棋吧。"另一个小朋友听到请求后，就明白是玩跳棋。同样的一句话（消息），不同的对象产生不同的结果。

对象根据所接收的消息做出动作，同一消息为不同的对象接受时可产生完全不同的行动。利用多态性，用户可发送一个通用的信息，而将所有的实现细节都留给接受消息的对象自行决定，即同一消息可调用不同的方法。例如：Print 消息被发送给一图表时调用的打印方法与将同样的 Print 消息发送给一正文文件而调用的打印方法会完全不同。多态性的实现受到继承性的支持，利用类继承的层次关系，把具有通用功能的协议存放在类层次中尽可能高的地方，而将实现这一功能的不同方法置于较低层次，这样，在这些低层次上生成的对象就能给通用消息以不同的响应。

在 OOPL 中可通过在派生类中重定义基类函数（定义为重载函数或虚函数）来实现多态性。子类对象可以像父类对象那样使用这些函数，同样的消息既可以发送给父类对象，也可以发送给子类对象，即在父类与其子类之间共享一个行为的名字，但是却可以按各自的实际需要来加以实现。多态性机制不仅增加了面向对象软件系统的灵活性，还进一步减少了信息的冗余。

综上可知，在 OO 方法中，对象和传递消息分别表现事物及事物间相互联系的概念。类和继承是适应人们一般思维方式的描述范式。这种对象、类、消息和方法的程序设计范式的基本点在于对象的封装性和类的继承性。通过封装能将对象的定义和对象的实现分开，通过继承能体现类与类之间的关系，以及由此带来的动态联编和实体的多态性，从而构成了面向对象的基本特征。

1.4 面向对象相对面向过程的优缺点

1. 优点

(1) 通过继承，可以大幅减少多余的代码，并扩展现有代码的用途。

(2) 可以在标准的模块上构建程序，而不必一切从头开始，这可以减少软件开发时间并提高生产率。

(3) 数据隐藏的概念帮助程序员保护程序免受外部代码的侵袭。

(4) 容许一个对象的多个实现同时存在，而且彼此之间不会相互干扰。

(5) 容许将问题中的对象直接映射到程序中。

(6) 基于对象的工程可以很容易地分割为独立的部分。

(7) 以数据为中心的设计方法容许我们抓住可实现的更多细节。

(8) 面向对象程序的系统很容易从小到大逐步升级。

(9) 对象间通信所使用的消息传递技术与外部系统接口部分的描述更简单。

(10) 更便于控制软件的复杂度。

2. 缺点

(1) 需要一定的软件支持环境。

(2) 不太适宜大型的 MIS(管理信息系统)开发,若缺乏整体系统设计划分,易造成系统结构不合理、各部分关系失调等问题。只能在现有业务基础上进行分类整理,不能从科学管理角度进行理顺和优化。

(3) 初学者不易接受、难学。

 1.5 其他面向对象程序设计语言

1. Java 语言

Java 语言是由 Sun Microsystems 公司在 20 世纪 90 年代初开发的一种面向对象的程序设计语言。Java 是一个广泛使用的网络编程语言。首先,作为一种程序设计语言,它简单,面向对象,不依赖于机器结构,具有可移植性、鲁棒性和安全性,并且提供了并发的机制,具有很高的性能;其次,它最大限度地利用了网络,Java 的应用程序(APPlet) 可在网络上传输;另外,Java 还提供了丰富的类库,使程序设计者可以很方便地建立自己的系统。

2. C#语言

C#语言由 Microsoft 公司于 2000 年 6 月 26 日对外正式发布的。C#语言从 C/C++语言继承发展而来,是一个全新的、面向对象的、现代的编程语言。C#语言可以使广大程序员更加容易地建立基于 Microsoft. Net 平台、以 XML(扩展标识语言)为基础的因特网服务应用程序。用 C#语言编写的应用程序可以充分利用.NET 框架体系带来的各种优点,完成各种各样高级的功能,例如用来编写基于通用网络协议的 Internet 服务软件,也可以编写 Windows 图形用户界面程序,还可以编写各种数据库、网络服务应用程序。

 1.6 关于 C++上机实践

在了解了面向对象及 C++的初步知识后,读者可以尝试在计算机上编译和运行第一个 C++程序,以加深对面向对象和 C++程序的认识,并初步掌握 C++的上机操作。

读者可以使用不同的 C++编译系统,在不同的环境下编译和运行一个 C++程序。但是需要强调的是,我们学习的是 C++程序设计,应当掌握的是标准 C++,而不应当只了解某一种"方言化"的 C++;不应当只会使用一种 C++编译系统,只能在一种环境下工作,而应当能在不同的 C++环境下运行自己的程序,并且了解不同的 C++编译系统的特点和使用方法,在需要时能将自己的程序方便地移植到不同的平台上。

大部分读者在学习 C 语言的时候可能选用的开发平台是 Visual C++ 6.0,C++语言源程序同样也可以用 Visual C++ 6.0。Visual C++ 6.0 是一款非常优秀的平台,它占用的系统资源比较少,打开工程、编译运行都比较快,所以赢得很多软件开发者的青睐。但因为它先于 C++标准推出,所以对 C++标准的支持不太好。随着 Visual C++版本的更新,比如 VS2005、VS2008 和 VS2010 直至 VS2015,虽然新版本所需的资源越来越多,对处理器和内存的要求越来越高,但毋庸置疑,对 C++标准的支持越来越好,对各种技术的支持也越来越完善。所以,这里选择了较高版本的 Visual C++。

本书向大家介绍两种常见的集成开发平台:一个是 Microsoft Visual Studio 2012(读者

可以根据自己电脑的配置选择或高或低的版本)，但只用到其中的C++语言部分；另一个是Dev Cpp。为了快速了解C++程序和开发平台的基本用法，以C++语言编写的“Hello world!”应用程序为例，说明它们的工作过程。

1. Microsoft Visual Studio 2012 开发环境

由于Microsoft Visual Studio 2012需要利用新版Windows的核心功能，因此其系统需求为Windows 7或更高版本。

【例 1-1】 创建一个控制台应用程序，当其运行时在屏幕上显示“Hello world!”。

具体操作如下：

(1) 建立一个项目(project)。在Microsoft Visual Studio 2012下开发C++程序时，首先要建立一个项目。项目中存放了建立程序所需要的全部信息。建立项目的步骤为：启动Microsoft Visual Studio 2012，启动后界面如图1-4所示。在图1-4的“文件”菜单中依次单击“新建”→“项目”菜单项，弹出“新建项目”对话框，如图1-5所示。

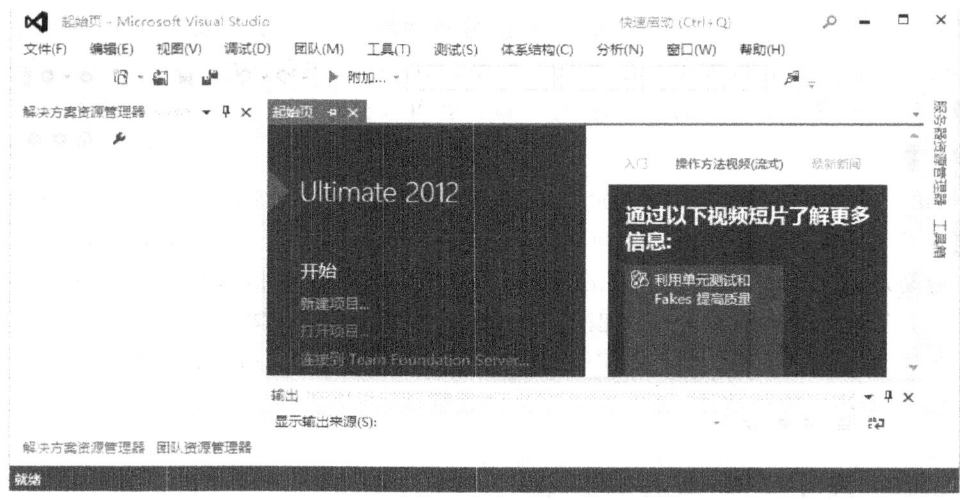

图 1-4　Microsoft Visual Studio 2012 起始界面

图 1-5　“新建项目”对话框

（2）在图 1-5 中选择“Visual C＋＋”下的“Win32”→“Win32 控制台应用程序”，然后在“名称”文本框中输入“MyProject”，在“位置”文本框后的浏览中选择要保存项目的位置，图 1-5 中已输入位置。单击“确定”按钮后出现“Win32 应用程序向导-MyProject”对话框，如图 1-6 所示。在“Win32 应用程序向导-MyProject”对话框中单击“完成”按钮，出现图 1-7 所示界面。

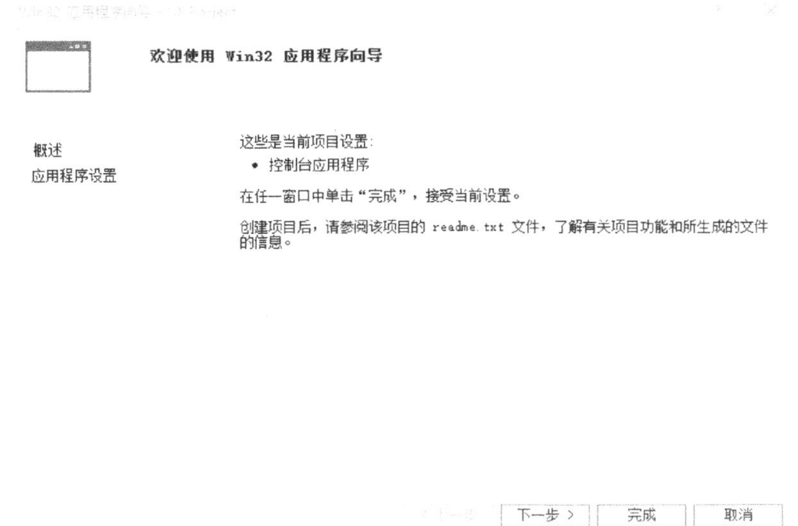

图 1-6 “Win32 应用程序向导-MyProject”对话框

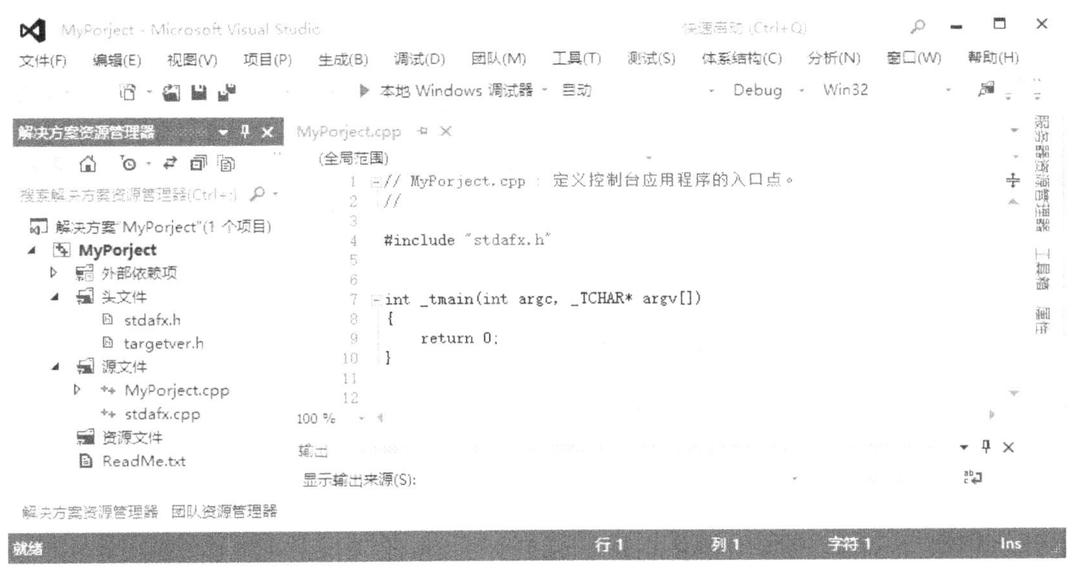

图 1-7 创建控制台应用程序的起始界面

（3）创建类 Demo。在图 1-7 中的“解决方案”中选择“头文件”，单击右键，在弹出的快捷菜单中选择“添加”→“新建项”，如图 1-8 所示。选择“新建项”后出现“添加新项-MyProject”对话框，在该对话框中的模板(T)中选择“头文件(.h)”，在“名称”文本框中输入“Demo.h”，如图 1-9 所示。单击“添加”按钮，建立“Demo.h”，如图 1-10 所示。

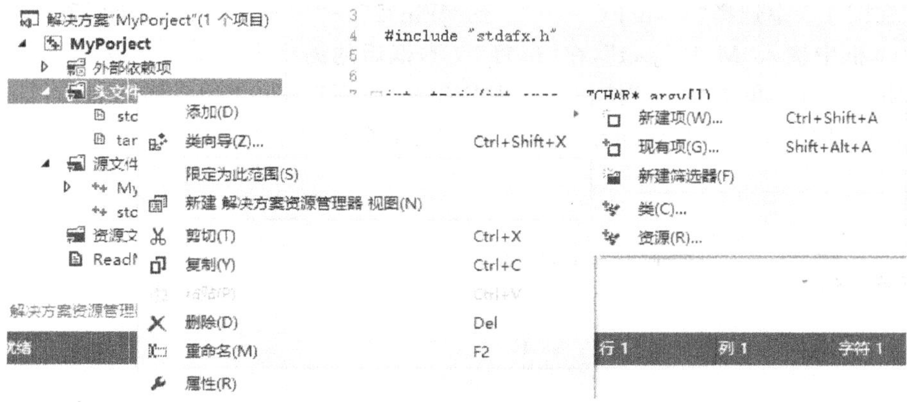

图 1-8　添加新建项

图 1-9　添加头文件

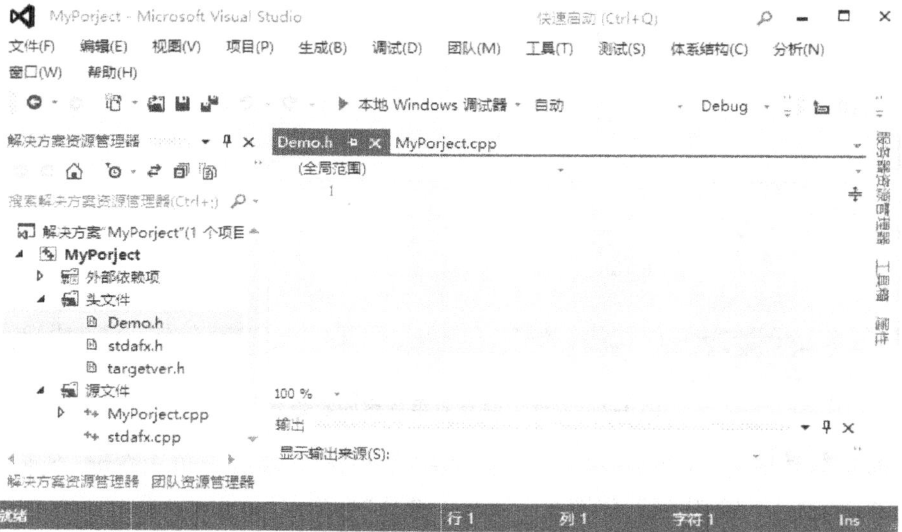

图 1-10　建立 Demo. h

(4) 在 Demo.h 的空白区域(编辑区)中输入下面的代码：

```
class demo    //声明一个类 demo
{public:
    void Print()   //添加一个成员函数
    {     cout<< "Hello world!"< < endl;//在屏幕上输出""Hello world!"}
};
```

(5) 双击“源文件”中的“MyProject.cpp”，在 MyProject.cpp 文件的编辑区中补充以下代码：

```
#include "stdafx.h"
#include <iostream>
using namespace std;
#include "Demo.h"
int _tmain(int argc, _TCHAR*  argv[])
{ demo d;
  d.Print();
  return 0;
}
```

(6) 执行菜单命令“生成”→“生成解决方案”，图 1-11 所示的输出显示生成成功。

```
Demo.h          MyPorject.cpp  ⇲ ×
(全局范围)
// MyPorject.cpp : 定义控制台应用程序的入口点。
//

#include "stdafx.h"
#include <iostream>
using namespace std;
#include "Demo.h"

int _tmain(int argc, _TCHAR* argv[])
{
    demo d;
    d.Print();
    return 0;
}


100 %
输出
显示输出来源(S): 生成
1>  MyPorject.cpp
1>  MyPorject.vcxproj -> E:\C++\MyPorject\Debug\MyPorject.exe
========== 全部重新生成: 成功 1 个，失败 0 个，跳过 0 个 ==========
```

图 1-11　生成解决方案

(7) 执行菜单命令“调试”→“开始执行(不调试)”命令，或按 Ctrl+F5 组合键，进行程序的编译、连接和运行过程，运行结果如图 1-12 所示。

图 1-12　运行结果

2. Dev Cpp

Dev C++是一个 C/C++开发工具,它是一款自由软件,遵守 GPL 协议。它集合了 GCC、MinGW 等众多自由软件,并且可以从工具支持网站上取得最新版本的各种工具支持。

在 Dev-C++平台上来实现例 1-1 的具体操作如下:

(1) 建立一个项目(project)。在 Dev-C++平台上可以直接新建源代码或项目。这里我们选择新建项目。建立项目的步骤为:先新建一个文件夹,例如"e:\c++",启动 Dev-Cpp,启动后的界面如图 1-13 所示;在图 1-13 的"文件"菜单中依次单击"新建"→"项目"菜单项,弹出图 1-14 所示对话框;选择标签"Console",选中"Hello World"图标,单击"确定"按钮,弹出"另存为"对话框,如图 1-15 所示。

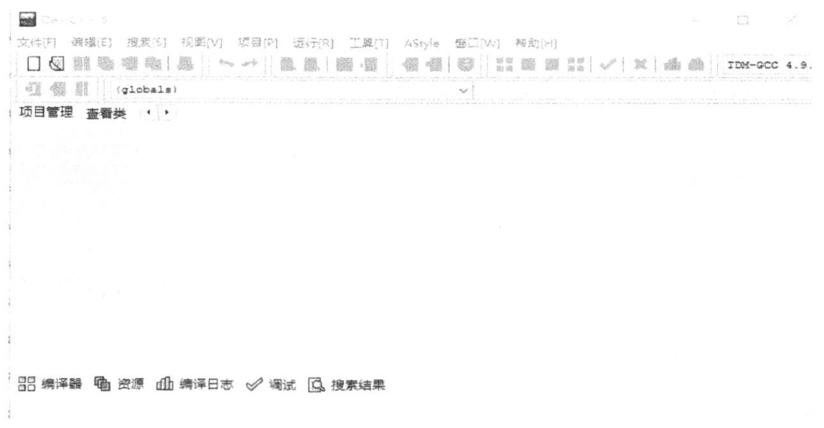

图 1-13 Dev-C++启动界面

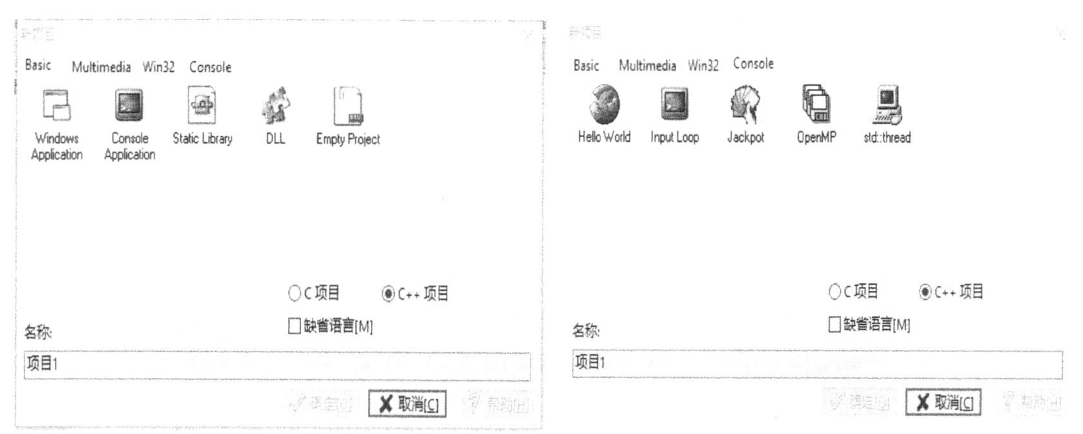

图 1-14 Dev-C++ 新建项目界面

(2) 在"另存为"对话框中可以选择这个新建的项目存放的位置及该新项目的名称。这里新建项目存放的位置为之前新建的文件夹"e:\c++",项目名称为 MyProject1,项目后缀名为 dev。单击"保存"按钮,进入代码编辑界面,如图 1-16 所示。

(3) 编写代码。在图 1-16 中执行"文件"→"新建"→"源代码",会弹出一个未命名的文件编辑窗口,在该窗口中输入代码:

```
class demo    //声明一个类 demo
{
public:
    void Print()   //添加一个成员函数
    {
        cout<<"Hello world!"<<endl;//在屏幕上输出"Hello world!"
    }
};
```

并单击工具栏上的“保存”按钮，将其保存为“demo.h”。

图 1-15　项目“另存为”对话框

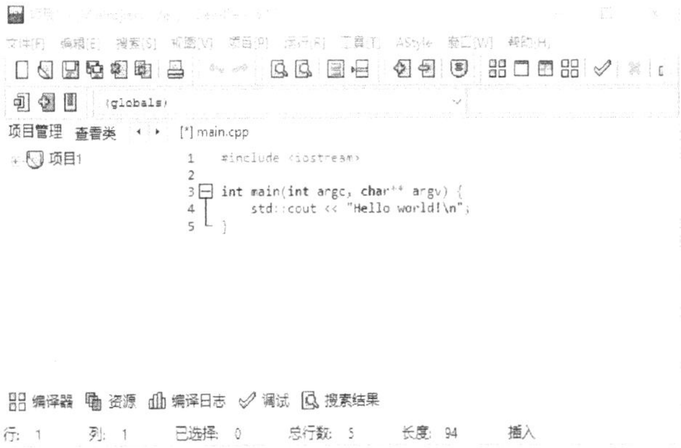

图 1-16　代码编辑界面

继续修改代码，单击 main.cpp 标签，在编辑窗口，修改代码如下：

```
#include <iostream>
using namespace std;
#include "demo.h"
int main(int argc,char** argv) {
    demo d;
    d.Print();
    return 0;
}
```

(4) 编译执行。完成代码的编写后，单击工具栏上的 键，进行编译，编译完成无错误后，单击工具栏上的 键，执行该程序，结果如图 1-17 所示。

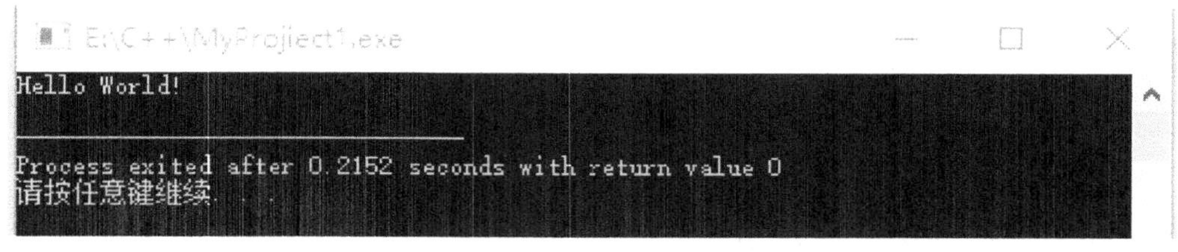

图 1-17 运行结果

习　　题

1-1 什么是面向对象方法学？

1-2 在面向对象程序设计中，什么是对象？什么是类？对象和类的关系是什么？

1-3 什么是消息？

1-4 什么是方法？在 C＋＋中它是通过什么来实现的？

1-5 什么是抽象性和封装性？

1-6 什么是继承性？若类之间具有继承关系，则它们之间具有哪些特性？

1-7 C＋＋支持多态性主要表现在哪些方面？

1-8 面向对象程序设计的优点主要有哪些？

第2章 C++入门

【学习目标】

(1)了解 C++的发展和特点。

(2)掌握 C++对 C 的各种扩充。

(3)掌握 C++源程序的构成。

C++是由贝尔实验室的 Bjarne Stroustrup 在 C 语言的基础上发展和完善的。C++与 C 兼容。用 C 语言写的程序基本上可以不加修改地用于 C++。从 C++的名字可以看出,它是 C 的超集。C++既可用于面向过程的结构化程序设计,又可用于面向对象的程序设计,是一种功能强大的混合型的程序设计语言。C++对 C 的“增强”,表现在两个方面:

(1) 在原来面向过程的机制的基础上,对 C 语言的功能做了不少扩充。

(2) 增加了面向对象的机制。

面向对象程序设计,是针对开发较大规模的程序而提出来的,目的是提高软件开发的效率。不要把面向对象和面向过程对立起来,面向对象和面向过程不是矛盾的,而是各有用途、互为补充的。学习 C++,既要会利用 C++进行面向过程的结构化程序设计,也要会利用 C++进行面向对象的程序设计。

2.1 C++的发展和特点

2.1.1 C++的发展

语言的核心特征是逐步完善起来的,这也许是 C++语言不同于其他语言的独特之处。

(1) 在“C with Class”阶段,研制者在 C 语言的基础上加进去的特征主要有:类及派生类、公有和私有成员的区分、类的构造函数和析构函数、友元、内联函数、赋值运算符的重载等。

(2) 1985 年公布的 C++语言 1.0 版的内容中添加了一些重要特征:虚函数的概念、函数和运算符的重载、引用、常量(const)等。

(3) 1989 年推出的 2.0 版形成了更加完善的支持面向对象程序设计的 C++语言,新增加的内容包括:类的保护成员、多重继承、对象的初始化与赋值的递归机制、抽象类、静态成员函数、const 成员函数等。

(4) 1993 年的 C++语言 3.0 版本是 C++语言的进一步完善,其中最重要的新特征是模板(template),此外解决了多重继承产生的二义性问题和相应的构造函数与析构函数的处理等。

(5) 1998 年 C++标准(ISO/IEC14882 Standard for the C++ Programming Language)得到了国际标准化组织(ISO)和美国标准化协会的批准,标准 C++语言及其标准库更体现了 C++语言设计的初衷。名字空间的概念、标准模板库(STL)中增加的标准容器类、通用算法类和字符串类型等使得 C++语言更为实用。

(6) 2003 年发布一个 C++标准的修正版本。

(7) 2011 年,C++11 标准由国际标准化组织和国际电工委员会(IEC)旗下的C++标准委员会(ISO/IEC JTC1/SC22/WG21)公布并出版。此次标准为 C++ 98 发布后 13 年来第一次重大修正。C++11 包含了核心语言的新机能,并且拓展了 C++标准程序库,并且加入了大部分的 C++ Technical Report 1 程序库(数学上的特殊函数除外)。

(8) 2014 年,经过 C++标准委员会投票,C++14 标准获得一致通过。与 C++11 相比,C++14 的改进比较小,是实现使 C++"对新手更为友好"这一目标的步骤之一。C++14 按计划是一个小版本,完成制定 C++11 标准的剩余工作,目的是使 C++成为一门更清晰、更简单和更快速的语言。C++14 的主要特性在三个领域:Lambda 函数、constexpr 和类型推导。新的语言特性留到了未来的 C++17 标准中。

C++语言的标准化进程如图 2-1 所示。

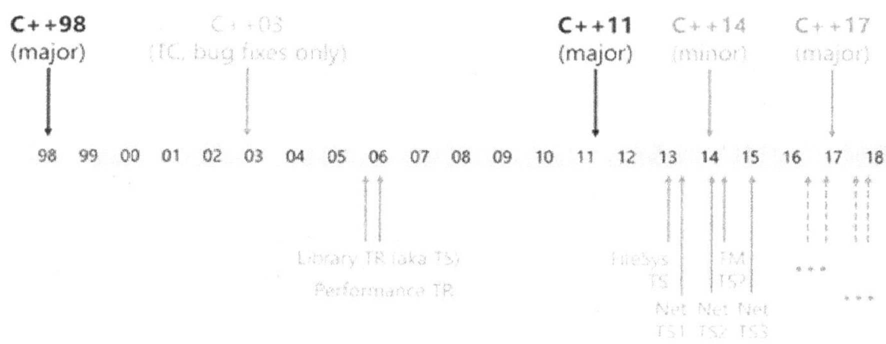

图 2-1 C++语言的标准化进程

2.1.2 C++的特点

C++语言既保留了 C 语言的有效性、灵活性、便于移植等全部精华和特点,又添加了面向对象编程的支持,具有强大的编程功能,可方便地构造出模拟现实问题的实体和操作;编写出的程序具有结构清晰、易于扩充等优良特性,适合于各种应用软件、系统软件的程序设计。用 C++编写的程序可读性好,生成的代码质量高,运行效率仅比汇编语言慢 10%~20%。

C++语言具有以下特点:

(1) C++是 C 语言的超集。它既保持了 C 语言的简洁、高效和接近汇编语言等特点,又克服了 C 语言的缺点,其编译系统能检查更多的语法错误,因此,C++比 C 语言更安全。

(2) C++保持了与 C 语言的兼容。绝大多数 C 语言程序可以不经修改地直接在 C++环境中运行,用 C 语言编写的众多库函数可以用于 C++程序中。

(3) 支持面向对象程序设计的特征。C++既支持面向过程的程序设计,又支持面向对象的程序设计。

(4) C++程序在可重用性、可扩充性、可维护性和可靠性等方面都较 C 语言得到了提高,使其更适合开发大中型的系统软件和应用程序。

 2.2 一个简单的 C++程序

我们先从第一个 C++例程来初步了解 C++语言。

【例 2-1】 输入两个数，计算并输出和值。程序如下：

```
1  #include<iostream>// 包含头文件 iostream
2  using namespace std;         //使用命名空间 std
3  int main()                   //主函数首部
4  {
5        int x,y,sum;                  //定义三个整型变量
6        cout<<"请输入变量 x y:"<<'\n';//提示输入两个变量
7        cin >>x>>y;                   //输入变量 x,y,这里运行时假设输入 3 和 4
8        sum=x+y;                      //将 x,y 的和值赋给 sum
9        cout<<"x+y="<<sum<<endl;//输出和值
10       return 0;                     //如程序正常结束,向操作系统返回一个数值 0
11 }
```

运行结果如图 2-2 所示。

图 2-2　例 2-1 运行结果

程序说明：

第 1 行“＃include ＜iostream＞”，是 C＋＋的一个预处理命令，它以“＃”开头，行尾没有分号。＃include ＜iostream＞是一个包含命令，它的作用是将文件 iostream 的内容包含到该命令所在的程序文件中，代替该命令行。文件 iostream 的作用是向程序提供输入或输出时所需要的一些信息。iostream 是 int、out、stream 3 个词的组合，从它的形式就可以知道它代表“输入输出流”。由于这类文件都放在程序单元的开头，所以称为头文件(head file)。在程序进行编译时，先对所有的预处理命令进行处理，将头文件的具体内容代替＃include命令行，然后再对该程序单元进行整体编译。

第 2 行“using namespace std;”的意思是“使用命名空间 std”。C＋＋标准库中的类和函数是在命名空间 std 中声明的，因此程序中如果需要 C＋＋标准库，就需要用“using namespace std;”做声明，表示要用到命名空间 std 中的内容。

第 3 行“int main()”，从这行开始是主函数的定义，在 C＋＋标准中，要求 main 函数必须声明为 int 型。C＋＋通常是这样处理的：如果程序正常结束，则在 main 函数的最后加一条语句“return 0;”(见第 10 行)，向操作系统返回数值 0；如果函数执行不正常，则返回数值－1。

从例 2-1 中可以看出，第 6、7、9 行语句中的关键字 cin、cout 及运算符“＞＞”“＜＜”和 endl 是 C 语言中没有的。它们正是 C＋＋提供的新的输入输出方式。其中 cin 称为标准输入流对象，cout 是标准输出流对象，它们都是 C＋＋系统定义的对象，用来实现输入/输出功能。“＞＞”是提取运算符(也称为标准输入运算符)，“＜＜”是插入运算符(也称为输出运算符)，endl 表示一行结束的操纵符，效果同“'\n'”。

```
cin>>变量;//从标准输入设备(键盘)输入数据到变量中
cout<<表达式;//将表达式的值输出到标准输出设备(显示器)上
```

关于输入流对象和输出流对象的概念将在后面介绍，在此读者只要知道用“cin＞＞”和“cout＜＜”可以分别实现输入和输出就可以了。为了便于理解，我们把用 cin 和“＞＞”实现输入的语句简称为 cin 语句，把用 cout 和“＜＜”实现输出的语句简称为 cout 语句。而且 cin 和 cout 可以级联地进行输入和输出。例如：

```
cin>>a>>b;//a、b 为变量
cout<<"hello!"<<name<<endl;
```

注意：当用户输入数据时，所输入的数据类型必须与对应的变量类型一致，否则产生错误。当级联输入多个数据时，用空格键或 Tab 键分隔，当全部数据输入完成后，按回车(即按 Enter 键)表示输入结束。

流对象 cin、cout 及运算符“<<”“>>”的定义，均包含在头文件 iostream 中，在例 2-1 的第 1 行可见“#include<iostream>”。

由于 C++是从 C 语言发展而来的，为了与 C 语言兼容，C++保留了 C 语言中的一些规定。例如，在 C 语言中头文件用.h 作为后缀，如 stdio.h、math.h 等。为了语言兼容，许多 C++(如 VC++ 4.1 版本)的编译系统头文件都是以“*.h”的形式，如 iostream.h 等。但后来 ANSI C++建议头文件不带后缀.h。近年来推出的 C++编译系统新版本则采用 C++的新方法，头文件名不再有“.h”扩展名，如采用 iostream、cmath 等。但为了使原来编写的 C++程序能够运行，某些系统在程序中，既可以选择使用旧版本的带后缀.h 的头文件，也可以使用新的不带后缀.h 的头文件。这样，例 2-1 中的第 1 行可改为“#include <iostream.h>”，此时就不需要第 2 行“using namespace std;”了。

在 VC 6.0 中，两种风格的 iostream 头文件都接受，但在更高版本系列中，只接受不带.h 的 iostream。如在第 1 章中介绍的 VC++ 2012 和 Dev-Cpp，就只接受后一种风格。

2.3 数据类型

2.3.1 C++的数据类型

计算机处理的对象是数据，而数据是以某种特定的形式存在的(例如整数、浮点数、字符等形式)。

C++可以使用的数据类型如下：

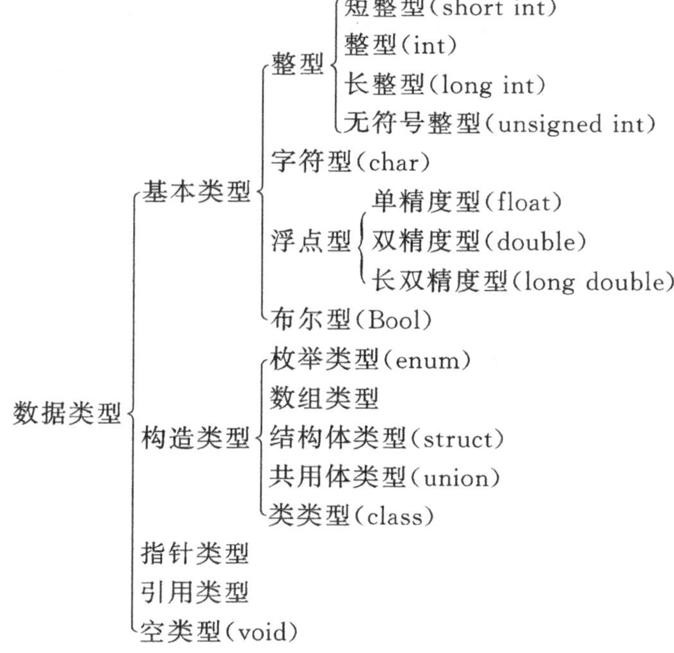

C++并没有统一规定各类数据的精度、数值范围和在内存中所占的字节数，各C++编译系统根据自己的情况做出安排。

除了类类型外，布尔型和引用类型是C++中新增的数据类型。

空类型就是无值型。

布尔型就是逻辑型，是C++的基础数据类型，占用1个字节。对于Bool类型，值只要不是0就为真，即true；当值为0时为假，即false。

2.3.2 局部变量说明

在声明变量时，在C语言程序中，全局变量声明必须在任何函数之外，局部变量必须集中在函数体或语句块内可执行语句之前声明；而在C++语言中则非常灵活，它允许变量声明与可执行语句在程序中交替出现，这样，程序员就可以在要使用一个变量时才声明它。例如：在C语言中，下面的函数F是不正确的：

```
F()
{
    int i; //说明语句
    i=10; //执行语句
    jnt j; //说明语句，在C语言中，这条语句是不允许的，但是在C++中是正确的
    j= 25; //执行语句
    …
}
```

由于在函数F中可执行语句“i=10;”插在两个变量说明之间，在C语言环境编译时将指示有错误，并中止对函数F的编译。但在C++中，以上程序段是正确的，编译时不会出错。

C++允许在代码中的任何地方说明局部变量，它所说明的变量从其说明点到该变量所在的最小分程序末的范围内有效。需要强调的是，局部变量的说明一定要符合“先定义、后使用”的规定。

局部变量说明灵活：在大函数中，在最靠近使用变量的位置说明变量较为合理；而在较短的函数中，把局部变量集中在函数开始处说明较好。

2.3.3 结构、联合和枚举类型

不同于C语言，在C++中，结构名、联合名、枚举名可直接作为类型名。在定义变量时，不必在结构名、联合名或枚举名前冠以struct、union或enum，例如：

```
enum Bool{ FALSE,TRUE}; //定义枚举类型 Bool
struct String {            //定义结构体类型 String
    char * ptr;
    int length;
};
```

在传统的C中，定义变量时，必须写成：

```
enum Bool done;
struct String str;
```

在C++中定义变量时，可以说明为：

```
Bool done;        //省略了 enum
String str;       //省略了 struct
```

此外，在C++中，对结构体进行了扩充。在C语言中，结构体可以包含各种不同类型的数据成员。在C++中它不仅可以含有不同类型的数据成员，而且还可以含有函数。如下是合法的：

```
struct Complex    //声明一个名为 Complex 的结构体
{
    double real,imag;  //定义了两个 double 型的数据成员实部和虚部
    void init(int r,int i)//定义了函数 init,初始化 real 和 imag
    { real=r;imag=i;
    }
};
```

2.4 引用(&)

引用(reference)是C++对C语言的一个重要的扩充。在C++中，变量的“引用”就是变量的别名。

2.4.1 引用的概念

引用被认为是某个变量或对象的别名。引用定义格式如下：

类型名　&引用名=被引用的对象名；

例如：

```
int x;
int &y=x;//定义引用 y 赋值为 x,则 y 和 x 是同一变量,具有相同的内存地址
```

引用就像给原来的对象起了一个“绰号”，访问引用时，实际访问的就是被引用的那个存储单元。

首先让我们声明一个引用并使用它来初步认识引用。

【例 2-2】

```
#include<iostream>
using namespace std;
int main(){
    int i=0;              //定义变量 i
    int &j=i;             //声明一个 int 引用 j,并与 i 绑定,此时 j 就叫 i 的引用
    cout<<"i="<<i<<",j="<<j<<endl;
    i++;
    cout<<"i="<<i<<",j="<<j<<endl;
    j++;
    cout<<"i="<<i<<",j="<<j<<endl;
    return 0;
}
```

```
i=0,j=0
i=1,j=1
i=2,j=2
```

图 2-3　例 2-2 运行结果

程序运行结果如图 2-3 所示。

此时，i 和 j 共享同一内存空间，可以理解为 j 是 i 的别名。它通常用于修饰函数的参数表和函数的返回值，但也可以独立使用，使用规则如下：

(1) 对变量声明一个引用,编译系统不给它单独分配存储单元,i 和 j 都代表同一变量单元。

(2) 引用并不是一种独立的数据类型,它必须与某一种类型的变量相联系。在声明引用时,必须立即对它进行初始化,不能声明完成后再赋值。

例如,下述声明是错误的:

```
int i=10;int &j;              //错误,没有指定 j 代表哪个变量
j=i;                          //不能声明完成后再赋值
double a;int &b=a;            //错误,声明 b 是一个整数变量的别名,而 a 不是整型变量
```

(3) 为引用提供的初始值,可以是一个变量或另一个引用。例如:

```
int x=5;      //定义整型变量 x
int &y=x;     //声明 y 是整型变量 x 的引用(别名)
int &z=y;     //声明 z 是整型引用 y 的引用(别名)
```

这样定义后,变量 x 有两个别名:y 和 z。

(4) 指针是通过地址间接访问某个变量,而引用是通过别名直接访问某个变量。每次使用引用时,可以不用像指针那样书写间接运算符"*",因而使用引用比使用指针更直观、方便,可以简化程序,便于理解。

【例 2-3】 比较引用和指针的使用方法。

```
#include<iostream>
using namespace std;
int main()
{
    int i=15;      //定义整型变量 i,赋初值为 15
    int *iptr=&i;  //定义指针变量 iptr,将变量 i 的地址赋给 iptr
    int &rptr=i;   //声明变量 i 的引用 rptr,rptr 是变量 i 的别名
    cout<<" i is "<<i<<endl;               //输出 i 的值
    cout<<"*iptr is "<<*iptr<<endl;        //输出*iptr 的值
    cout<<"rptr is "<<rptr<<endl;          //输出 rptr 的值
    return 0;
}
```

程序运行结果如图 2-4 所示。

```
C:\WINDOWS\system32\cmd.exe
i is 15
*iptr is 15
rptr is 15
请按任意键继续. . .
```

图 2-4 例 2-3 运行结果

从这个程序可以看出,如果要使用指针变量 iptr 所指的变量 i,必须用"*"来间接引用指针;而使用引用 rptr 所代表的变量 i,不必书写间接引用运算符"*"。

(5) 引用在初始化后不能再被重新声明为另一个变量的引用(别名)。例如:

```
int i,k;      //定义 i 和 k 是整型变量
int &j=i;     //声明 j 是整型变量 i 的引用(别名)
j=&k;         //错误,企图重新声明 j 是整型变量 k 的引用(别名)
```

2.4.2 引用作为函数参数

C++提供引用，其主要的一个用途就是将引用作为函数的参数。首先看一个经典的使用函数交换两个变量值的例子。

【例 2-4】 使用函数交换两个变量值。

```
#include<iostream>
using namespace std;
void swapbyariable(int x,int y)  //①变量名作为函数参数
{
    int t;
    t=x;x=y;y=t;
}
void swapbypointer(int *x,int *y) //②指针变量作为函数参数
{
    int z;
     z=*x;*x=*y;*y=z;
}
void swapbycite(int &x,int &y)  //③引用作为函数的参数
{
    int z;
    z=x;    x=y;    y=z;
}
int main()
{
    int i=10,j=20;
    int m=10,n=20;
    int a=10,b=20;
    swapbyariable(a,b);     //传递变量 a,b 的值
    swapbypointer(&i,&j);     //传递 i、j 的地址
    swapbycite(m,n);          //使用引用
    cout<<"a="<<a<<",b="<<b<<endl;
    cout<<"i="<<i<<",j="<<j<<endl;
    cout<<"m="<<m<<",n="<<n<<endl;
    return 0;
}
```


程序运行结果如图 2-5 所示。

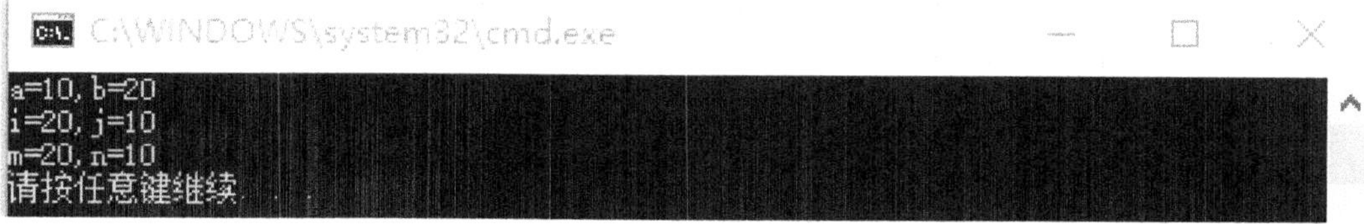

图 2-5　例 2-4 运行结果

通过例 2-4 发现：

① 调用 swapbyariable 时，是变量名作为函数参数，这时实参传给形参的是实参变量 a，b 的值，即“传值调用”。这种传递是单向的，此时形参 x，y 是实参 a，b 的副本，与实参不占用同一存储单元。函数里对副本 x，y 做任何修改，不会对实参有任何影响。

② 调用 swapbypointer 时，是指针变量作为函数参数，这时实参传给形参的是实参变量 i，j 的地址，即“传址调用”。这种传递是双向的，此时形参 x，y 是实参 i，j 的地址，在函数中通过交换 * x，* y(即间接交换 i，j)的值，实现了参数的双向传递。

③ 调用 swapbycite 时，是将引用作为函数的参数，实参传给形参的是实参变量的地址，函数接收到地址后并不另外分配临时内存空间储存该地址，而是直接当作引用的地址，形参和实参占用同一个存储单元，此时对形参的修改就是对实参的修改，也达到了交换目的。显然，若想实现传递的双向，引用语法更简洁清楚，在调用函数时，不需要加运算符。

当函数的返回值为引用方式时，需要特别注意的是，不要返回一个不存在的或已经销毁的变量的引用(即空引用)。

【例 2-5】

```
int &tcite2(){
    int m=2;
    //return m;
    //错误，调用完函数 tcite2()后，临时对象 m 将被释放，返回值为一个空引用
    static int x=5;
    return x;//正确，x 为一静态对象，不会随着函数 tcite2()的结束而结束
}
```

【例 2-6】 正确使用指针和引用做返回值的例子。

```
int *tpointer(int *p){
    (*p)++;
    return p;     //正确，因为 p 是指向函数外的指针
}
int &tcite(int &c){
    c++;
    return c;     //正确，因为 c 是指向函数外的引用
}
int main(){
    int i;
    tpointer(&i);
    tcite(i);
}
```

上例中，函数 tpointer()返回值为指针类型，指针中存放的地址由实参传递而来，所以函数运行结束后，指针内的地址并不失败(存放的是主函数中 i 的地址)；函数 tcite()返回值为引用方式，该引用是对参数 c 的引用，而参数 c 引用的是主函数中的 i，所以 tcite()函数返回值引用主函数中的 i，调用函数 tcite()结束后，引用仍然有效。

2.4.3 对引用的进一步说明

下面再对使用引用的一些细节做进一步的讨论。

(1) 不能建立引用的数组。例如：

```
int a[4]="abcd";
int &ra[4]=a;       //错误,不能建立引用数组
```

(2) 不能建立引用的引用,不能建立指向引用的指针。例如:

```
int n=3;
int &&r=n;         //错误,不能建立引用的引用
int &*p=n;         //错误,不能建立指向引用的指针
```

(3) 可以将引用的地址赋给一个指针,此时指针指向的是原来的变量。例如:

```
int a=50;         //定义 a 是整型变量
int &b=a;         //声明 b 是整型变量 a 的引用
int *p=&b;        //指针变量 p 指向变量 a 的引用 b,其作用与下面一行相同
int *p=&a;        //如果输出*p 的值,就是 b 的值,也就是 a 的值
```

(4) 可以建立对指针变量的引用。例如:

```
int i,*p=&i;       //声明指针变量 p,指向变量 i
int *&q=p;         //正确,声明一个对指针 p 的引用 q
```

(5) 可以用 const 对引用加以限定,不允许改变该引用的值,也可以定义常量的引用。例如:

```
int a=5;
const int &b=a;   //声明常量引用,不允许改变引用 b 的值
b=3;              //错误,企图改变引用 b 的值
a=3;              //正确,修改变量 a 的值
const int &c=1;   //正确,声明对常量 1 的引用
int &d=1;         //错误,不能将对变量的引用初始化为常量
```

尽管引用运算符“&”与地址操作符“&”使用相同的符号,但是它们是不一样的。引用运算符“&”仅在声明引用时使用,其他场合使用的“&”都是地址操作符。例如:

```
int j=5;
int &i=j;    //声明引用 i,“&”为引用运算符
i=123;       //使用引用 i,不带引用运算符
int *pi=&i; //在此,“&”为地址操作符
cout<<&pi; //在此,“&”为地址操作符
```

 2.5 常量 const

C++的数据包括常量与变量,常量与变量都具有类型。常量的值是不能改变的,一般从其字面形式即可判别是否为常量。

常量是一种标识符,它的值在运行期间恒定不变。C 语言用 #define 来定义常量(称为宏常量)。例如:

```
# define  LIMIT  100;
```

实际上,#define 只是在预编译时进行字符置换,把程序中出现的 LIMIT 全部置换为 100。在预编译后,程序中不再有 LIMIT 这个标识符。LIMIT 不是变量,没有类型,不占用存储单元,而且容易出错(可能会产生意料不到的错误)。

2.5.1 const 使用方法

C++语言除了 # define 外,还提供了一种更灵活、更安全的方式来定义常量,即用

const 来定义常量(称为 const 常量)。声明的格式为:

```
const  类型  名常量名=初值;
```

或者

```
类型名  const  常量名=初值;
```

例如:

```
const int LIMIT=100;//等价于 int const LIMIT=100;
```

这里的常量 LIMIT 是有类型(int)的,它占用存储单元,有地址,可以用指针指向这个值,但不能修改它。C++建议用 const 取代#define 定义常量。

注意:

(1) 尽量把 const 定义放进头文件里。

(2) 当定义一个常量(const)时,必须初始化,即赋初值给它。

(3) 可以定义常数组与常对象。例如:

```
const int DATALIST[]={5,8,11,14};  //合法使用,定义一个常量数组
stuct MyStruct{int i;int j;}
const MyStruct sList[]={{1,2},{3,4}};  //正确,定义一个结构体常量数组
```

但是,假设定义了上述数组后,对常数组的以下引用为错误使用:

```
char cList[DATALIST[1]];      //错误
float fList[sList[0].i];      //错误
```

错误的原因在于,在编译时编译器必须为数组分配固定大小的内存。而用 const 修饰的数组意味着"不能被改变"的一块存储区,但其值在编译期间不能被使用。

2.5.2 const 与指针

const 可以与指针结合使用,有两种情况:一是用 const 修饰指针,即修饰存储在指针里的地址;二是修饰指针指向的对象。为了防止混淆使用,采用"最靠近"原则,即 const 离哪个近就修饰哪个量。如果 const 修饰符离变量近,则表达的含义为指向常量的指针;如果离指针近,则表达的含义为指向变量的常指针。

1. 指向常量的指针

定义格式:

```
const  类型名  *指针变量名;//推荐用法
```

或者

```
类型名  const  *指针变量名;
```

例如:

```
const char *pc="abcd";
```

等价于

```
char const *pc="abcd";
```

这个语句的含义为:声明一个名为 pc 的指针变量,它指向一个字符型常量,初始化 pc 为常字符串"abcd"的地址。

```
pc[3]='x';//错误，此时不允许改变指针所指的常量
pc="efgh";  //正确，pc本身是一个普通指针变量，因此可以改变pc所指的地址
```

注意：

可以将变量的地址赋值给指向常量的指针，但常量的地址不能赋值给指向变量的指针。例如：

```
int a,*p;
const int b=100;
const int *q;
q=&a;  //正确，可以将变量的地址赋值给指向常量的指针
*q=200;//错误，因为q所指向的为常量，值不能改变
a=100;  //正确
p=&b;  //错误，常量的地址不能赋值给指向变量的指针
char *pc="abcd";  //正确，但是是特例，保持对C语言的兼容，不建议这样使用
const char *qc="efgh";//正确，并推荐
```

2. 常指针

定义格式：

类型名 *const 指针常量名＝初始地址;

例如：

```
int *const pc=&i;
```

这个语句的含义为：声明一个名为pc的指针常量，该指针是指向整型数据的常指针，用变量i的地址初始化该常指针。

```
*pc=5;//正确，可以改变pc所指地址中的数据
pc=&j;//错误，指针pc是常量，不能改变它的值
```

考虑以下语句表示什么：

```
const int * const point="hello";
```

说明：

（1）＃define可以看成一个程序预处理语句，只能用于在程序的开头位置定义全局的常量；而const可以在程序中的任意位置定义常量，所定义的常量的作用域亦随定义位置而变化。

（2）与＃define定义的常量有所不同，const定义的常量可以有自己的数据类型，这样C＋＋的编译程序可以进行更加严格的类型检查，具有良好的编译时的检测性。

【例2-7】 const的应用。

```
#include <iostream>
using namespace std;
int main()
{
    int a=3;
    int b;
    /*定义指向const的指针p1,p2(指针指向的内容不能被修改)*/
    const int *p1;
    int const *p2;
    /*定义const指针(由于指针本身的值不能改变，所以必须得初始化)*/
```

```
    int *const p3=&a;
    /*定义指向 const 的 const 指针
    指针本身和它指向的内容都是不能被改变的,所以也得初始化*/
    const int *const p4=&a;
    int const *const p5=&b;
    p1=p2=&a;  //正确
    *p1=*p2=8; //不正确(指针指向的内容不能被修改)
    *p3=5;  //正确
    p3=p1;  //不正确(指针本身的值不能改变)
    p4=p5; //不正确 (指针本身和它指向的内容都是不能被改变的)
    *p4=*p5=4; //不正确(指针本身和它指向的内容都是不能被改变的)
    return 0;
}
```

2.6 内联函数

在程序设计中,效率是一个重要指标。在 C 语言中,提高效率的一个方法是使用宏(macro)函数。宏函数可以不用函数调用,但看起来像函数调用。宏的实现用的是预处理器。预处理器直接用宏代码代替宏调用,因此就不需要函数调用所需的保存调用时的现场状态和返回地址、进行参数传递等的时间花费。但如同上节用#define 定义常量类似,宏函数是在预处理时进行展开的,而且容易出错,故在 C++中引入了内联函数。内联函数(inline function)是一个函数,它与一般函数的区别是在使用时可以像宏函数一样展开,所以没有函数调用的开销。对于任何内联函数,编译器在符号表里放入函数的声明(包括名字、参数类型、返回值类型)。如果编译器没有发现内联函数存在错误,那么该函数的代码就被放入符号表里。在调用一个内联函数时,编译器首先检查调用是否正确(进行类型安全检查,或者进行自动类型转换,当然对所有的函数都一样)。如果正确,内联函数的代码就会直接替换函数调用,于是省去了函数调用的开销。这个过程与预处理有显著的不同,因为预处理器不能进行类型安全检查,或者进行自动类型转换。假如内联函数是成员函数,对象的地址(this)会被放在合适的地方,这也是预处理器办不到的。C++语言的函数内联机制既具备宏代码的效率,又增加了安全性,而且可以自由操作类的数据成员。所以在 C++程序中,应该用内联函数取代所有宏代码,内联函数实际上是一种空间换时间的方案,因此其缺点是增大了系统空间方面的开销。在类内给出函数体定义的成员函数被默认为内联函数。

在函数说明前,冠以关键字“inline”,该函数就被声明为内联函数,又称内置函数。定义内联函数的一般格式为:

inline 返回类型 (函数名)(参数表){函数体}

下面的程序定义了一个内联函数。

【例 2-8】 将函数指定为内联函数。

```
#include<iostream>
using namespace std;
inline double circle(double r)
{  return 3.1416*r*r;}
int main()
```

```
{
    double area;
    for (int i=1;i<=3;i++)
    {
      area=circle(i);    //调用内联函数
      cout<<"r="<<i<<"area= "<<area <<endl;
      }
return 0;
}
```

程序运行结果如图 2-6 所示。

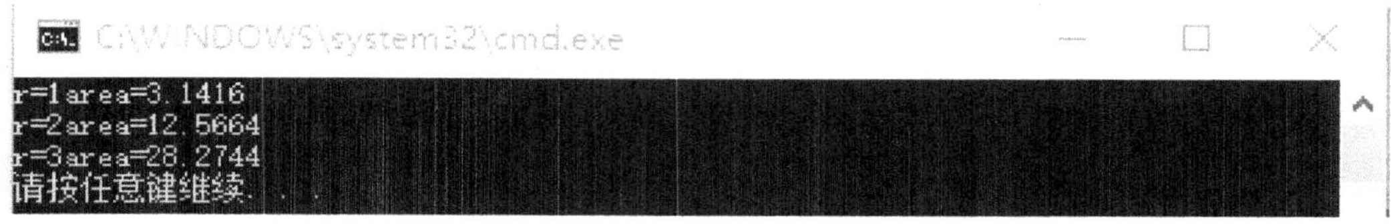

图 2-6　例 2-8 运行结果

从表面看起来，内联函数的运行结果与普通函数的运行结果没有两样，但实际的执行过程是不一样的。这里 circle 被定义为内联函数，因此编译系统在遇到函数调用 circle(i)时，就用 circle 的函数体的代码代替了 circle(i)，同时将实参代替形参，area＝circle(i)；就会被替换为 area＝3.1416 * i * i，这样就消除了函数调用时的系统开销，提高了运行的速度。

说明：

(1) 内联函数在第 1 次被调用之前必须进行完整的定义，否则编译器将无法知道应该插入什么代码。

(2) 在内联函数体内一般不能含有复杂的控制语句，如 for 语句和 switch 语句等。

(3) 在内联函数较长且调用太频繁时，程序将加长很多。通常只有规模很小(一般为1～5条语句)而使用频繁的函数才定义为内联函数，这样可大大提高运行速度。

用内联函数取代宏函数，显著的优点如下：

(1) 内联函数在运行时可调试，而宏定义不可以；

(2) 编译器会对内联函数的参数类型做安全检查或自动类型转换(同普通函数)，而宏定义则不会；

(3) 内联函数可以访问类的成员变量，而宏定义则不能。

在类体内定义的成员函数，自动转化为内联函数(将在第 3 章详细讲解)。

2.7　函数的重载

在传统的 C 语言中，在同一作用域内，函数名必须是唯一的，不允许出现同名的函数。假设要求编写求整型数、长整型数和双精度数的平方数的函数，在传统的 C 语言中必须写 3 个不同名函数，例如：

```
Isquare(int i);      //求整型数的平方数
Lsquare(long l);     //求长整型数的平方数
Dsquare(double d); //求双精度数的平方数
```

当使用这些函数求某个数的二次方时，必须调用合适的函数，也就是说，用户必须记在3个函数并了解它们的差别，虽然这3个函数的功能相同，这样显然增加了程序员的记忆负担。

在C++中，函数可以重载，即允许两个或者两个以上的函数共用一个函数名，只要函数具有不同的参数类型或参数个数，或二者兼而有之。例如，上例在C++中实现就可以这样写：

```
square(int i);      //求整型数的平方数
square(long l);     //求长整型数的平方数
square(double d);   //求双精度数的平方数
```

两个或者两个以上的函数共用一个函数名，称为函数重载，被重载的函数称为重载函数。当用户调用这些函数时，编译系统就会根据实参的类型和个数来确定调用哪个重载函数。因此，用户调用求平方数的函数时，只需记得有个square函数，至于调用哪个重载函数由编译系统来完成。上例我们可以用下面的程序来实现。

【例2-9】 参数类型不同的函数重载。

```
#include<iostream>
using namespace std;
int square(int i)
{ return i*i;}
long square(long l)
{ return l*l;}
double square(double d)
{ return d*d;}
int main()
{
    int i=12;
    long l=1234;
    double d=5.67;
    cout<<i<<"*"<<i<<"="<<square(i)<<endl;
    cout<<l<<"*"<<l<<"="<<square(l)<<endl;
    cout<<d<<"*"<<d<<"="<<square(d)<<endl;
    return 0;
}
```

运行结果如图2-7所示。

图2-7　例2-9运行结果

此程序中，在main中3次调用了square函数，实际上调用了3个不同的函数版本。由系统根据传递的不同参数类型来决定调用哪个函数版本。例如，使用square(i)来调用函数，因为i为整型变量，所以C++系统将调用求整型数平方数的函数版本。可见，利用重载概念，用户在调用函数时非常方便。

由函数重载的定义可以看出，函数重载的条件是：

(1) 函数名相同；

(2) 函数参数的特征(形参类型或个数)不同。

编译时，系统会根据实参的个数和类型，决定调用哪个函数版本，减轻了用户记忆的负担。

下面是参数个数不同的函数重载的例子。

【例 2-10】 参数个数不同的函数重载。

```
#include<iostream>
using namespace std;
int mul(int x,int y)
{  return x+y;}
int mul(int x,int y,int z)
{  return x+y+z;}
int main()
{
    int a=3,b=4,c=5;
    cout<<a<<"+"<<b<<"="<<mul(a,b)<<endl;
    cout<<a<<"+"<<b<<"="<<c<<"=";
    cout<<mul(a,b,c)<<endl;
    return 0;
}
```

运行结果如图 2-8 所示。

```
C:\WINDOWS\system32\cmd.exe
3+4=7
3+4=5=12
请按任意键继续. . .
```

图 2-8　例 2-10 运行结果

例中的函数 mul 被重载，这两个重载函数的参数个数是不同的，编译程序根据传送参数的数目决定调用哪一个函数。

匹配重载函数的顺序规则：寻找一个严格的匹配，如果能找到，调用该函数；通过内部类型转换寻求一个匹配，如果能找到，调用该函数；通过其他类型转换寻求一个匹配，如果能找到，调用该函数。

说明：

(1) 若两个函数的参数个数和类型都相同，而只有返回值类型不同，则不允许重载。例如：

```
int mul(int x,int y);
double mul(int x,int y);
```

虽然这两个函数的返回值类型不同，但是参数个数和类型完全相同，编译程序将无法区分这两个函数。

(2) 在函数调用时，如果给出的实参和形参类型不相符，C++的编译器会自动地做类型转换工作。如果转换成功，则程序继续执行。但是，在这种情况下，有可能产生不可识别的(二义性)错误。例如，有两个函数的原型如下：

```
int Add(int x,int y){return x+y;}
long Add(long x,long y){return x+y;}
```

如果我们用下面的数据去调用，就会出现不可识别的错误：

```
cout<<Add(10.1,20.2)<<endl;
//编译器无法确定将 10.1 和 20.2 转换成 int 还是 long 类型
```

2.8 带有默认参数的函数

在调用函数时，是否可以用不同的方法调用同一函数？在很多程序设计语言中是不允许的。而C++却提供了默认参数的做法，也就是允许在函数的声明或定义时给一个或多个参数指定默认值。这样在进行调用时，如果不给出实际参数，则可以按指定的默认值进行工作。

C++在说明函数原型时，可为参数指定默认参数值，以后调用此函数时，若省略其中某一参数，C++自动地以默认值作为相应参数的值。例如：函数原型说明为：

```
int area(int x=5,int y=10);
```

以下的函数调用都是允许的：

```
area(100,50 );//x=100,y=50
area(25);//相当于 area(25,10),结果为 x=25,y=10
area( );//相当于 area(5,10),结果为 x=5,y=10
```

说明：

(1) 如果函数的定义在函数调用之前，则应在函数定义中指定默认值；如果函数的定义在函数调用之后，则函数调用之前需要有函数声明，此时必须在函数声明中给出默认值，在函数定义时就不要给出默认值了。例如：

```
int area(int x=5,int y=10);    //正确,在函数原型声明中指定默认参数
...
  area(7,8);    //调用函数 area
...
int area(int x=5,int y=10);   //错误,不能在函数定义中指定默认参数
{……}
```

(2) 在函数原型中，所有取默认值的参数都必须出现在不取默认值的参数的右边。也就是说，一旦开始定义默认值的参数，在其后面就不能再说明不取默认值的参数了。例如：

```
void fun(int i,int j=5,int k);   //错误
```

因为在取默认参数的 int j=5 后，就不应该再说明非默认参数 int k。应改为：

```
void fun(int i,int k,int j=5);
```

(3) 在函数调用时，若某个参数省略，则其后的参数皆应省略，采用默认值。不允许某个参数省略后，再给其后的参数指定参数值。例如，不允许出现以下调用：

```
area(,20); //错误,在此,不允许参数省略而采用默认值
```

(4) 当函数的重载带有默认参数时，要注意避免二义性。例如：

```
int area(int x=5,int y=10); int area(int x);
```

是错误的。因为如果有函数调用 area(35)时，编译器将无法确定调用哪一个函数。

函数的带默认参数值的功能可以在一定程度上简化程序的编写。如在例 2-10 中，mul 函数的重载(两个函数)就可以写成一个。

```
# include<iostream>
using namespace std;
int mul(int x=0,int y=0,int z=0)
{return x+y+z;}
void main()
{  int a=3,b=4,c=5;
   cout<<a<<+<<b<<=<<mul(a,b)<<endl;
   cout<<a<<+<<b<<+<<c<<=;
   cout<<mul(a,b,c)<<endl;}
```

2.9 作用域运算符::

通常情况下，如果两个同名变量，一个是全局的，另一个是局部的，那么局部变量在其作用域内具有较高的优先权，它将屏蔽全局变量。

【例 2-11】

```
#include<iostream>
using namespace std;
int avar=10;          //全局变量 avar
int main()
{
    int avar;           //局部变量 avar
    avar=25;
    cout<<"avar is"<<avar<<endl;
     return 0;
}
```

程序执行结果如图 2-9 所示。

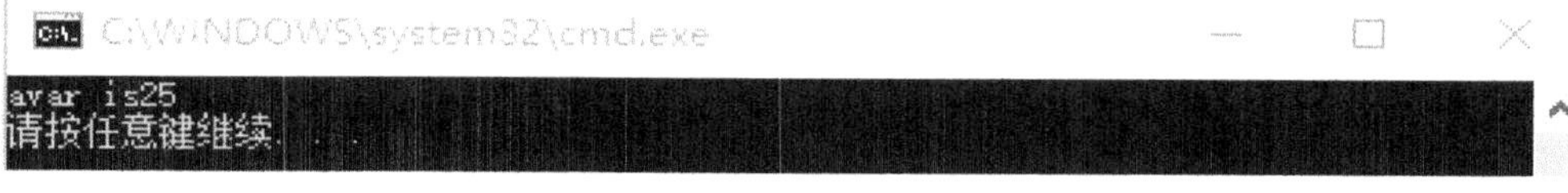

图 2-9　例 2-11 执行结果

局部变量在其作用域内具有较高的优先权，它将屏蔽全局变量，问题：如何才能将全局变量 avar 的值打印出来呢？

修改例 2-11 如下：

```
#include<iostream>
using namespace std;
int avar=10;          //全局变量 avar
int main()
{
    int avar;           //局部变量 avar
    avar=25;
    cout<<"local avar is " <<avar<<endl;//输出局部变量
    cout<<"gloabe avar is " << ::avar<<endl;//输出全局变量
```

```
    return 0;
}
```

程序运行结果如图 2-10 所示。

```
local avar is 25
globe avar is 10
请按任意键继续. . .
```

图 2-10　修改后的例 2-11 的运行结果

从上例可以看出，作用域运算符可用来解决局部变量与全局变量的重名问题，即在局部变量的作用域内，可用"::"对被屏蔽的同名全局变量进行访问。

2.10　强制类型转换

在 C 语言表达式中不同类型的数据会自动地转换类型。有时，编程者还可以利用强制类型转换对不同类型的数据进行转换，例如把一个双精度型数(double)转换为整型数(int)：

```
double x=3.14;
int i=(double)x; //强制类型转换，否则编译时会有警告信息
```

C++还提供了一种更为方便的类似函数调用的格式，使得类型转换的执行看起来好像调用了一个函数：

```
double x=3.14;
int i=double(i); //像调用一个函数
```

以上两种方法，C++都能接受，但推荐使用后一种方式。

2.11　new 和 delete

C 语言使用函数 malloc()和 free()动态分配内存和释放动态分配的内存。C++使用运算符 new 和 delete 更好、更简单地进行内存的分配和释放。

运算符 new 用于内存分配的最基本形式为：

指针变量名=new　类型;

运算符 new 就从存储区中为程序分配一块与类型字节数相适应的内存空间，并将该块内存的首地址存于指针变量中。例如：

```
int *p; //定义一个 int 型指针变量 p
p=new int; //new 动态分配存放一个整数的内存空间，并将其首地址赋给指针变量 p
```

运算符 delete 用于释放 new 分配的内存空间的使用形式一般为：

delete 指针变量名;

其中，指针变量中存着 new 分配的内存的首地址。例如：

```
int *pi;        //声明一个指针变量 pi
pi=new int;     //new 动态分配一个内存空间，并将首地址赋给 pi
...
delete  pi;     //释放 pi 指向的内存空间
```

【例 2-12】

```
#include<iostream>
using namespace std;
int main()
{
    int *ptr;        //声明一个整型指针变量 ptr
    ptr=new int;     //动态分配一个内存空间，
                     //并将首地址赋给 ptr
    *ptr=10;
    cout<<*ptr<<endl;
    delete ptr;      //释放 ptr 指向的内存空间
    return 0;
}
```

执行结果如图 2-11 所示。

```
C:\WINDOWS\system32\cmd.exe
10
请按任意键继续. . .
```

图 2-11　例 2-12 执行结果

【例 2-13】　将运算符 new 和 delete 用于结构体类型。

```
#include<iostream>
using namespace std;
#include<string.h>
struct person
{
    char name[20];
    int age;
};
int main()
{
    person *p;       //声明一个结构体 person 类型指针变量 p
    p=new person;
    //动态分配一个存放结构体 person 类型数据的内存空间，并将首地址赋给 p
    strcpy(p->name,"Wang Fun");
    p->age=23;
    cout<<p->name<<" "<<endl<<p->age<<endl;
    delete p;        //释放指针变量 p 指向的内存空间
    return 0;
}
```

执行结果如图 2-12 所示。

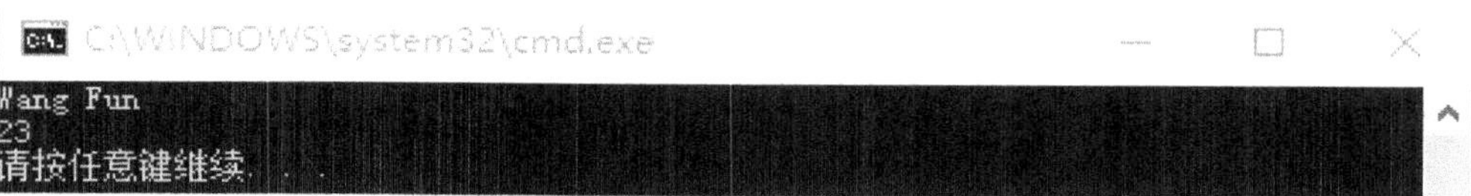

图 2-12　例 2-13 执行结果

说明：

(1) 使用 new 分配的空间，使用结束后应该也只能用 delete 显式地释放，否则这部分空间将不能回收而变成死空间。

(2) new 可在为简单变量分配内存空间的同时，进行初始化。其基本形式为：

指针变量名＝new 类型(初始值)；

初始值放在“类型”后面的圆括号内，请看下面的例子。

【例 2-14】

```
#include<iostream>
using namespace std;
int main()
{
    int *p=new int(99);//动态分配内存，并将 99 作为初始值赋给它
    cout<<*p<<endl;
    delete p;
    return 0;
}
```

运行结果如图 2-13 所示。

```
C:\WINDOWS\system32\cmd.exe
99
请按任意键继续. . .
```

图 2-13　例 2-14 运行结果

(3) 使用 new 可以为数组动态分配内存空间，这时需要在类型名后面缀上数组大小。例如：

```
char *p=new char[10];int *op=new int[5][4];
```

(4) new 可在为简单变量分配内存空间的同时，进行初始化；但不能为数组分配内存空间的同时进行初始化。

```
int *op=new int[5](0);//错误
```

(5) 释放动态分配的数组内存空间时，可使用如下的 delete 格式：

delete []p;

无论 p 指向几维的数组，delete 后都只有一个“[]”号。

【例 2-15】　给数组动态分配内存空间的例子。

```
#include<iostream>
using namespace std;
int main()
{
    int *s;
    s=new int[5];//为数组动态分配内存空间
    for (int i=0;i<5;i++)
        s[i]=100+2*i;
    for (int j=0;j<5;j++)
```

```
        cout<<s[j]<<" ";
    delete []s; //释放动态分配的数组内存空间
    return 0;
}
```

运行结果如图 2-14 所示。

```
C:\WINDOWS\system32\cmd.exe
100 102 104 106 108 请按任意键继续. . .
```

图 2-14　例 2-15 运行结果

(6) 使用 new 动态分配内存时,如果没有足够的内存满足分配要求,new 将返回空指针(NULL)。NULL 为空指针常数,通常是 0。

2.12　一个面向对象的 C++程序

例 2-1 是 C++的一个简单程序,可以让读者对 C++程序的格式有一个初步的了解。但是严格地说,例 2-1 并没有真正体现出 C++面向对象程序的风格。一个面向对象的 C++程序类似例 1-1,由类的声明和类的使用两大部分组成,即:

$$\text{C++程序}\begin{cases}\text{类的声明部分}\\\text{类的使用部分}\end{cases}$$

类的声明部分,一般是对类的定义,放在头文件中;类的使用部分一般由主函数及有关函数组成。如下就是一个典型的 C++程序结构特性实例:

```
//类的声明部分
//myhead.h
class A{                    //声明一个类,类名为 A
int x,y,z;                  //声明类 A 的数据成员
…
fun(){…}                    //声明类 A 的成员函数 fun
…
};
//类的使用部分
//myCpp.cpp
#include<iostream>          //编译预处理命令
using namespace std;        //使用命令空间 std
#include "myhead.h"
int main()                  //主函数
{ A a;                      //定义类 A 的一个对象 a
…
a.fun();                    //对象 a 调用成员函数 fun return 0;
}
```

上面首先声明了类 A,然后在主函数中创建了类 A 的对象 a,通过向对象 a 发送消息,调用成员函数 fun,完成了所需要的操作。例 2-16 是一个具体的例子。

【例 2-16】

```
// Student.h
class Student               //声明结构体类型,用来表示学生
```

```
{private:
    long lNum;          //学号
    char cName[12];     //姓名
    float fGrade;       //成绩
public:
    void Input()        //输入学生信息
    {
        cout<<"输入学生的学号、姓名及成绩"<<endl;
     cin>>lNum>>cName>>fGrade;
    }
     void Print()       //输出学生信息
    {
        cout<<"学号 姓名 成绩"<<endl;
        cout<<lNum<<"  "<<cName<<"  "<<fGrade<<endl;
    }
};
#include<iostream>
using namespace std;
#include"Student.h"
int main()       //Student.cpp
{
    Student cl;         //定义对象 cl
    cl.Input();         //输入 N 个学生的信息:学号、姓名、成绩
    cout<<"查看学生信息:  "<<endl;
    cl.Print();         //输出 N 个学生的信息:学号、姓名、成绩
    return 0;
}
```

请读者自行运行该程序,查看运行结果。

在 C++程序中,程序设计始终围绕"类"展开,构建了程序所需要完成的功能,体现了面向对象程序设计的思想。

习　　题

2-1　简述 C++的主要特点。

2-2　下面是一个 C 程序,改写它,使它采用 C++风格的 I/O 语句。

```
#include<stdio.h>
void swap(int *a,int *b)
{
    int t;
    t=*a,*a=*b,*b=t;
}
main()
{
    int a,b;
```

```
        printf("请输入整数 a 和 b\n");
        scanf("%d%d",&a,&b);
        swap(&a,&b);
        printf("调用 swap()函数后\n");
        printf("a=%d,b=%d\n",a,b);
        return 0;
    }
```

2-3 源程序文件的缺省扩展名为（ ）。

A. cpp　　B. exe　　C. obj　　D. lik

2-4 关于 C++和 C 语言的描述中，（ ）是错误的。

A. C 是 C++的一个子集

B. C 程序在 C++环境中可以运行

C. C++程序在 C 环境中可以运行

D. C++主要是面向对象的，而 C 是面向过程的

2-5 以下与“float fun(int a,float b,char *c);”函数原型等价的是（ ）。

A. float fun(int,float,char)　　B. fun(int a,float b,char *c)

C. float fun(int,float,char *)　　D. float fun(float a,int b,char *c)

2-6 下列语句中错误的是（ ）。

A. int *p=new int(10);　　B. int *p=new int[10];

C. int *p= new int;　　D. int *p=new int[40](0);

2-7 假设已经有定义“char * const name="chen";”，下面的语句中正确的是（ ）。

A. name[3]='q';　　B. name="lin";

C. name=new char[5];　　D. name=new char('q');

2-8 重载函数在调用时选择的依据中，（ ）是错误的。

A. 函数名字　　B. 函数的返回类型　　C. 参数个数　　D. 参数的类型

2-9 在（ ）情况下适宜采用内联函数。

A. 函数代码小，频繁调用　　B. 函数代码多，频繁调用

C. 函数体含有递归语句　　D. 函数体含有循环语句

2-10 在 C++中，关于下列设置默认参数值的描述中，（ ）是正确的。

A. 设置参数默认值后，调用函数不能再对参数赋值

B. 在指定了默认值的参数右边，不能出现没有指定默认值的参数

C. 只能在函数的定义性声明中指定参数的默认值

D. 设置默认参数值时，必须全部都设置

2-11 下面的类型声明中正确的是（ ）。

A. int & a[4];　　B. int & *p;

C. int && q;　　D. int i, *p=&i;

2-12 关于 new 运算符的下列描述中，（ ）是错误的。

A. 它可以用来动态创建对象和对象数组

B. 使用它创建的对象或对象数组可以使用运算符 delete 删除

C. 使用它创建对象时要调用构造函数

D. 使用它创建对象数组时必须指定初始值

2-13　关于 delete 运算符的下列描述中，(　　)是错误的。

A. 它必须用于 new 返回的指针

B. 使用它删除对象时要调用析构函数

C. 对一个指针可以使用多次该运算符

D. 指针名前只有一对方括号符号，不管所删除数组的维数

2-14　下面描述中关于引用调用的是(　　)。

A. 形参是指针，实参是地址值　　B. 形参是引用，实参是变量

C. 形参和实参都是变量　　D. 形参和实参都是数组名

2-15　下列定义中，(　　)是正确的。

A. int &p=3;　　B. int * p;int * &q=p;

C. const int A;　　D. int &p;

2-16　有定义“int i, * p;const int j=3, * cp;”，在此条件下，下列赋值语句错误的是(　　)。

A. p=&i;　　B. p=&j;　　C. cp=&i;　　D. cp=&j;

2-17　下面的函数声明中，(　　)是 void fun(int a,float b);的重载函数。

A. int fun(int a,float b);　　B. void fun(int x,float y);

C. void fun(float a,int b);　　D. void FUN(int a,float b);

2-18　写出下列程序的运行结果。

```
#include<iostream>
using namespace std;
int i=15; int main ()
{ int i;
  i= 100;
  ::i=i+1;
  cout<<::i<<endl;
  return 0;
}
```

2-19　写出下列程序的运行结果。

```
#include<iostream>
using namespace std;
void f (int &m,int n}
{ int temp;
  temp=m;m=n;n=temp;
}
int main ()
{  int a=7,b=14;
   f(a,b);
   cout<<a<<""<<b<<endl;
   return 0;
}
```

2-20　分析下面程序的输出结果。

```
#include<iostream>
using namespace std;
```

```
int &f (int &i)
{ i+=10;
  return i;
}
int main ()
{ int k=0;
  int &m=f(k);
  cout<<k<<endl
  m=15;
  cout<<k<<endl;
  return 0;
}
```

2-21　编写一个C++风格的程序,用动态分配空间的方法计算 Fibonacci 数列的前 20 项并存储到动态分配的空间中。

2-22　编写一个C++风格的程序,利用重载函数 area(),分别求三角形、矩形、圆和梯形的面积。

第3章 类和对象Ⅰ

【学习目标】

(1) 掌握类的概念。

(2) 理解对象与类的关系，掌握对象的创建和使用。

(3) 掌握构造函数、析构函数的概念及使用方法。

3.1 类的定义

面向对象的程序设计有三个主要特征：封装、继承和多态。封装是将数据和操作捆绑在一起。在C++中，封装是通过类来实现的。类(class)是一种用户自定义的复杂数据类型，它是将不同类型的数据和与这些数据相关的操作封装在一起的集合体，是对一组具有相同属性特征和行为特征的对象的抽象。C++对C语言的改进，最重要的就是增加了“类”。类是C++中最重要、最基本的概念，它是面向对象程序设计的基础。

3.1.1 类的定义格式

```
class  类名{
    private:
        数据成员或成员函数
    protected:
        数据成员或成员函数
    public:
        数据成员或成员函数
};
```

1. 类的声明

由关键字class打头，后面跟类名，花括号中是类体，最后以一个分号“;”结束。

2. 类名

class是声明类的关键字，类名是标识符，且在它的作用域内必须是唯一的，不能重名。在选择类名时应当尽可能准确地描述该类所代表的概念。类名的首字符通常采用大写字母。

3. 成员说明

类的成员包括两类成员，一类是代表对象属性的数据成员，另一类是实现对象行为的成员函数，成员函数的定义与声明可同时在类内完成，也可以在类内声明，类外定义。如果在类外完成定义，则必须用作用域运算符“::”告诉编译系统该函数所属的类。

4. 访问权限

访问权符也称为访问权限符或访问控制符，它规定类中说明的成员的访问属性，是C++语言实现封装的基本手段。C++语言规定，在一个访问权符后面说明的所有成员都具有这个访问权符所规定的访问属性,直到另一个不同的访问权符出现为止。

C++语言共提供了三种不同的访问权符:public、private 和 protected。

(1) public(公有类型):声明该成员为公有成员,表示该成员可以被和该类对象处在同一作用域内的任何函数使用。一般将成员函数声明为公有的访问控制。

(2) private(私有类型):声明该成员为私有成员,表示该成员只能被它所在类中的成员函数及该类的友元函数访问。

(3) protected(保护类型):声明该成员为保护成员,表示该成员只能被它所在类、从该类派生的子类的成员函数及该类的友元函数访问(将在第 5 章详细介绍)。

在具体使用时,应根据成员的使用特点决定对其封装的程度。通常的做法是:将数据成员声明为私用或保护的,将对象向外界提供的接口或服务声明为公有的成员函数。如果某些数据成员在子类中也需要经常使用,则应该把这些数据的访问声明为保护类型。

【例 3-1】 声明一个图书类。

分析:图书都有书名、作者、出版社和价格;对于图书的基本操作有输入、输出图书信息。因此,首先抽象出所有图书都具有的属性,即书名、作者、出版社和价格;然后用成员函数实现对图书信息的输入和输出。

```
class Book{              //该段程序可放在用户命名的头文件中
private:                  //私有访问权限
    char title[20],author[10],publish[30]; //属性,数据成员
    float price;                           //属性,数据成员
public:                       //公有访问权限
    void Input();            //行为,成员函数的原型声明,表示输入图书信息
    void Print();            //行为,成员函数的原型声明,表示输出图书信息
};                       //以分号“;”结尾
```

说明:

(1) 类声明中的 private、protected 和 public 关键字可以按任意顺序出现。为了使程序更加清晰,应将私有成员、保护成员和公有成员归类存放。默认时(即缺省时)的访问权限为私有的(private)。

(2) 对于一个具体的类,类声明中的 private、protected 和 public 三个部分不一定都要有,但至少应该有其中一个部分。

(3) 数据成员可以是任何数据类型,但不能用自动(auto)、寄存器(register)或外部(extern)类型进行说明。

(4) 由于类是一种数据类型,系统并不会为其分配内存空间,所以不能在类声明中给数据成员赋初值。

【例 3-2】 错误的类声明:声明一个长方形类。

分析:长方形有长和宽,对于长方形可以计算其面积和周长。因此,抽象出所有长方形都具有的属性长和宽,然后用成员函数实现求面积和求周长的运算。

```
class Rectangle
{
private:
  double length=3.5; //错误,不能在类定义时,给数据成员赋值
  double width=4.6; //错误,不能在类定义时,给数据成员赋值
public:
    double Area();
```

```
double Perimeter();
};
```

C++规定只有在类对象定义之后，才能通过对象名访问相应的公有成员函数，间接给对象数据成员赋初值，或通过构造函数来实现(见 3.3 节)。

3.1.2 成员函数的定义

成员函数和方法指的是同一种实体，是一种实体的两种不同的叫法，成员函数是程序设计语言 C++中的术语，而方法是面向对象方法中的术语。本书采用术语成员函数。类的成员函数是函数的一种，它也有函数名、返回值类型和参数表。

成员函数的定义有两种形式。第一种是对于代码较少的成员函数，可以直接在类中定义，此时该成员函数是内联函数；第二种是对于代码较多的函数，通常只在类中进行函数原型声明，在类外对函数进行定义。但如果用了 inline 声明，则该成员函数依然是内联函数。

在类外定义成员函数的一般格式是：

```
返回类型 类名::函数名(参数表){
    //函数体
}
```

【例 3-3】 完成例 3-1 中定义的图书类。

```
class Book{
private:
    char title[20],author[10],publish[30];
    float price;
public:
    void Input();            //声明成员函数 Input 的函数原型,定义在类外
    void Print()             //成员函数直接定义在类内,是内联成员函数
    {
cout<<title<<"  "<<author<<"  "<<publish<<"  "<<price<<endl;
    }
};
void Book::Input(){              //在类外定义成员函数 Input
cin>>title>>author>>publish>>price;
}
```

分析：在上例中，Print 在类内定义，是内联成员函数；Input 在类内声明原型，在类外定义，是非内联成员函数；但若在类内声明原型时，前加了 inline，Input 依然是内联成员函数，此时必须将类的声明和内联成员函数的定义都放在一个文件中，否则编译时无法进行代码置换。

说明：

(1) 如果在类外定义成员函数，则应在所定义的成员函数名前缀上类名，在类名和函数名之间应加上作用域运算符“::”，它说明成员函数从属于哪个类。例如上例中的“void Book::Input ()”，表示成员函数 Input 是 Book 类中的函数。

如果在函数名前没有类名，或既无类名又无作用域运算符“::”，如

::Input()或 Input()

则表示 Input 函数不属于任何类，这个函数不是成员函数，而是普通的函数。

(2) 在定义成员函数时，对函数所带的参数，不但要说明它的类型，还要指出其参数名；

而函数原型声明中可以省略形参名。

(3) 在定义成员函数时,其返回类型一定要与函数原型声明的返回类型匹配。

3.1.3 类与结构体的比较

结构体是C语言的一种自定义的数据类型,它把相关联的数据元素组成一个单独的统一体。形式如下:

```
struct 结构体名{
    数据成员
};
```

例如,声明一个Book结构体:

```
struct Book{
    char title[20],author[10],publish[30];
    float price;
};
```

从上面可以发现,类与结构体有相似之处,结构体中也可以包含多个数据成员,而类中还可包含成员函数。C语言结构体中的数据和对这些数据的操作是分离的,这使程序的复杂性很难控制,维护数据和处理数据要花费很大的精力。

在C++语言中,对结构体进行了扩充,使得在结构体中也可以包含函数成员。

其次,一旦建立了一个结构体变量,就可以在结构体外直接访问数据,例如:

```
#include<iostream>
using namespace std;
int main()
{  Book book1;
   strcpy(book1.title,"C++面向对象程序设计");
   book1.price=30.0f;
   cout<<book1.title<<"\t"<<book1.price<<endl;
}
```

虽然结构体中没有标明数据的访问权限,但显然,默认的是公有(public)的,结构体中的成员是不够隐蔽和安全的。

通过以上比较,C++中的类可理解为结构体的扩展,但比结构体类型更安全有效。

读者可以将结构体类型Book中的struct换成class,再来观察编译能否通过,并思考为什么。

3.2 对象的定义与使用

同C语言中的结构体类型一样,一个类也就是用户声明的一个数据类型,只有定义了类的对象,才真正创建了这种数据类型的物理实体。对象是封装了数据结构及可以施加在这些数据结构上的操作的封装体。对象是类的实际变量,一个具体的对象是类的一个实例。因此类与对象的关系,就类似于整型int和整型变量i的关系,是抽象和具体的关系。类和整型int均表示的是一般的概念,而对象和整型变量则代表具体的东西。与定义一般变量一样,可以定义类的变量。C++把类的变量称为类的对象,一个具体的对象也称为类的实例。创建一个对象称为实例化一个对象或创建一个对象实例。

3.2.1 对象的定义

有两种方法定义对象。

(1) 在声明类的同时，直接定义对象，例如：

```
class Book{
private:
    char title[20],author[10],publish[30];
    float price;
public:
    void Input();
    void Print();
}book1,book2;
```

表示定义 book1 和 book2 是 Book 类的对象。

(2) 先声明类，然后在使用的时候再定义对象。定义格式与一般变量定义格式相同。

类名　对象名列表；

例如：

```
Book  book1,book2;  //此时定义了 book1 和 book2 为 Book 类的两个对象
```

说明：

(1) 必须定义了类以后，才能定义类的对象。多个对象之间用逗号分隔。

(2) 声明了一个类就声明了一种类型，它并不能接收和存储具体的值，只能作为生成具体对象的一种“样板”，只有定义了对象后，系统才为对象并且只为对象分配存储空间。

(3) 在声明类的同时定义的对象是一种全局对象，在它的生存期内任何函数都可以使用它，一直到整个程序运行结束。

3.2.2 对象中成员的访问

不论是数据成员，还是成员函数，只要是公有的，在类的外部可以通过类的对象进行访问。使用对象，就是向对象发送消息，请求执行它的某个方法，从而向外界提供所要求的服务。访问对象中的成员通常有以下三种方法。

1. 方法一

通过对象名和对象选择符访问对象中的成员，其一般形式是：

对象名.数据成员名　或　对象名.成员函数名(实参表)

其中“.”叫作对象选择符，简称点运算符。例如：

```
Book book1;
book1.Input();  //通过对象 book1 执行输入操作
book1.Print();  //通过对象 book1 执行输出操作
```

【例 3-4】 图书类的完整程序。

```
#include<iostream>
using namespace std;
class Book{
private:
    char title[20],author[10],publish[30];
```

```
float price;
public:
    void Input();            //声明成员函数 Input 的函数原型,定义在类外
    void Print()             //成员函数直接定义在类内,是内联成员函数
{
cout<<title<<"  "<<author<<"  "<<publish<<"  "<<price<<endl;
    }
};
void Book::Input(){               //在类外定义成员函数 Input
    cin>>title>>author>>publish>>price;
}
int main()
{
    Book book1;
    book1.Input();     //调用对象 book1 的公有成员函数 Input
    cout<<"运行结果:"<<endl;
    book1.Print();     //调用对象 book1 的公有成员函数 Print
    return 0;
}
```

注意:在类外不能直接访问对象的私有成员和保护成员。如果将该例的主程序改写成下面的形式,在编译时,程序就会给出提示语句错误的信息。

```
int main()
{  Book book1;
   cin>>book1.title>>book1.author>>book1.publish>>book1.price;
//错误的访问,不能直接访问对象的私有数据成员
   cout<<"运行结果:"<<endl;
   book1.Print();
   return 0;
}
```

2. 方法二

通过指向对象的指针访问对象中的成员。在定义对象时,若我们定义的是指向此对象的指针,则访问此对象的成员时,不能用“.”操作符,而应使用“－＞”操作符。例如:

```
class Book{ … };  ……  Book book1,*ptr;    //定义对象 book1 和指向类 Book 的指针变量 ptr
ptr=&book1;            //使 ptr 指向对象 book1
ptr->Input();//通过 ptr,调用指向对象中的公有成员函数 Input
```

在此,ptr－＞Input()表示调用 ptr 当前指向对象 book1 中的成员函数 Input,因为(＊ptr)就是对象 book1,(＊ptr).Input()表示的就是对象 book1 中的成员函数 Input,所以,在此 book1.Input()、(＊ptr).Input()、ptr－＞Input() 三者是等价的。

3. 方法三

通过对象的引用访问对象中的成员。如果为一个对象定义了一个引用,也就是为这个对象起了一个别名。因此,可以通过引用来访问对象中的成员,其方法与通过对象名来访问对象中的成员是相同的。例如:

```
class Date{public:    int year;          //公有数据成员
};…Date  d1;          //定义类 Date 的对象 d1
Date  &d2=d1;          //定义类 Date 的引用 d2,并用对象 d1 进行初始化
cout<<d1.year;          //输出对象 d1 中的数据成员 year
cout<<d2.year;          //输出对象 d2 中的数据成员 year
```

由于 d2 是 d1 的引用(即 d2 和 d1 占有相同的存储单元),因此 d2. year 和 d1. year 是相同的。在访问对象的成员时,要注意成员的作用域。所谓类的作用域,就是指在类的声明中的一对花括号所形成的作用域。一个类的所有成员都在该类的作用域内。在类的作用域内,一个类的任何成员函数成员可以不受限制地访问该类中的其他成员。而在类作用域之外,对该类的数据成员和成员函数的访问则要受到一定的限制,有时甚至是不允许的。这主要与类成员的访问属性有关。类内部的成员函数可以访问类的所有成员,没有任何限制;类外部的对象可以访问类的公有成员,不能访问类的私有成员。

3.3 构造函数与析构函数

如果变量在使用之前没有正确初始化或清除,将导致程序出错。例如,在例 3-4 中,若没有执行 book1. Input(),即没有对数据成员进行初始化就执行 book1. Print()进行输出,结果输出的数据就是随机值。如果对这个没有正确初始化的对象进行使用,很容易导致程序出错。因此,要求对对象必须正确地进行初始化。对对象进行初始化的一种方法是编写初始化函数,例如 Book 类中的 Input 函数就是初始化函数,然而很多用户在解决问题时,常常忽视这些函数,以致给程序带来了隐患。为了方便对象的初始化和清理工作,C++提供了两个特殊的成员函数:构造函数和析构函数。

构造函数的功能是在创建对象时,为对象分配空间,进行初始化。

析构函数的功能是释放一个对象,在对象删除之前,用它来做一些内存释放等清理工作,它的功能与构造函数的功能正好相反。

3.3.1 构造函数

在类的定义中不能直接对数据成员进行初始化,要想对对象中的数据成员进行初始化,一种方法是手动调用成员函数来完成初始化工作,但这样会加重程序员和编译器的负担。因为每次创建对象时都要另外写代码调用初始化函数,而且编译器也需要处理这些调用。另一种方法是使用构造函数。构造函数是一种特殊的成员函数。它的特点是为对象分配空间,进行初始化,并且在对象创建时会被系统自动执行。

定义构造函数原型的格式为:

类名(形参列表);

在类体外定义构造函数的格式为:

```
类名::类名(形参列表)
{
    //函数语句;
}
```

构造函数的特点：

(1) 构造函数的名字必须与类名相同。

(2) 构造函数可以有任意类型的参数，但是没有返回值类型，也不能指定为 void 类型。

(3) 定义对象时，编译系统会自动地调用构造函数。

(4) 通常构造函数被定义在公有部分。

(5) 如果没有定义构造函数，系统会自动生成一个缺省的构造函数，只负责对象的创建，不做任何初始化工作。

(6) 构造函数可以重载。

在下面的例子中，我们定义一个 Date(日期)类，并为它定义一个构造函数。

【例 3-5】 定义一个 Date(日期)类，并为它定义一个构造函数。

```
#include<iostream>
using namespace std;
class Date{
public:
  Date(int y,int m,int d);  //声明构造函数 Date 的原型
  void showDate();
private:
  int year;int month;int day;
};
Date::Date(int y,int m,int d)     //定义构造函数 Date
{  year=y;month=m;day=d;}
inline void Date::showDate()
{ cout<<year<<"."<<month<<"."<<day<<endl;}
int main()
{  Date d1(2017,1,1);     //定义类 Date 的对象 d1,自动调用构造函数
   cout<< "Today is";
   d1.showDate();
   return 0;
}
```

程序运行结果如图 3-1 所示。

```
Today is 2017.1.1
```

图 3-1 例 3-5 运行结果

由结果可见，对象中的数据成员有有效值。主函数 main 没有显式调用构造函数 Date，构造函数是在创建对象 d1 时系统自动调用的。

说明：

(1) 在实际应用中，通常需要给每个类定义构造函数，如果没有给类定义构造函数，则系统自动生成一个默认的构造函数。这个默认的构造函数不带任何参数，只能给对象开辟

一个存储空间，不能为对象中的数据成员初始化，此时数据成员的值是随机的。系统自动生成的构造函数的形式为：

类名::构造函数名( ){ }

例如，假设例 3-5 中的类 Date 没有定义构造函数，则系统为类 Date 自动生成的构造函数是 Date::Date(){}。

但是，如果在类中自己定义了构造函数，则系统不再提供默认的构造函数。此时在例 3-5 中有效的构造函数只有 Date::Date(int y,int m,int d)。如果还需要无参数的默认构造函数来初始化对象，则必须再定义一个无参数的构造函数，实现构造函数的重载，或构造函数带有默认参数。

例如，将例 3-5 中的 main 修改如下，则编译时出错：

```
int main()
{  Date d1(2017,1,1);      //正确，定义类 Date 的对象 d1，自动调用构造函数
   Date d2; //错误，找不到默认的无参构造函数来创建对象 d2
   cout<<"Today is";
   d1.showDate();
   return 0;
}
```

(2) 构造函数可以带参数，也可以不带参数，视需要而定。

在例 3-5 中，构造函数带了三个参数，也可以不带参数；可以在类内定义，也可以在类外定义。可以在例 3-5 中添加一个定义在类内的构造函数：

```
#include<iostream>
using namespace std;
class Date{
public:
  Date(int y,int m,int d);      //带参数的构造函数
  Date(){ year=month=day=0;} //不带参数的构造函数，且定义在类内
   ...
};
...
int main()
{  Date d1(2017,1,1);
//正确，定义类 Date 的对象 d1，自动调用带 3 个参数的构造函数
    Date d2;         //正确，定义类 Date 的对象 d1，自动调用不带参数的构造函数
    //这里实现了构造函数的重载。
cout<<"Today is";
    d1.showDate();
    return 0;
}
```

这里实现了构造函数的重载，编译程序会根据实参绑定对应的函数。

(3) 在构造函数的函数体中不仅可以对数据成员赋初值，而且可以包含其他语句，例如可以在例 3-5 的构造函数中添加其他语句。如：

```
Date::Date(int y,int m,int d)      //定义构造函数 Date
{  year=y;month=m;day=d;
```

```
        cout<<"constructing...."<<endl;      //输出提示信息
    }
```

(4) 构造函数也可采用构造初始化表对数据成员进行初始化，例如：

```
class Date {
private:int year,month,day;
public:
    Date(int y,int m,int d):year(y),month(m),day(d){}
    //构造函数初始化表对数据成员进行初始化
    //……
};
```

这是C++提供的另一种初始化数据成员的方法。这种方法不在函数体内用赋值语句对数据成员初始化，而是在函数首部实现。

其中，函数首部")"和"{"之间的" :year(y),month(m),day(d)"就是成员初始化表，它表示，用形参y的值初始化数据成员year，用m的值初始化数据成员month，用d的值初始化数据成员day。

注意：这类的基本数据类型初始化工作写成year(y)形式，称为"伪构造函数"，甚至可以应用到类外：int year(2017);。

带有成员初始化列表的构造函数的一般形式如下：

```
类名::构造函数名([参数表])[:(成员初始化列表)]
{
    构造函数体
}
```

成员初始化列表的一般形式为：

```
数据成员名1(初始值1),数据成员名2(初始值2),…
```

成员初始化列表的写法方便、简练，但数据成员是按照它们在类中声明的顺序进行初始化的，与它们在成员初始化列表中列出的顺序无关，如例3-6：

【例3-6】 在本例中，类A中数据成员定义的顺序是先x再y，而在构造函数的初始化列表中是先y后x。

```
#include<iostream>
using namespace std;
class A {
private:  int x,y;
public:
    A(int a):y(a),x(y+1) {}
    void Print(){cout<<x<<"\t"<<y<<endl;}
};
int main()
{  A a1(3);
   a1.Print();
```

```
        return 0;
    }
```

运行结果如图 3-2 所示。

```
-858993459      3
请按任意键继续. . .
```

图 3-2　例 3-6 运行结果

分析：执行“A a1(3)”时，自动调用构造函数 A(int a)来创建和初始化对象 a1，此时按照数据成员定义的顺序，先初始化x，x 的值为 y+1，但 y 尚未赋值为随机数，所以+1 后 x 的值依然为随机数，再初始化 y，y 的值为形参 a，a 的值为 3，故 y 的值为 3。

(5) 有的数据成员的初始化不能放在初始化列表中。例如，如果数据成员是数组，则应在构造函数中使用相关语句进行初始化：

```
class Student{
private:
    char name[10];
    int age;
public:
     Student(char na[],int a);
     //......
};
Student:: Student(char na[],int a):age(a)
{
   strcpy(name,na);     //name 是字符数组，所以用 strcpy 函数进行初始化
}
```

(6) 采用构造函数给数据成员赋初值，通常有两种形式。

形式 1：

类名　对象名[(实参表)];

例 3-6 中的语句“A a1(3)”就是这种形式。方括号内的内容表示可选，要视实际情况取舍。若构造函数不带形参，则必须有圆括号和实参部分。

形式 2：

类名 *指针变量名 = new 类名[(实参表)];

这是一种使用 new 运算符动态建立对象的方法，例如：

```
Date *pdate=new Date(2017,1,19);
```

通过运算符 new 新建对象时，编译系统会自动调用对象的构造函数，来开辟一个可以存放一个 Date 类对象的内存空间，同时通过构造函数给数据成员赋初值。这个对象没有名字，称为无名对象，但该对象有地址，这个地址存放在指针变量 pdate 中。访问用 new 运算符动态建立的对象一般是不用对象名的，而是通过指针访问的。例如：pdate→showDate()。

当用 new 建立的对象使用结束，不再需要它时，要用 delete 运算符予以释放。例如：

```
delete pdate;
```

3.3.2 析构函数

在对象生存期结束前，通常需要进行必要的清理工作。这些相关的清理工作由析构函数完成。析构函数是一种特殊的成员函数，当删除对象时就会调用析构函数。也就是在对象的生存期即将结束时，由系统自动调用，随后这个对象也就消失了。注意，析构函数的目的是在系统回收对象内存之前执行结束清理工作，以便内存可被用于保存新对象。

定义析构函数的一般格式：

```
~类名();
```

例如：

```
class Date {
private:  int year,month,day;
public:
    Date(int y,int m,int d):year(y),month(m),day(d){}
    ~Date () { }     //析构函数
    //……
};
```

析构函数的特点：

(1) 析构函数名是由"～"和类名组成的。

(2) 析构函数没有参数，也没有返回值，而且不能重载。因此，一个类中有且仅有一个析构函数，且应为 public。

(3)通常析构函数被定义在公有部分，并由系统自动调用。

说明：

(1) 与类的其他成员函数一样，析构函数可以在类内定义，也可以在类外定义。如果不定义，系统会自动生成一个默认的析构函数：类名::～类名(){}。

对于大多数类而言，默认的析构函数就能满足要求。但是，如果在一个对象完成其操作之前需要做一些内部处理，则应该显式地定义析构函数，以完成所需的操作。

(2) 析构函数的功能是释放对象所占用的内存空间，析构函数在对象生存期结束前由系统自动调用。

(3) 析构函数与构造函数两者调用的次序相反，即最先构造的对象最后被析构，最后构造的对象最先被析构。

【例 3-7】 构造函数与析构函数的执行次序——Point 类的多个对象的创建与释放。

```
#include "iostream"
using namespace std;
class Point{
private:  int x,y;
public:  Point(int a,int b);
         ~Point();
};
Point::Point(int a,int b)              //定义构造函数
{   cout<<"constructor......"<<endl;
    x=a;
    y=b;
```

```
    cout<<'('<<x<<','<<y<<')'<<endl;
}
Point::~Point()                          //定义析构函数
{  cout<<"destructor........"<<endl;
   cout<<'('<<x<<','<<y<<')'<<endl;
}
int main()
{    Point p1(1,2),p2(3,5);
     return 0;
}
```

程序运行结果如图 3-3 所示

```
constructor.......
(1,2)
constructor.......
(3,5)
destructor........
(3,5)
destructor........
(1,2)
```

图 3-3　例 3-7 运行结果

注意:调用构造函数的顺序与主函数 main 中创建对象的顺序一致,先创建对象 p1,然后再创建对象 p2;调用析构函数的顺序与创建对象的顺序相反,先析构对象 p2,然后再析构对象 p1。

(4) 除了显式撤销对象,系统也会自动调用析构函数。在下列情况下,析构函数会被调用。

① 如果一个对象被定义在一个函数体内,则当这个函数结束时,该对象的析构函数会自动调用。

【例 3-8】 对象定义在函数体内,析构函数的执行情况。

```
#include "iostream"
using namespace std;
class Complex{
private:  double real,imag;
public:  Complex(double r,double i);
         ~Complex();
};
Complex::Complex(double r,double i)
{
    cout<<"constructor......."<<endl;
    real=r;  imag=i;
}
Complex::~Complex()
{  cout<<"destructor........"<<endl;  }
void fun(Complex c)
{  cout<<"inside fun"<<endl;  }
```

```
int main()
{
    cout<<"inside main"<<endl;
    Complex c1(1.1,2.2);
    fun(c1);
    cout<<"outside main"<<endl;
    return 0;
}
```

程序运行结果如图 3-4 所示。

图 3-4　例 3-8 运行结果

> **注意：**在主函数 main 中定义对象 c1 时，系统自动调用 c1 的构造函数；当调用函数 fun 时，实参 c1 将值对应地赋给形参 c；当函数 fun 执行完时，系统自动调用对象 c 的析构函数；当主函数 main 结束时，系统自动调用对象 c1 的析构函数。由此可见，只要对象生存期结束，系统就自动调用析构函数。
>
> 读者会发现在这个结果中构造函数被调用了一次，而析构函数却调用了两次，为什么呢？（参见 3.4.2 拷贝构造函数）

② 如果一个对象被定义在一个复合语句中，则当这个语句结束时，该对象的析构函数会自动调用。

【例 3-9】 复合语句中对象的析构函数的执行情况。

修改上例的主函数 main：

```
int main()
{
    cout<<"inside main"<<endl;
    Complex c1(1.1,2.2);
    cout<<"begin compound-statement:"<<endl;
    {  Complex c2(3.4,5.6);  }  //复合语句
    cout<<"end compound-statement:"<<endl;
    cout<<"out mian"<<endl;
    return 0;
}
```

程序运行结果如图 3-5 所示。

```
inside main
constructor.......
begin compound-statement:
constructor.......
destructor.......
end compound-statement:
out mian
destructor.......
```

图 3-5　例 3-9 运行结果

注意：主函数 main 中系统首先自动调用 c1 的构造函数；当执行复合语句中的定义对象 c2 时，系统自动调用 c2 的构造函数；当复合语句结束时，系统自动调用对象 c2 的析构函数；当主函数 main 结束时，系统自动调用 c1 的析构函数。

③ 如果一个对象使用 new 运算符动态创建，在使用 delete 运算符释放它时，delete 会自动调用析构函数(在程序中如果不显式撤销该对象，系统不会自动调用析构函数。也就是说，由 new 运算符动态创建的对象，如果不用 delete 运算符释放它，系统不会自动调用析构函数)。

【例 3-10】 较完整的学生类实例。

```
#include<iostream>
#include<cstring>
using namespace std;
class Student{
  public:Student(char *name1,char *stu_no1,float score1);//声明构造函数
        ~Student();         //声明析构函数
        void disp();         //成员函数,用于显示数据
  private:char *name;char *stu_no;float score;//姓名,学号,成绩
};
Student::Student(char *name1,char *stu_no1,float score1)
{ name=new char[strlen(name1)+1];
  strcpy(name,name1);
  stu_no=new char[strlen(stu_no1)+1];
  strcpy(stu_no,stu_no1);score=score1;
  cout<<"constructing..."<<name<<endl;
}
Student::~Student()                              //定义析构函数
{   cout<<"destructing..."<<name<<endl;
    delete []name;delete []stu_no;      //释放由运算符 new 分配的空间
}
void Student::disp()
{ cout<<"name:"<<name<<endl;
  cout<<"stu_no:"<<stu_no<<endl;
  cout<<"score:"<<score<<endl;}
int main()
{   Student stu1("Li ming","20080201",90);
   Student stu2("Wang fun","20080202",85);
   Student *ps=new Student("zhangsan","20160203",79);
   //delete ps;
   return 0;
}
```

程序运行结果如图 3-6 所示。

```
constructing...Li ming
constructing...Wang fun
constructing...zhangsan
destructing...Wang fun
destructing...Li ming
```

图 3-6　例 3-10 运行结果(修改前)

从结果可以看到,调用了 3 次构造函数,但只调用了 2 次析构函数,由 new 创建的对象并没有自动调用析构函数来释放空间。读者可以删除程序倒数第三行的双斜杠"//",再次观察结果。结果如图 3-7 所示。

```
constructing...Li ming
constructing...Wang fun
constructing...zhangsan
destructing...zhangsan
destructing...Wang fun
destructing...Li ming
```

图 3-7　例 3-10 运行结果(修改后)

这才是我们想要的结果。

3.3.3　带默认参数的构造函数

对于带参数的构造函数,在定义对象时必须给构造函数传递参数,否则构造函数将不被执行。但在实际使用中,有些构造函数的参数值大部分情况下是相同的,只有在特殊情况下才需要改变它的参数值,例如大学本科的学制一般默认为 4 年,计时器的初始值一般默认为 0 等。这时可以将其定义成带默认参数的构造函数。

在 C++语言中,允许在函数的声明或定义时给一个或多个参数指定默认值。这样在进行调用时,如果不给出实际参数,则可以按指定的默认值进行工作。例如,将例 3-8 中的构造函数改为:

```
Complex(double r=0,double i=0);   //表示 r 和 i 的默认值是 0
```

当进行函数调用时,编译器按从左到右的顺序将实参与形参结合,若未指定足够的实参,则编译器按顺序用函数原型中的默认值来补足所缺少的实参。例如:

```
Complex(3.5,9.6); //r=3.5,i=9.6
Complex(3.5);     //r=3.5,i=0
Complex();            //r=0,i=0
```

【例 3-11】　将构造函数的重载(三个函数)写成一个——求平面上两点的距离。

```
#include<iostream>
using namespace std;
class Point{
private: double x,y;
public:  Point(double x1=0,double y1=0);
        /*一个带默认参数的构造函数相当于以下 3 个重载的构造函数
          Point(double x1,double y1);
          Point(double x1);;
          Point();    */
         double Distance(Point p);     //计算两点之间的距离
};
```

```
Point::Point(double x1,double y1)
{
    x=x1;y=y1;
}
double Point::Distance(Point p)
{
    double d;
    d=sqrt((x-p.x)*(x-p.x)+(y-p.y)*(y-p.y));
    return d;
}
int main()
{
    Point p1(3,4),p2;   //用貌似不同的方法调用同一函数
    cout<<"the distance is  "<<p1.Distance(p2)<<endl;
    return 0;
}
```

程序运行结果如图 3-8 所示。

```
the distance is  5
请按任意键继续. . .
```

图 3-8　例 3-11 运行结果

注意：定义对象 p1 和 p2 时，p1 的数据成员 x 和 y 的值是 3 和 4；p2 没有带初值，根据函数带默认参数值的功能，数据成员 x 和 y 的值被初始化为 0；在调用成员函数 Distance 计算距离时，实参 p2 赋值给形参 p，计算当前对象 p1 到形参对象 p 的距离，也就是点(3,4)到原点(0,0)的距离，结果为 5。

3.4　对象的赋值与复制

3.4.1　对象赋值语句

同类型的变量，如整型、实型、结构体类型等的变量可以利用赋值操作符(＝)进行赋值，对于同类型的对象也同样适用。也就是说，同类型的对象之间可以进行赋值，这种赋值默认通过成员复制进行。当对象进行赋值时，对象的每一个成员逐一复制(赋值)给另一个对象的相同成员。

对象之间的赋值也是通过赋值运算符"＝"进行的。本来，赋值运算符"＝"只能用来对基本数据类型的数据赋值，C＋＋将其扩展为用于两个同类对象之间的赋值，这是通过对赋值运算符的重载实现的。对象赋值的一般形式如下：

对象名 1＝对象名 2;

【例 3-12】　对象的赋值：平面上的点的赋值。本程序实现的功能是将平面上的一个点的坐标赋给平面上的另一个点。

```
#include<iostream>
using namespace std;
class Point{
private:int x,y;     //点的横、纵坐标 x,y
public:  Point(int x1=0,int y1=0);//带默认参数的构造函数
         void Print();
};
Point::Point(int x1,int y1):x(x1),y(y1) {}
void Point::Print()
{
    cout<<"x="<<x<<"\t"<<"y="<<y<<endl;
}
int main()
{
    Point p1(3,5),p2;           //定义对象 p1、p2
    cout<<"p1:"<<endl;    p1.Print();
    cout<<"p2:"<<endl;    p2.Print();
    p2=p1;                       //对象赋值
    cout<<"p2=p1:"<<endl;
    p2.Print();
    return 0;
}
```

程序运行结果如图 3-9 所示。

图 3-9　例 3-12 运行结果

注意：本程序建立了 Point 类的两个对象，对象 p1 的数据成员 x、y 的值为 3、5；对象 p2 的数据成员 x、y 根据默认参数为 0、0。但是，通过赋值语句 p2=p1 后，p1 将自己的数据成员 x、y 的值对应地赋给 p2 的数据成员 x、y，因此再输出 p2 的数据成员时，就输出了 3 和 5。

说明：

（1）在使用对象赋值语句进行对象赋值时，两个对象的类型必须相同，如对象的类型不同，编译时将出错。

（2）两个对象之间的赋值，仅仅是对其中的数据成员赋值，而不对成员函数赋值。数据成员是占存储空间的，不同对象的数据成员占用不同的存储空间，彼此独立，而不同对象的成员函数占有同一个函数代码段，无法对它们赋值。

（3）当类中存在指针时，使用默认的赋值运算进行对象赋值，可能会产生错误，例如指针悬挂，使用时一定要注意。第 7 章将介绍指针悬挂的问题及解决办法。

3.4.2 拷贝构造函数

拷贝构造函数是一种特殊的构造函数，其形参是本类对象的引用。拷贝构造函数的作用是，在建立一个新对象时，使用一个已经存在的对象去初始化这个新对象。例如“Point p2(p1);”，其作用是，在建立新对象 p2 时，用已经存在的对象 p1 去初始化新对象 p2，在这个过程中就要调用拷贝构造函数。

1. 拷贝构造函数的定义格式

构造函数名(const 类名 &);

例如：

```
class A{
    …
public:
    A();                //构造函数
    A(const A&);       //拷贝构造函数
}
```

2. 拷贝构造函数的特点

(1) 拷贝构造函数与类同名，并且不能指定返回值类型(因为它也是一种构造函数)。

(2) 拷贝构造函数只有一个参数，并且是同类对象的引用。

(3) 每个类必须有一个拷贝构造函数。程序员可以自定义拷贝构造函数，用于按照需要初始化新对象。如果程序员没有定义类的拷贝构造函数，系统会自动生成一个默认的拷贝构造函数，用于复制出数据成员值完全相同的新对象。

【例 3-13】 调用用户自定义的拷贝构造函数。

```
#include<iostream>
using namespace std;
class Point{
    int x,y;
public:
    Point(int a,int b) {                    //构造函数
     x=a;  y=b;
    cout<<"Using normal constructor"<<endl;
    }
    Point(const Point &p)                  //自定义的拷贝构造函数
    {  x=2*p.x;  y=2*p.y;
    cout<<"Using copy constructor"<<endl;
     }
    void print()  {  cout<<x<<"  "<<y<<endl;}
};
  main()
{  Point p1(30,40);  //定义对象 p1,调用普通构造函数
    Point p2(p1);     //调用自定义拷贝构造函数,用 p1 初始化 p2
    p1.print();
    p2.print();
```

```
    return 0;
    }
```

程序运行结果如图 3-10 所示。

```
Using normal constructor
Using copy constructor
30  40
60  80
```

图 3-10　例 3-13 运行结果

从运行结果可以看出，该程序中调用过一次普通构造函数，用来初始化对象 p1。程序中又调用了一次拷贝构造函数，用对象 p1 去初始化 p2，或者说，用一个对象 p1 去复制对象 p2。此时根据拷贝构造函数的内容，p2 的数据成员是 p1 相应数据成员的 2 倍。在程序员的控制下，可以有选择、有变化地复制。

若去掉上例中的拷贝构造函数，程序依然正确，但结果发生了变化。此时结果如图 3-11 所示。

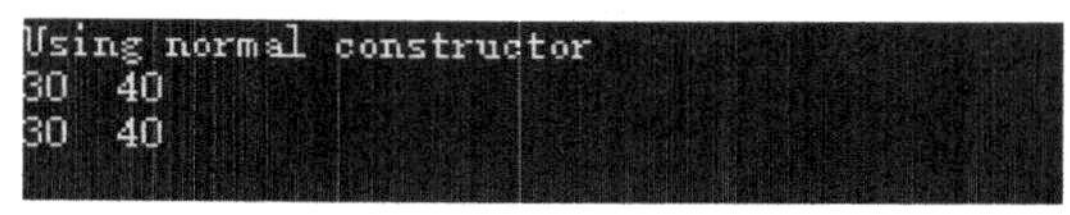

图 3-11　去掉拷贝构造函数后的运行结果

此时，系统自动生成一个默认的拷贝构造函数，用于复制出与源对象的数据成员的值完全相同的对象。所以，对象 p1 和对象 p2 的数据成员值对应相等。

3. 调用拷贝构造函数的两种方法

(1) “代入”法调用：

```
类名 对象 2(对象 1);
```

(2) “赋值”法调用：

```
类名 对象 2=对象 1;
```

例如：

```
main(){  Point  p1(10,20);  //调用普通构造函数,初始化对象 p1
Point    p2(p1);  //以“代入”法调用拷贝构造函数,用 p1 初始化 p2
Point  p3=p1;    //以“赋值”法调用拷贝构造函数,用 p1 初始化 p3 …
}
```

两种方法的效果是一样的。

4. 调用拷贝构造函数的 3 种情况

(1) 当用类的一个对象去初始化该类的另一个对象时，拷贝构造函数将会被调用。例如：

```
Point p2(p1);      //用“代入”法调用拷贝构造函数,用对象 p1 初始化对象 p2
Point p3= p1;       //用“赋值”法调用拷贝构造函数,用对象 p1 初始化对象 p3
```

(2) 当函数的形参是类的对象，在调用函数进行形参和实参的结合时，拷贝构造函数将会被调用。例如：

```
void fun1(Point p)      //形参是类 Point 的对象 p
{  p.print();     }
int main()
{    Point  p1(10,20);    fun1(p1);     //调用函数 fun1 时,实参 p1 是类 Point 的对象
//将调用拷贝构造函数,初始化形参对象 p
return 0;
}
```

回顾 3.3.2 小节中的例 3-8,函数 void fun(Complex c)中的形参 c 就是在参数传递时,系统调用默认的拷贝构造函数新建的,所以结果显示构造函数只调用了一次,而析构函数调用了两次。

(3) 当函数的返回值是类的对象,在函数调用完毕将返回值(对象)带回函数调用处时,就会调用拷贝构造函数,将此对象复制给一个临时对象并传到该函数的调用处。

这种情况在不同的编译系统中可能有不同的表现,在 Visual C++ 2012 中会体现拷贝构造函数的调用,在 Dev Cpp 中则不会。例 3-14 是在 Visual C++ 2012 中运行的结果,大家可以观察在 Dev Cpp 中的运行结果。例如:

```
Point fun2()           //函数 fun2 的返回值类型是 Point 类类型
{ Point p1(10,30);  //定义类 Point 的对象 p1
return p1;          //函数的返回值是 Point 类的对象
}
int main()
{ Point p2;
//定义类 Point 的对象 p2
p2= fun2();          //函数执行完成,返回调用者时,调用拷贝构造函数
return 0;
}
```

在函数 fun2 内,执行语句“return p1;”时,将会调用拷贝构造函数将 p1 的值拷贝到一个无名对象中,这个无名对象是编译系统在主程序中临时创建的。函数运行结束时对象 p1 消失,但临时对象会暂存于语句“p2=fun2();”中。执行完这个语句后,临时无名对象的使命也就结束了,该临时对象便自动消失了。

【例 3-14】 调用拷贝构造函数的 3 种情况。

```
#include<iostream>
using namespace std;
class Point{
public: Point(int a,int b)        //定义构造函数
{  x=a;y=b;cout<<"Using  normal constructor\n";  }
Point(const Point &p)     //定义拷贝构造函数
{  x=2*p.x;y=2*p.y;cout<<"Using copy constructor\n";  }
void print()    { cout<<x<<"  "<<y<<endl;}
private:    int x,y;
};
void fun1(Point p)   //函数 fun1 的形参是类对象
{  p.print();  }
Point fun2()          //函数 fun2 的返回值是类对象
{   Point p4(10,30);  //定义对象 p4 时,要调用普通的构造函数
```

```
    return p4;        //返回对象 p4 时,要调用拷贝构造函数
    }
    int main()
        {  Point p1(30,40);//定义对象 p1 时,第 1 次调用普通的构造函数
        p1.print();
        Point p2(p1);  //第 1 次调用拷贝构造函数,用 p1 初始化 p2(情况 1)
        p2.print();
        Point p3=p1;   //第 2 次调用拷贝构造函数,用 p1 初始化 p3(情况 1)
        p3.print();
        Point p4=Point(10,20);
        //定义对象 p4 的同时进行初始化,第 2 次调用普通的构造函数
        p4.print();
        fun1(p1);
        /*在调用函数 fun1,实参与形参结合时,第 3 次调用拷贝构造函数(情况 2)*/
        p2=fun2();
        /*调用函数 fun2 时,在函数 fun2 内第 3 次调用普通的构造函数,调用函数 fun2 结束时,
    第 4 次调用拷贝构造函数(情况 3)。在 Dev Cpp 中看不到情况 3 的结果*/
        p2.print();
        return 0;
    }
```

程序运行结果如图 3-12 所示。

图 3-12　例 3-14 运行结果

3.5　自引用指针 this

当定义了一个类的若干对象后,每个对象都有属于自己的数据成员,即不同对象的数据成员存放在不同的内存地址,而同一类的不同对象将共同拥有一份成员函数的拷贝,即所有对象的成员函数对应的是同一个函数代码段,如图 3-13 所示。不论调用哪个对象的成员函数,其实调用的都是同一段函数代码,那么在执行不同对象所对应的成员函数时,各成员函数是如何分辨出当前调用自己的是哪个对象,从而对该对象的数据成员而不是其他对象的数据成员进行处理呢?

原来,C++为成员函数提供了一个名字为 this 的指针,这个指针称为自引用指针。每当创建一个对象时,系统就把 this 指针初始化为指向对象,即 this 指针的值是当前调用成员函数的对象的起始地址。每当调用一个成员函数时,系统就自动把 this 指针作为一个隐含

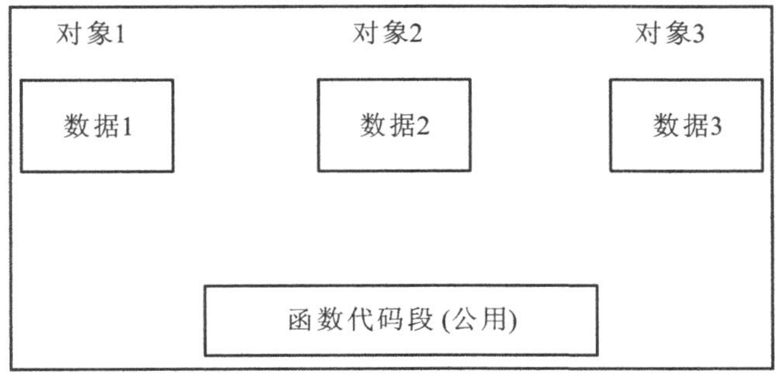

图 3-13　同类对象内存分配示意图

的参数传给该函数。C++编译器将根据成员函数的 this 指针指向的对象来确定应该引用哪一个对象的数据成员。因此,被存取的必然是指定对象的数据成员,绝不会搞错。

【例 3-15】　this 指针的引用。

```
#include<iostream>
using namespace std;
class A{
private:
    int x;
public:
A(int x1)
    {  x=x1;}
    void disp()
    {  cout<<"x="<<x<<endl;  }
};
int main()
{
A a(1),b(2);
a.disp();b.disp();;
return 0;
}
```

程序运行结果如图 3-14 所示。

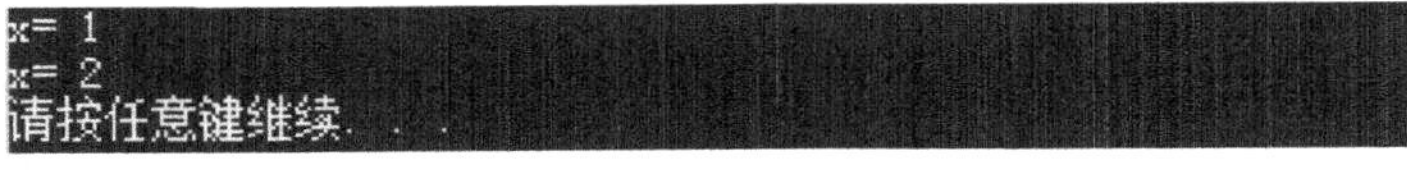

图 3-14　例 3-15 运行结果

当调用成员函数 a. disp()时,编译系统就把对象 a 的起始地址赋给 this 指针,并自动将 this 指针作为一个隐含的参数传给 disp 函数,于是在成员函数 disp 引用数据成员时,就按照 this 的指向找到对象 a 的数据成员 x(为 1),并将其输出;当调用成员函数 b. disp()时,编译系统就把对象 b 的起始地址赋给 this 指针,并自动将 this 指针作为一个隐含的参数传给 disp 函数,于是在成员函数 disp 引用数据成员时,就按照 this 的指向找到对象 b 的数据成员 x(为 2),并将其输出。成员函数 disp 实际上执行的代码是:

```
cout<<"x="<<this->x<<endl;
```

显然，this 的值是随着对象的不同而改变的。

一般来说，this 指针主要用在运算符重载(见第 7 章)和自引用等场合。

【例 3-16】 this 应用举例：通过成员函数 copy 实现 Square 类对象的赋值。

```
#include<iostream>
using namespace std;
class Square
{
private:
    double length;
public:
    Square(double l);
    double Area();
    void copy(Square &s);
};
Square::Square (double l)
{   length=l;   }
double Square::Area()
{   return length*length;   }
void Square::copy (Square &s)
{
    if(this==&s)return;
    *this=s;
}
int main()
{
    Square s1(3),s2(5);
    cout<<"before copy"<<endl;
    cout<<"s1 area is  "<<s1.Area()<<endl;
    cout<<"after copy"<<endl;
    s1.copy (s2);
    cout<<"s1 area is  "<<s1.Area ()<<endl;
    return 0;
}
```

程序运行结果如图 3-15 所示。

before copy
s1 area is 9
after copy
s1 area is 25
请按任意键继续. . .

图 3-15　例 3-16 运行结果

说明：定义对象 s1 时通过构造函数将其数据成员初始化为 3，因此调用 Area 函数输出 9；当程序执行 s1. copy(s2)；时，对象 s1 调用成员函数 copy，因此 this 指针指向 s1。在 copy

函数中首先判断是不是对象在给自己赋值，如果是，则返回；否则，将形参 s 的值赋给 this 所指向的对象 s1。本例中形参 s 是实参 s2 的引用，因为不是 s1 给自己赋值，所以执行 *this=s;，即将 s 的值赋给 this 所指向的对象 s1。

使用 this 指针时应该注意以下几点：

(1) this 指针是一个 const 指针，不能在程序中修改它或给它赋值。

(2) this 指针是一个局部数据，它的作用域仅在一个对象的内部。

(3) 静态成员函数不属于任何一个对象。在静态成员函数中没有 this 指针。

读者可以思考：若将上例中 Square(double l)改为 Square(double length)，并将相应的 l 改为 length，程序运行结果为何会是图 3-16 所示？

```
before copy
s1 area is  8.56729e+123
after copy
s1 area is  8.56729e+123
请按任意键继续. . .
```

图 3-16　修改 l 为 length 后的运行结果

在不将 Square(double length)改回 Square(double l)的情况下，如何修改程序，结果才能如预期所希望？

3.6　应用举例

【例 3-17】　学生成绩管理系统。

功能：实现插入学生信息、删除学生信息、输入学生信息、输出学生信息。

(1)类的设计：定义结构体 student，包括学号、姓名和成绩；设计类 Aclass，其中数据成员 slist[MAX]表示一个班最多有 MAX 个学生，每个元素代表一个学生，last 表示当前班级中学生的格式，即数组 slist 中实际元素个数。对所有学生的操作有插入、删除和输出。学生成绩管理系统的 Aclass 类如图 3-17 所示。

Aclass
char cname[20]; student slist[MAX]; int last;

Aclass();
int Insert_SeqList(int i,student x);
int Delete_SeqList(int i);
void Print_ SeqList( );

图 3-17　学生成绩管理系统的 Aclass 类

(2)源代码：

```
#include "iomanip"
#include "iostream"
using namespace std;
#define MAX 20
struct student
{
    long no;
    char name[10];
    float score;
};
class Aclass{
```

```
private:
    char cname[20]; //班级名称
    student slist[MAX]; //学生列表
    int last; //实际学生个数
public:
    Aclass();
    int Insert_SeqList(int i,student x);     //在第 i 个位置上插入一个学生
    int Delete_SeqList(int i);               //删除第 i 个学生
    void Print_SeqList();                    //输出学生信息
};
Aclass::Aclass()
{
    cout<<"请输入班级名称:";
    cin>>cname;
    last=-1;
}  int Aclass::Insert_SeqList(int i,student x)
{
    int j;
    if(last==MAX-1)
    {
        cout<<"table is full!"<<endl;
        return(-1);
    }
    if(i<1||i>(last+2))
    {
        cout<<"place is wrong!"<<endl;
        return(0);
    }
    for(j=last;j>=i-1;j--)
    {
        slist[j+1]=slist[j];
    }
    slist[i-1]=x;
    last++;
    return(1);
}
int Aclass::Delete_SeqList(int i)
{
    int j;
    if(i<1||i>(last+1))
    {
        cout<<"this element don't exist!"<<endl;
        return(0);
```

```
    }    for(j=i;j<=last;j++)
    {
        slist[j-1]=slist[j];
    }
    last--;
    return(1);
}
void Aclass::Print_SeqList()
{
    int i;
    cout<<"班级:"<<cname<<endl;
    cout<<"学生:"<<endl;
    for(i=0;i<=last;i++)
    {
    cout<<slist[i].no<<setw(8)<<slist[i].name<<setw(4)<<slist[i].score
    <<endl;
    }
    cout<<endl;
}
void menu();
int main()
{
    Aclass sq;                                  //定义对象 sq
    int n,m=1;
    while(m)
    {
        menu();
        cin>>n;
        switch(n)
        {
        case 1:{
            int i;                              //i 为位置号
            student x;                          //x 为待插入学生
            cout<<"请输入位置"<<endl;
            cin>>i;
            cout<<"请输入学生(学号、姓名、成绩):"<<endl;
            cin>>x.no>>x.name>>x.score;
            sq.Insert_SeqList(i,x);
            cout<<"插入后信息:"<<endl;
            sq.Print_SeqList();
            break;
                }
        case 2:{
                int i;                          //i 为位置号
```

```
                cout<<"请输入删除的位置:"<<endl;
                cin>>i;
                sq.Delete_SeqList(i);
                cout<<"删除后信息:"<<endl;
                sq.Print_SeqList();
                break;
                }
            case 0:m=0;
            }
        }
        return 0;
}
void menu()
{
    cout<<endl<<"1.插入"<<endl;
    cout<<"2.删除"<<endl;
    cout<<"0.退出"<<endl;
    cout<<endl<<"请选择:"<<endl<<endl;
}
```

(3) 运行结果如图 3-18 所示。

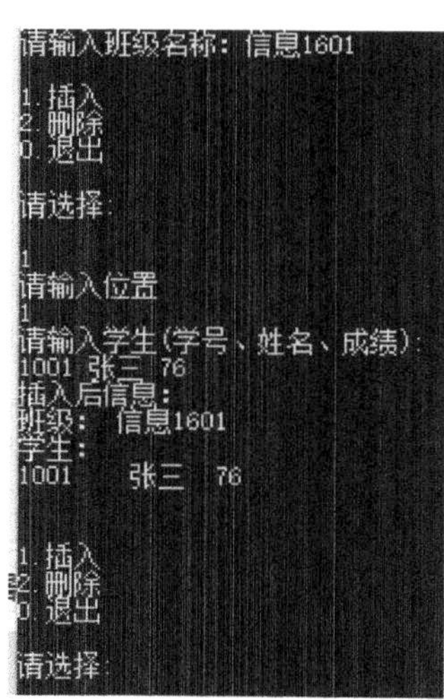

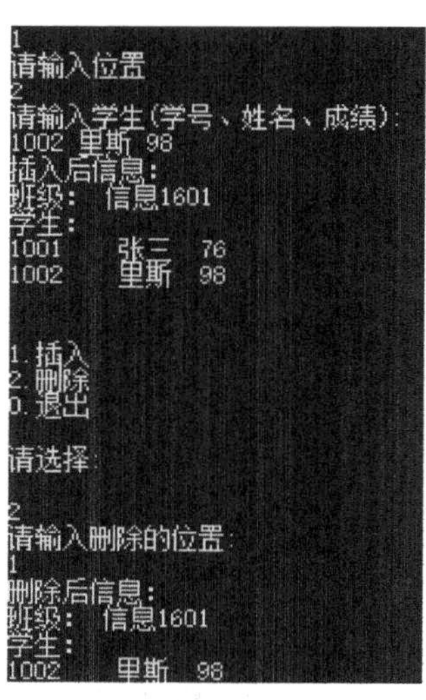

图 3-18　例 3-17 运行结果

在 C++中,库的地位是非常高的。C++ 标准库包括了 STL 容器、算法和函数等,标准库中提供了 C++程序的基本设施。类 string、array、vector、deque、list 都在标准库中定义和说明。感兴趣的读者可以自行去查阅资料。

习　　题

3-1　在不考虑保护成员的情况下,类声明的一般格式是什么?

3-2　构造函数和析构函数的主要作用是什么?它们各有什么特性?

3-3 什么是this指针？它的主要作用是什么？

3-4 什么是拷贝构造函数？它在什么时候被调用？

3-5 假设在程序中已经声明了类Point，并建立了对象p1至p4。请问以下几个语句有什么区别？

(1) Point p2,p3;

(2) Point p2=p1;

(3) Point p2(p1);

(4) p4=p1;

3-6 关于构造函数的叙述正确的是(　　)。

A. 构造函数可以有返回值

B. 构造函数的名字必须与类名完全相同

C. 构造函数必须带参数

D. 构造函数必须定义，不能默认

3-7 在声明类时，下面的说法正确的是(　　)。

A. 可以在类的声明中给数据成员赋初值

B. 数据成员的数据类型可以是register

C. private、public、protected可以按任意顺序出现

D. 没有用private、public、protected定义的数据成员是公有成员

3-8 在下面有关析构函数特征的描述中，正确的是(　　)。

A. 一个类中可以定义多个析构函数

B. 析构函数名与类名完全相同

C. 析构函数不能指定返回类型

D. 析构函数可以有一个或多个参数

3-9 构造函数是在(　　)时被执行的。

A. 程序编译　　B. 创建对象　　C. 创建类　　D. 程序装入内存

3-10 定义A是一个类，那么执行语句"A a,b(3),*p;"调用了(　　)次构造函数。

A. 2　　B. 3　　C. 4　　D. 5

3-11 假定有一个类，类名为Date，则执行语句"Date d;"时，将自动调用该类的(　　)。

A. 有参构造函数　　B. 无参构造函数

C. 拷贝构造函数　　D. 赋值重载函数

3-12 在类外定义成员函数时，需要在函数名前加上(　　)。

A. 对象名　　B. 类名

C. 类名和作用域运算符　　D. 作用域运算符

3-13 假定有一个类，类名为Date，则该类拷贝构造函数的原型为(　　)。

A. Date &(Date x);　　B. Date(Date x);

C. Date (Date &x);　　D. Date(Date *x);

3-14 关于this指针的以下说法，正确的是(　　)。

A. this指针必须显式说明

B. 当创建一个对象后，this指针就指向该对象

C. this指针指向成员函数

D. this指针的值不会随着对象的不同而改变

3-15　写出下面程序的运行结果。

```
#include<iostream>
using namespace std;
class cylinder
{  public:
     cylinder(double a,double b);
     void vol();
private:
       double r,h;
       double volume;
};
cylinder::cylinder(double a,double b)
{  r=a;h=b;
   volume=3.141592*r*r*h;
}
void cylinder::vol()
{  cout<<"volume is:"<<volume<<"\n";   }
int main()
{
    cylinder x(2.2,8.09);
    x.vol();
}
```

3-16　写出下面程序的运行结果。

```
#include<iostream>
using namespace std;
class example
{
public:
   example(int n)
   { i=n;
     cout<<"Constructing\n";
   }
   ~example()
   { cout<<"Destructing\n";}
   int get_i()
   { return i;}
private:
   int i;
};
int sqr_it(example o)
{ return o.get_i()*o.get_i();
}
int main()
{  example x(10);
   cout<<x.get_i()<<endl;
```

```
    cout<<sqr_it(x)<<endl;
    return 0;
}
```

3-17 写出下面程序的运行结果。

```
#include<iostream>
using namespace std;
class Test
{
private:
    int val;public:
    Test()
    { cout<<"default."<<endl;}
    Test(int n)
    { val=n;
      cout<<"Con."<<endl;
    }
    Test(const Test &t)
    { val=t.val;
      cout<<"Copy con."<<endl;
    }
};
int main()
{  Test tl(6);
   Test t2=tl;
   Test t3;
   t3=tl;
   return 0;
}
```

3-18 指出下面程序中的错误,并说明为什么。

```
#include<iostream>
using namespace std;
class Student
{
public:
   void printStu();
private:
   char name[10];
   int age;
   float aver;
};
int main()
{  Student P1,P2,P3;
   p1.age=30;
   return 0;
}
```

3-19　指出下面程序中的错误,并说明为什么。

```
#include<iostream>
using namespace std;
class Point
{
public:
    int x,y;
private:
    Point()
    { x=1;y=2;}
};
int main()
{   Point cpoint;
    cpoint.x=2;
return 0;
}
```

3-20　指出下面程序中的错误,并说明原因。

```
#include<iostream.h>
#include<stdlib.h>
class CTest
{  public:
     CTest ()
      {  x=20;  }
     void use_this ();
   private:
     int x;
};
void CTest::use_this ()
{  CTest y,*pointer;
   this=&y;
   *this.x=10;
pointer=this;
pointer=&y;
}
void main ()
{  CTest y;
   this->x=235;
}
```

3-21　下面是一个计算器类的定义,请完成该类成员函数的实现。

```
class counter{
public:
    counter (int number);
    void increment();//给原值加 1
    void decrement();//给原值减 1
    int getvalue();   //取得计数器值
```

```
    int print();      //显示计数
private:
    int value;
};
```

3-22　改写程序,要求:将数据成员改为私有的,将输入和输出的功能改为由成员函数实现,且在类体外定义成员函数。

```
#include<iostream>
using namespace std;
class Date        //定义 Date 类
{public:      //数据成员为公用的
    int year, month, day;
};
int main( )
{ Date d1;  //定义 d1 为 Date 类的对象
     cin>>d1.year>>d1.month>>d1.day;     //输入设定的日期
     cout<d1.year <<"-"<d1.month <<"-"<<d1.day <<endl;  //输出日期
     return 0;
}
```

3-23　建立类 Cylinder。Cylinder 的构造函数被传递了两个 double 值,分别表示圆柱体的半径和高度。用类 Cylinder 计算圆柱体的体积,并存储在一个 double 变量中。在类 Cylinder 中包含一个成员函数 vol,用来显示每个 Cylinder 对象的体积。

3-24　声明一个栈类,利用栈操作实现将输入字符串反向输出的功能。

第4章 类和对象Ⅱ

【学习目标】

(1) 掌握对象数组和对象指针。

(2) 掌握函数调用中对象参数的传递。

(3) 掌握静态成员。

(4) 掌握 const 在类中的应用。

(5) 掌握友元函数和友元类的定义及使用。

本章进一步对类和对象其他方面的内容进行讨论,这些内容包括对象数组与对象指针、向函数传递对象的方法、静态成员、友元,以及类的组合和共享数据保护的方法;此外,对多文件程序也做了介绍。

4.1 对象数组与对象指针

4.1.1 对象数组

数组的元素可以是基本数据类型的数据,也可以是用户自定义数据类型的数据。对象数组是指每一个数组元素都是对象的数组。对象数组的元素是对象,它不仅具有数据成员,而且还有成员函数。

声明对象数组的方法与声明基本类型的数组的方法相似,因为类实质上就是一种数据类型。在执行对象数组说明语句时,系统不仅分配适当的内存空间以创建数组的每个对象(即数组元素),而且自动调用适当的构造函数以完成数组内每个对象的初始化。

声明对象数组的形式:

类名　数组名[下标表达式];

例如:

```
Point p[10];
```

与基本类型的数据一样,在使用对象数组时也只能利用单个数据元素(即对象),访问它的公有成员。对象数组的引用形式:

数组名[下标].成员函数

例如:

```
p[1].print();
```

【例 4-1】 用只有一个参数的构造函数给对象数组赋值——对象数组的应用,求圆的面积。

```
#include "iostream"
using namespace std;
class Circle
{
```

```
    private:
        double radius;public:
        Circle(double r);
        double Area();
        ~Circle();
    };
    Circle::Circle(double r)
    {
        cout<<"construct.........."<<endl;
        radius=r;
    }
    double Circle::Area()
    {
        return 3.14*radius*radius;
    }
    Circle::~Circle()
    {
        cout<<"destruct.........."<<endl;
    }
    int main()
    {
        Circle c[3]={1,3,5};
        int i;
        for(i=0;i<3;i++)
            cout<<c[i].Area()<<endl;
        return 0;
    }
```

程序运行结果如图 4-1 所示。

```
construct..........
construct..........
construct..........
3.14
28.26
78.5
destruct..........
destruct..........
destruct..........
请按任意键继续. . .
```

图 4-1　例 4-1 运行结果

说明：主函数 main 中定义对象数组 c[3]，通过直接调用构造函数，并在等号后面的花括号内提供实参 1、3、5，对每个元素即每个对象(c[0]、c[1]、c[2])进行初始化，因此执行 3 次构造函数。当程序结束时，系统自动调用析构函数释放每个对象，因此执行了 3 次析构函数。

在设计类的构造函数时就要充分考虑到对象数组元素初始化的需要。当各个元素的初始值为相同的值时，可以在类中定义不带参数的构造函数或带默认参数值的构造函数；当各元素对象的初始值要求不同的值时，需要定义带参数的构造函数。

【例 4-2】 用不带参数和带一个参数的构造函数给对象数组赋值。

```
#include "iostream"
using namespace std;
class Circle
{
private:double radius;
public:
    Circle(double r) //带一个参数的构造函数
    { radius=r;}
    Circle()          //不带参数的构造函数
    { radius=0;}
    double get_r()
    {  return radius;}
};
int main()
{
    Circle c1[4]={1,3,5,7};
    //4 个对象,提供了 4 个实参,先后 4 次调用带 1 个参数的构造函数
    Circle c2[4]= {2,4};
    //4 个对象,提供了 2 个实参,先调用 2 次带 1 个参数的构造函数
    //然后调用 2 次不带参数的构造函数
    int i;
    for(i=0;i<4;i++)
        cout<<c1[i].get_r()<<' ';
    cout<<endl;
    for(i=0;i<4;i++)
        cout<<c2[i].get_r()<<' ';
    cout<<endl;
    return 0;
}
```

程序运行结果如图 4-2 所示。

图 4-2　例 4-2 运行结果

说明：本例执行语句“Circle c2[4]={2,4};”时，首先调用带参数的构造函数，初始化 c2[0]、c2[1]，然后调用不带参数的构造函数，初始化 c2[2]、c2[3]。

当构造函数有不止一个参数时，在定义对象并对对象进行初始化时，通常采用直接调用构造函数的方法。

【例 4-3】 输出若干个平面上的点。

```
#include "iostream"
using namespace std;
class Point{
private:
    int x,y;
public:
    Point(int a,int b);  //带两个参数的构造函数
    void Print();
};
Point::Point(int a,int b)
{   x=a;y=b;}
void Point::Print()
{   cout<<'('<<x<<','<<y<<')'<<endl;}
int main()
{
    Point ob[3]={Point(1,2),Point(3,4),Point(5,6)};
    //通过直接调用构造函数给对象数组赋值,从而实现对象数组的初始化
    int i;
    for(i=0;i<3;i++)
        ob[i].Print();
    return 0;
}
```

程序运行结果如图 4-3 所示。

图 4-3　例 4-3 运行结果

说明:在定义对象数组 ob[3]时,系统会自动调用构造函数进行初始化,然而此时构造函数的参数是两个,因此就需要通过直接调用构造函数给对象数组赋值。

4.1.2　对象指针

每个对象在初始化后都会在内存中占有一定的空间。访问一个对象既可以通过对象名访问,也可以通过对象地址访问。对象指针就是用于存放对象地址的变量。对象指针遵循一般变量指针的各种规则,声明对象指针的一般语法形式为:

类名　*对象指针名;

以例 4-1 的 Circle 类为例:

```
Circle *c;  //定义 Circle 类的对象指针变量 c
```

与用对象名来访问对象成员一样,使用对象指针也可以访问对象的成员,形式是:

对象指针名→成员名

例如：

```
c->Area();
```

与一般变量指针一样，对象指针在使用之前必须先进行初始化，可以让它指向一个声明过的对象，或用 new 运算符动态建立对象。

例如：

```
Circle *c1,c(3);//定义一个对象指针 c1 和对象 c
c1=&c;       //将对象 c 的地址赋值给对象指针 c1
c1->Area();     //正确，c1 在使用之前已指向一个已经声明过的对象
Circle *c2=new Circle(3);c2->Area();     //正确，c2 在使用之前已利用 new 运算符动态建立对象指针 c2
Circle *c3;c3->Area();     //错误，不能使用没有初始化的对象指针
```

【例 4-4】 用对象指针访问 Circle 类的成员函数。修改例 4-1 的主函数 main，代码如下：

```
int main()
{
    Circle *c=new Circle(3);
    cout<<c->Area()<<endl;
    delete c;
    return 0;
}
```

程序运行结果如图 4-4 所示。

```
C:\WINDOWS\system32\cmd.exe
construct..........
28.26
destruct..........
请按任意键继续. . .
```

图 4-4 例 4-4 运行结果

说明：主函数 main 动态建立对象时，系统自动调用构造函数将对象 c 的数据成员 radius 初始化为 3；初始化后的对象指针调用成员函数 Area 计算面积并输出结果；当删除对象时自动调用析构函数。

【例 4-5】 用对象指针引用 Circle 类的对象数组。修改例 4-1 的主函数 main，代码如下：

```
int main()
{
    Circle c[3]={1,3,5};
    Circle *p=c;
    for(;p<c+3;p++)
        cout<<p->Area()<<endl;
    return 0;
}
```

程序运行结果与例 4-1 是一样的。

说明：主函数 main 中定义对象数组 c[3]，并将对象数组 c 的首地址赋给指针变量 p，通过指针变量 p 的移动，计算并输出每个 Circle 对象的面积。

4.2 向函数传递对象

4.2.1 使用对象作为函数参数

对象可以作为参数传递给函数，其方法与传递基本数据类型的变量相同。当进行函数调用时，需要给形参分配存储单元，形参和实参结合是值传递，实参将自己的值传递给形参，形参实际上是实参的副本，这是一种单向传递，形参的变化不会影响到实参。

【例 4-6】 对象作为函数参数：求平面上的点向东、向北移动 1 格的新坐标。

```
#include<iostream>
#include<iomanip>    //代码中用到了操作符 setw(w)，要包含相应的头文件 iomanip
using namespace std;
class Point{
private:
    int x,y;
public:
    Point(int a,int b):x(a),y(b){}
    void Add(Point p)
    {  p.x=p.x+1;p.y=p.y+1;  }
    void Print()
    {    cout<<"x:"<<x<<setw(5)<<",y:"<<y<<endl;}
};
int main()
{
    Point ob(1,2);
    cout<<"before add:  ";
    ob.Print();
    ob.Add(ob);
    cout<<"after  add:  ";
    ob.Print();
    return 0;
}
```

程序运行结果如图 4-5 所示。

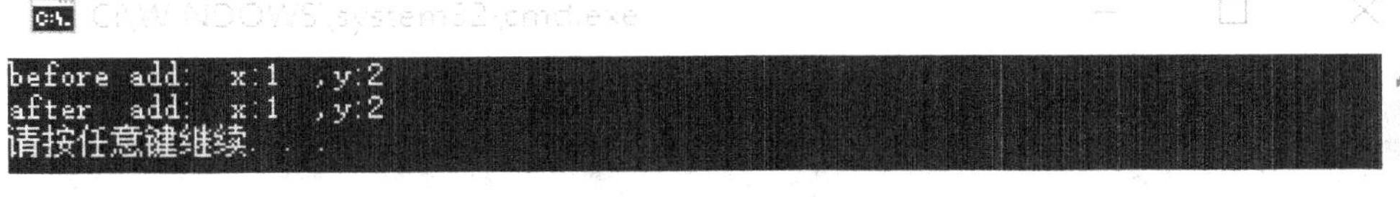

图 4-5 例 4-6 运行结果

说明：在 main 函数中，定义对象 ob 时系统自动调用构造函数将其初始化为 1、2；在执行 Add 函数时，由于作为参数的对象是按值传递的，也就是实参 ob 将自己的值对应地赋给形参 p，在 Add 函数中对形参 p 的数据成员 x、y 值进行修改，因为形参 p 是实参 ob 的副本，当 Add 函数运行结束时，对象 p 被析构，回到主程序，对实参 ob 没有任何影响。因此，对象 ob 在执行 Add 函数前后的运行结果没有变化。

4.2.2 使用对象指针作为函数参数

对象指针可以作为函数的参数。使用对象指针作为函数参数可以实现地址调用，需要给形参分配存储单元，形参和实参的结合是地址传递，实参将自己的地址传递给形参，即在函数调用时使实参和形参对象指针变量指向同一内存，形参对象指针所指向对象值的改变也同样影响着实参对象的值。这是一种双向传递，因为不进行副本的复制，可以提高运行效率，减少时空开销，但缺点是程序的阅读性较差。

【例 4-7】 使用对象指针作为函数参数——修改例 4-6。

```
#include<iostream>
#include<iomanip>    //代码中用到了操作符 setw(w),要包含相应的头文件 iomanip
using namespace std;
class Point{
private:
    int x,y;
public:
    Point(int a,int b):x(a),y(b){}
    void Add(Point *p)        //对象指针作为函数参数
    {  p->x=p->x+1; p->y=p->y+1;     }
    void Print()
    {cout<<"x:"<<x<<setw(5)<<",y:"<<y<<endl;}
//setw(5)设置紧跟在后面的输出列宽 5
};
int main()
{
    Point ob(1,2);
    cout<<"before add:  ";
    ob.Print();
    ob.Add(&ob);        //对象地址作为实参
    cout<<"after add:  ";
    ob.Print();
    return 0;
}
```

程序运行结果如图 4-6 所示。

图 4-6 例 4-7 运行结果

说明：在 main 函数中，对象 ob 在执行 Add 函数时，由于作为参数的对象 ob 是按地址进行传递的，因此在 Add 函数中对数据成员 x 和 y 值的修改结果通过 * p 传回主程序中。因此，对象 ob 调用 Print 函数的运行结果在执行 Add 函数前后不一样了。

4.2.3 使用对象引用作为函数参数

在实际应用中，使用对象引用作为函数参数非常普遍，因为用对象引用作为参数不但具有对象指针作为参数的优点，而且相比之下，用对象引用作为函数参数更简单、更直接。

当进行函数调用时，在内存中并没有产生实参的副本，它是直接对实参操作。这种方式是双向传递，形参的变化会直接影响到实参。与指针作为函数参数比较，这种方式更容易使用、更清晰；而且当参数传递的数据较大时，用引用比用一般变量传递参数的效率和所占空间都要好。

【例 4-8】 使用对象引用作为函数参数——修改例 4-6。

```
#include<iostream>
#include<iomanip>    //代码中用到了操作符 setw(w),要包含相应的头文件 iomanip
using namespace std;
class Point{
private:
    int x,y;
public:
    Point(int a,int b):x(a),y(b){}
    void Add(Point &p)        //对象引用作为函数参数
    {   p.x=p.x+1;   p.y=p.y+1;   }
void Print()
    {   cout<<"x:"<<x<<setw(5)<<",y:"<<y<<endl;}
};
int main()
{
    Point ob(1,2);
    cout<<"before add:  ";
    ob.Print();
    ob.Add(ob);        //对象作为实参,形参是实参的引用,故两个参数是同一对象
    cout<<"after add:  ";
    ob.Print();
    return 0;
}
```

程序运行结果和例 4-7 是相同的。

可见，使用对象引用作为函数参数不但具有用对象指针作为函数参数的优点，而且用对象引用作为函数参数更简单、更直接。

 4.3 static 与类

前面已经介绍过，一个类若有多个对象，那么每个对象都分别有自己的数据成员，不同对象的数据成员各有各的值，相互独立，互不相干。但有时程序员希望一个或多个数据成员为所有的对象所公有，实现一个类的多个对象之间的数据共享。C++提出了静态成员的概念。静态成员包括静态数据成员和静态成员函数。

4.3.1 静态数据成员

对象是类的一个实例，每个对象具有自己的数据成员，例如学生类，所有学生都具有属性——姓名、学号、成绩；但在实际使用时，常常会处理一些其他数据，比如学生的人数、总成绩、平均成绩等。一种方法是将这些数据定义成全局变量，但这样做将带来安全隐患，如破坏类的封装性、不利于信息隐藏等。另一种办法是将这些数据也定义成类的数据成员，但这样做将很不方便，而且容易造成数据的不一致性。由于这些数据是所有对象所共享的，C++提供了静态数据成员来解决这类问题。

类的静态数据成员拥有一个单独的存储区（在静态数据区），不管用户创建了多少个该类对象，所有这些对象都共享这块静态存储空间，这就为对象提供了一种相互通信的方法。因此，可将该类要共享的数据成员定义为静态数据成员。

静态数据成员的定义格式：

```
static 类型名 静态成员名;
```

静态数据成员的初始化格式：

```
类型 类名::静态数据成员=初始化值;
```

【例 4-9】 求学生的总人数。

```
#include<iostream>
#include "iomanip"
using namespace std;
#include "string.h"
class Student
{
private:
    char *name;
    int stu_no;
    float score;
    static int total;//定义静态数据成员,用来统计学生总人数
public:
    Student(const char *na,int no,float sco);
    void Print();
};
Student::Student(const char *na,int no,float sco)
{
    name=new char[strlen(na)+1];
    strcpy(name,na);
    stu_no=no;
    score=sco;
    total++;      //每当调用一次构造函数,总人数加 1
}
void Student::Print()
{
```

```
    cout<<"第"<<total<<"个学生:"<<name<<setw(4)<<stu_no<<setw(4)<<score
<<endl;
    cout<<"总人数是:"<<total<<endl;
}
int Student::total=0;    //初始化静态数据成员
int main()
{
    Student s1("张明",1,90);
    s1.Print();
    Student s2("王兰",2,95);
    s2.Print();
    Student s3("于敏",3,87);
    s3.Print();
    return 0;
}
```

程序运行结果如图 4-7 所示。

图 4-7 例 4-9 运行结果

说明:运行结果表明,该程序每创建一个学生,学生总人数就显示增加 1 人。这是因为每当定义一个对象,系统就自动调用构造函数,在构造函数里 total 进行加 1 运算;而数据成员 total 又是一个静态数据成员,它可以实现同一个类的不同对象之间的数据共享,所以不管创建多少个对象,对应的 total 只有 1 个。

注意:(1)静态数据成员声明时,加关键字 static 说明。

(2)静态数据成员的初始化应在类外声明并在对象生成之前进行。默认时,静态成员被初始化为零。例:int Student::total;等价于 int Student::total =0;

(3)静态数据成员在编译时创建并初始化。不能用构造函数进行初始化,静态数据成员不能在任何函数内分配存储空间和初始化。

(4)静态数据成员与普通数据成员一样,可以声明为 public(公有的)、private(私有的)或 protected(保护的)。

(5)静态数据成员属于类,被所有该类对象共有,而不属于任何一个对象,在类外可以通过类名对公有静态成员进行访问;定义该类对象后,也可以通过对象对它进行访问。静态数据成员的访问形式是:

```
    类名::静态数据成员; //推荐
或
    对象名.静态数据成员
```

(6)静态数据成员的主要用途是定义类的各个对象所共用的数据,如统计总数、平均数等。读者可以为上例添加代码来计算学生的总成绩和平均成绩。

【例 4-10】 公有静态数据成员的访问。

```
#include<iostream>
using namespace std;
class myclass {
  public:
    static int i;
};
int myclass::i=0; //静态数据成员初始化,不必在前面加 static
int main()
{ myclass::i=200; //公有静态数据成员可以在对象定义之前被访问
  myclass ob1,*p;
  p=&ob1;
  cout<<"ob1.i="<<ob1.i<<endl; //通过对象访问公有静态数据成员 i
  cout<<"myclass::i"<<myclass::i<<endl; //通过类名访问公有静态数据成员 i
  p->i=300;   //通过对象指针访问公有静态数据成员 i
  cout<<"p->i:"<<p->i<<endl;
  return 0;
}
```

程序运行结果如图 4-8 所示。

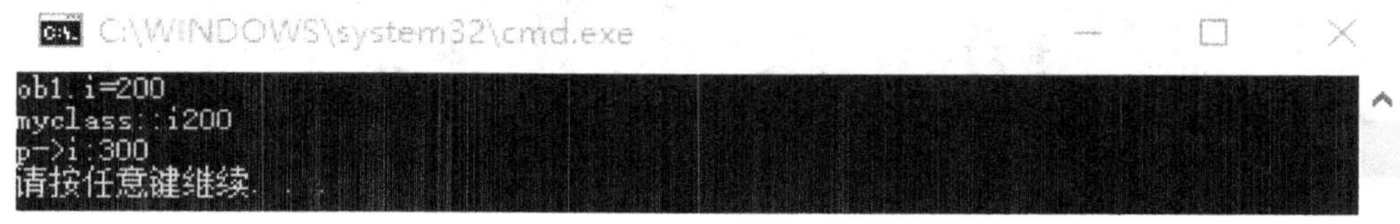

图 4-8 例 4-10 运行结果

说明:类 myclass 中定义了静态数据成员 i,在创建对象 ob1 之前,就可以通过类名来访问 i,这里是对它赋值 200(它的初始值在类外赋为 0),创建对象 ob1 及指向 ob1 的对象指针后,也可通过对象名和对象指针来访问 i。

4.3.2 静态成员函数

一般提倡数据成员为 private 属性,若静态数据成员不为 public 属性,那么类外不能访问。可以通过公有的成员函数来间接访问。

【例 4-11】 通过公有函数间接访问静态数据成员。

```
#include<iostream>
using namespace std;
class A
{
private:
    static int a;
    int b;
public:
    A(int i,int j);
    void show();
```

```
};
A::A(int i,int j)
{   a=i;b=j;}
void A::show()
{   cout<<"This is static a: "<<a<<endl;
    cout<<"This is non-static b: "<<b<<endl;
}
int A::a;
int main()
{   A x(1,1);
    x.show();
    A y(2,2);
    y.show();
    x.show();
    return 0;
}
```

程序运行结果如图 4-9 所示。

```
This is static a: 1
This is non-static b: 1
This is static a: 2
This is non-static b: 2
This is static a: 2
This is non-static b: 1
请按任意键继续. . .
```

图 4-9　例 4-11 运行结果

说明:类 A 中定义了静态数据成员 a 和普通数据成员 b。当创建对象 x 时,系统自动调用构造函数将 x 的数据成员 a 和 b 初始化为 1、1;创建对象 y 时,系统调用构造函数将 y 的数据成员 a 和 b 初始化为 2、2。因为 a 是静态数据成员,因此对于对象 x 和 y,该成员是共享的。所以,当再次输出 x 所对应的数据成员 a 和 b 时,a 的值已变成 2,而普通数据成员 b 的值没有发生变化。

从上例中,我们可以发现不可能通过公有成员函数 show 在未创建对象前来访问静态数据成员。

与静态数据成员一样,用户也可以创建静态成员函数,静态成员函数是为类的全体服务的,而不是为一个类的部分对象服务,它不依赖于具体的对象,没有 this 指针,可以在没有定义任何该类对象前通过类名来进行访问。因此,静态成员函数不能直接访问一般的数据成员和成员函数,它只能访问静态数据成员和其他的静态成员函数。

定义静态成员函数的格式如下:

```
static 返回类型 静态成员函数名(参数表);
```

调用公有静态成员函数的一般格式有如下几种:

```
类名::静态成员函数名(实参表);
对象.静态成员函数名(实参表);
对象指针－>静态成员函数名(实参表);
```

【例 4-12】 静态成员函数应用举例——输出职工信息和总人数。

```
#include<iomanip>
#include<iostream>
using namespace std;
class Employee{
private:
    char *name;
    int number;
    static int total;
public:
    Employee();
    static void Print();     //声明静态成员函数
    void PrintInfo();
};
Employee::Employee()
{
    name=new char[10];
    cout<<"输入职工姓名和编号"<<endl;
    cin>>name>>number;
    total++;
}
void Employee::Print()     //在类外定义静态成员函数时可以省略 static
{
    cout<<endl<<"总人数:"<<total<<endl;
}
void Employee::PrintInfo()
{
    cout<<"姓名:"<<name<<setw(7)<<"编号:"<<number<<endl;
}
int Employee::total=0;   //静态成员变量初始化
int main()
{
    Employee::Print();       //在未定义对象之前就可以通过类名访问静态成员函数
    Employee s[3];
    int i;
    cout<<endl;
    for(i=0;i<3;i++)
        s[i].PrintInfo();
    Employee::Print();
    return 0;
}
```

程序运行结果如图 4-10 所示。

说明:本例定义了类 Employee 的对象数组,每个对象元素调用成员函数 PrintInfo(),输出每个职工的姓名及编号;通过类名访问静态成员函数 Print,输出总人数。通过本例可以看出,在未定义对象之前就可以通过“类名::”方式访问静态成员函数。

图 4-10　例 4-12 运行结果

注意:(1) 采用静态成员函数,可以在创建对象之前处理静态数据成员,这是普通成员函数不能实现的。

(2) 静态成员函数在同一个类中只有一个成员函数的地址映射,节约了计算机系统的开销,提高了程序运行效率。

(3) 静态成员函数可以在类内定义,也可以在类外定义,在类外定义时,不要加前缀 static。

(4) 静态数据成员可以被非静态成员函数引用,也可以被静态成员函数引用。但是静态成员函数不能直接访问类中的非静态成员。

例如,将上例中的 Print()写成:

```
void Employee::Print()    {
    cout<<"姓名:"<<name<<setw(7)<<"编号:"<<number<<endl;
      //错误,不能直接访问非静态成员 name 和 number
    cout<<endl<<"总人数:"<<total<<endl;
}
```

【例 4-13】 在静态成员函数中访问非静态成员。

```
#include<iomanip>
#include<iostream>
using namespace std;
class Employee{
private:
    char *name;
    int number;
    static int total;
public:
    Employee();
    static void Print(Employee);    //声明静态成员函数,带 Employee 类型的参数
};
Employee::Employee()
{
    name=new char[10];
    cout<<"输入职工姓名和编号"<<endl;
```

```
        cin>>name>>number;
        total++;
    }
    void Employee::Print(Employee a)
    {
        cout<<endl<<"姓名:"<<a.name<<setw(7)<<"编号:"<<a.number<<endl;
        //通过形参 a 访问非静态数据成员
        cout<<endl<<"总人数:"<<total<<endl;
    }
    int Employee::total=0;      //静态成员变量初始化
    int main()
    {
        Employee s;
        Employee::Print(s);//将对象 s 作为实参传给形参
        return 0;
    }
```

程序运行结果如图 4-11 所示。

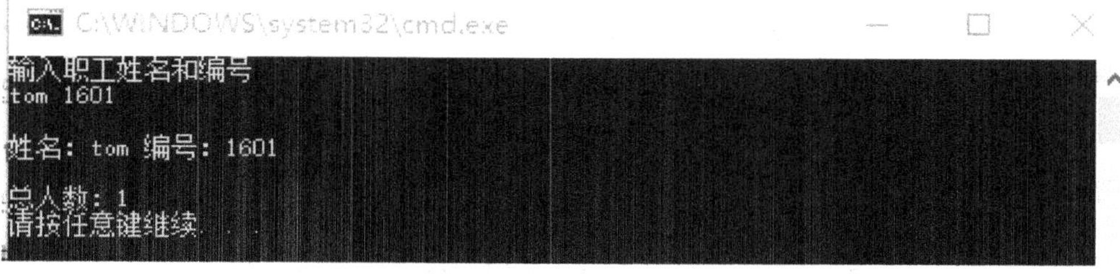

图 4-11　例 4-13 运行结果

本例中在静态成员函数 Print()中通过对象 a 访问了非静态成员 name 和 number。

如果程序中没有实例化的对象，则只能通过“类名::”访问静态成员函数；如果有实例化的对象，则既可以通过类名方式访问静态成员函数，也可以通过对象访问静态成员函数，但一般不建议用对象名来引用。

例如：可以将上例中的

```
Employee::Print(s);
```

改为

```
s.Print(s);
```

结果不会发生变化。

4.3.3　静态对象

在定义对象时，可以定义类的静态对象。与静态变量一样，在定义对象时，且只是第一次时，才需要执行构造函数进行初始化，在其生存期内，静态对象的值不丢失。静态对象的析构函数是在 main 结束时才自动执行的。与普通对象相同，静态对象的析构函数的执行与构造函数执行的顺序相反。

静态对象的定义格式：

static 类名 静态对象名;

【例 4-14】 静态对象的构造函数、析构函数的执行。

```
#include<iomanip>
#include<iostream>
using namespace std;
class Obj
{
private:
    char ch;
public:
    Obj(char c):ch(c)
    {   cout<<"construct........"<<ch<<endl;}
    ~Obj()
    {   cout<<"destruct........"<<ch<<endl;  }
};
void f()   //定义普通函数 f,内定义局部静态对象 B
{   static Obj B('B');  }
void g()   //定义普通函数 g,内定义局部静态对象 C
{   static Obj C('C');  }
Obj A('A');                 //定义全局对象 A
int main()
{
    cout<<"inside main()"<<endl;
    f();     //第 1 次调用函数 f,创建局部静态变量 B
    f();     //第 2 次调用函数 f,局部静态变量 B 已存在,不再创建及初始化
    g();     //第 1 次调用函数 g,创建局部静态变量 C
    cout<<"outside main()"<<endl;
    return 0;
}
```

程序运行结果如图 4-12 所示。

图 4-12　例 4-14 运行结果

说明:对象 A 是一个全局的 Obj 类的对象,因此在 main 函数之前就调用 A 的构造函数。执行函数 f()时,在函数 f()内部定义一个静态对象 B,程序第一次遇到该对象的定义点时,系统就自动执行 B 的构造函数,而且只执行一次。因此,第二次调用函数 f()时,就不再执行对象 B 的构造函数了。静态对象的析构函数是在退出 main 函数时才被系统自动调用的,而不是退出静态对象所在的函数。因此,在退出 main 函数时才执行局部静态对象 B 和

C的析构函数。静态对象的析构函数也是只执行一次，而且是按它们初始化时相反的顺序进行的。因此本程序先执行对象C的析构函数，然后是对象B，最后是全局对象A。

读者可将本例的函数g()中静态对象C改为普通对象，试分析其运行结果。

4.4 const与类

在2.5节，我们学习了const，引入了常类型，它既保证了数据共享，又能防止数据被改动。同样，const也可以应用到类中。

4.4.1 常对象

像声明一个普通的常量一样，可以声明一个“复杂”的对象为常量。常对象的书面形式如下：

```
类名 const 对象名[(参数表)]; 或 const 类名 对象名[(参数表)];
```

在定义常对象时必须初始化，而且之后该对象的值不能被更新。

例如：

```
const Point ob(3,5);    //ob是常对象
```

这样，常对象ob中的数据成员值在对象的这个生存期内不能被改变。所谓对象的生存期，是指对象从创建到被释放的时间间隔。

4.4.2 常对象成员

C++在声明类时，可以将其成员声明为const。

一是在类里建立类内局部常量，可用在常量表达式中，而常量表达式在编译期间被求值；二是const和类成员函数的结合使用。

1. 常数据成员

使用const说明的数据成员称为常数据成员。如果在一个类中说明了常数据成员，那么构造函数就只能通过其构造函数的初始化列表对该数据成员进行初始化，而任何其他函数都不能对该成员赋值。

【例4-15】 常数据成员举例。

```
#include<iostream>
using namespace std;
class Date {
private:
    const int year;        //常数据成员
    const int month;       //常数据成员
    const int day;         //常数据成员
public:
    Date(int y,int m,int d);        void showDate();
};
Date::Date(int y,int m,int d) :year(y),month(m),day(d) {}
  //成员初始化列表对常数据成员初始化
inline void Date::showDate()
```

```
{   cout<<year<<"."<<month<<"."<<day<<endl;}
int  main() {
     Date date1(2017,1,23);
     date1.showDate();
     return 0;
}
```

程序运行结果如图 4-13 所示。

```
C:\WINDOWS\system32\cmd.exe
2017.1.23
请按任意键继续. . .
```

图 4-13　例 4-15 运行结果

若是将其构造函数改为：

```
Date::Date(int y,int m,int d)
{   year=y;      //错误
    month=m;   //错误
    day=d;       //错误
}
```

则是错误的。一旦对某对象的常数据成员初始化，该数据成员的值就不能改变，但不同对象中的该数据成员的值可以是不同的（在定义对象调用构造函数时给出）。

为了提高效率，保证所有的类对象最多只有一份拷贝值，通常需要声明常数据成员为静态的。静态常数据成员的初始化放在类外进行，而不能在类的构造函数初始化列表中，例如：

```
class Student{
    static const int NUM;   //声明静态常量
    ...
};
const int Student::NUM=30;   //静态常量初始化
```

2. 常成员函数

在类中用关键字 const 说明的函数为常成员函数，此时 const 是函数类型的一个组成部分，放在")"的后面。常成员函数的说明格式如下：

返回类型 函数名(参数表) const;

在调用时不必加 const。将一个成员函数声明为常成员函数，等同于告诉编译器该函数没有改变任何数据成员。在一个 const 成员函数中，试图改变任何数据成员或调用非 const 成员函数，编译器都将给出出错信息。例如：

```
class Student{
private:char Name[20];
public:const char*get_name()const //返回值为 const 的 const 成员函数
         {   strcpy(name,"Tom");   //错误，试图改变数据成员 name 的值
             return name;
         }
    ...
};
```

显然，常对象调用常成员函数是安全的。所以，此类的 const 对象可以调用这个常成员函数，但不能调用普通的成员函数。

【例 4-16】 const 成员函数与非 const 成员函数的使用方式比较。

```
#include<iostream>
using namespace std;
class Date
{
private:
    int year,month,day;
public:
    Date(int y,int m,int d);
    void showDate();        //声明普通成员函数
    void showDate() const;//声明常成员函数
};
Date::Date(int y,int m,int d) :year(y),month(m),day(d){}
void Date::showDate()      //定义普通成员函数
{   cout<<"ShowDate1:"<<endl;
    cout<<year<<"."<<month<<"."<<day<<endl;
}
void Date::showDate() const   //定义常成员函数
{   cout<<"ShowDate2:"<<endl;
    cout<<year<<"."<<month<<"."<<day<<endl;
}
int main()
{   Date date1(2010,4,28);
    date1.showDate();          //调用普通成员函数
    const Date date2(2010,11,14);
    date2.showDate();          //调用常成员函数
    return 0;
}
```

程序运行结果如图 4-14 所示。

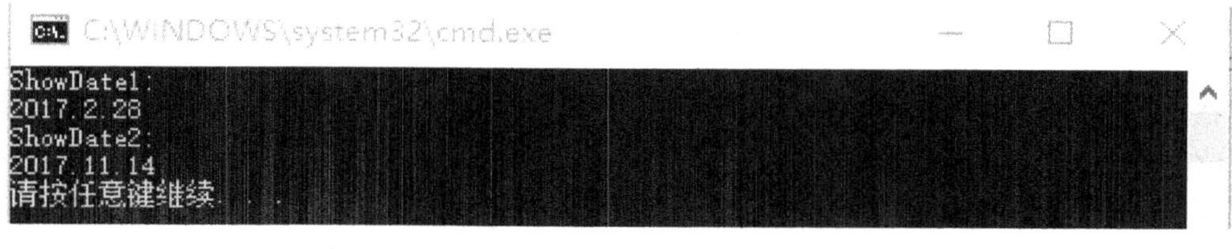

图 4-14　例 4-16 运行结果

说明：本例中说明了两个同名成员函数 showDate，一个是普通成员函数，另一个是常成员函数，它们是重载的。可见，关键字 const 可以被用于对重载函数的区分。在主函数中说明了两个对象 date1 和 date2，其中 date2 是常对象。通过对象 date1 调用的是普通成员函数，而通过对象 date2 调用的是常成员函数。

如果去掉上例中的普通成员函数 showDate，程序依然正确，运行结果如图 4-15 所示。

图 4-15　去掉普通成员函数 showDate 的运行结果

说明：非 const 对象既可以调用普通成员函数，也可以调用 const 成员函数，但对非 const 成员函数的调用优先；而 const 对象只能调用 const 成员函数。

4.5　友元

类的主要特点之一是数据隐藏和封装，即类的私有成员只能通过它的成员函数来访问。有没有办法允许在类外对某个对象的私有成员或保护成员进行操作呢？C++提供了友元机制来解决上述问题。友元既可以是不属于任何类的一般函数，也可以是另一个类的成员函数，还可以是整个的一个类（这时，这个类中的所有成员函数都可以称为友元函数）。

4.5.1　友元函数

友元函数不是当前类中的成员函数，它可以是一个普通函数，也可以是另外一个类的成员函数。在函数被声明为一个类的友元函数后，它就可以通过对象名访问类的私有成员和保护成员。在类中声明友元函数时，需在其函数名前加上关键字 friend。

1. 普通函数作为友元函数

普通函数作为类的友元函数后，就可以通过对象访问封装在类内部的数据。在类中声明友元函数的格式如下：

```
friend 函数返回值 函数名(形参表);
```

可以将友元函数定义在类的内部，也可以定义在类的外部，但通常都定义在类的外部。

【例 4-17】　普通函数声明为友元函数——使用友元函数输出当前日期。

```
#include<iostream>
using namespace std;
class Date{
  public:
    Date(int y,int m,int d);
    friend void showDate(Date&);
    //在函数名前加上关键字 friend,声明函数 showDate 为类 Date 的友元函数
  private:
    int year;
    int month;
    int day;
};
Date::Date(int y,int m,int d)
{   year=y;
    month=m;
```

```
        day=d;
    }
    /*定义友元函数,形参是类 Date 的对象的引用,
    在此函数名前不要加关键字 friend,也不要加"类名::"*/
    void showDate(Date &d)
    {    cout<<d.year<<"."<<d.month<<"."<<d.day<<endl;}
    int main()
    {    Date date1(2010,11,14);
         showDate(date1);//调用友元函数 showDate,实参 date1 是类 Date 的对象
    return 0;
    }
```

程序运行结果如图 4-16 所示。

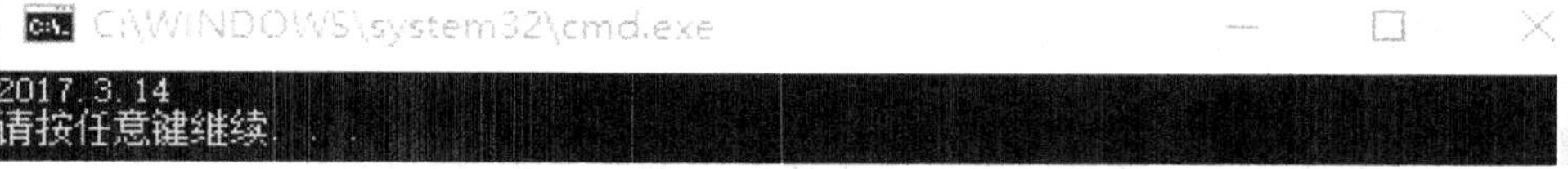

图 4-16　例 4-47 运行结果

说明:程序将用户自定义函数 showDate 声明为类 Date 的友元函数,因此,在类外可以通过 Date 类的对象 d 直接访问私有数据成员 year、month 和 day,从而实现日期的输出。

注意:(1) 友元函数的声明可以放在公有部分,也可以放在保护部分和私有部分,对友元函数没有任何影响。

(2) 友元函数不是成员函数。因此,在类的外部定义友元函数时,不必像成员函数那样,在函数名前加上"类名::";也不能通过对象来引用友元函数。

(3) 因为友元函数不是类的成员,所以它不能直接调用对象成员,它必须通过对象(对象指针或对象引用)作为入口参数,来调用该对象的成员。因此,友元函数一般带有一个该类的入口参数。

(4) 当一个函数需要访问多个类时,应该把这个函数同时定义为这些类的友元函数,这样,这个函数才能访问这些类的数据,如例 4-18。

(5) 如果友元函数带了两个不同的类的对象,其中一个对象所对应的类要在后面声明。为了避免编译时的错误,编程时必须通过向前引用告诉 C++,该类将在后面定义,如例 4-18。

【例 4-18】 一个函数是两个类的友元函数——输出日期和时间。

```
#include<iostream>
using namespace std;
class Time;   //对类 Time 的提前引用声明
class Date{
  private:
    int year,month,day;
  public:
    Date(int y,int m,int d);
    friend void Print(Date,Time);     //声明函数 Print 为类 Date 的友元函数
};
class Time
{
```

```
    private:
        int hour,minute,second;
    public:
        Time(int h,int m,int s);
        friend void Print(Date,Time );     //声明函数 Print 为类 Date 的友元函数
    };
    Date::Date(int y,int m,int d):year(y),month(m),day(d){}
    Time::Time(int h,int m,int s):hour(h),minute(m),second(s){}
    /*定义友元函数,形参是类 Date 和 Time 的对象,
    在此函数名前不要加关键字 friend,也不要加“类名::”*/
    void Print (Date d,Time t)
    {
        cout<<d.year <<'-'<<d.month <<'-'<<d.day <<"    ";
        cout<<t.hour <<':'<<t.minute <<':'<<t.second <<endl;
    }
    int main()
    {
        Date d(2017,4,18);
        Time t(14,20,25);
        Print(d,t);//调用友元函数 Print,对象 d 和 t 作为实参
        return 0;
    }
```

程序运行结果如图 4-17 所示。

图 4-17　例 4-18 运行结果

说明:用户自定义的普通函数 Print 要同时访问 Date 类和 Time 类的私有数据成员，所以将 Print 同时声明为两个类的友元函数。其中 Time 类要在后面声明，为了避免编译时错误，在声明 Date 类的前面有一句“class Time”，表示向前引用，告诉系统类 Time 将在后面定义。

2. 将成员函数声明为友元函数

一个类的成员函数可以作为另一个类的友元，它是友元函数中的一种，称为友元成员函数。这种成员函数不仅可以访问自己所在类中的成员，还可以通过对象名访问 friend 声明语句所在类的私有成员和保护成员，从而使两个类相互合作、协调工作，完成某一任务。

修改例 4-18，将普通函数 Print 作为类 Time 的成员函数，作为类 Date 的友元函数。

【例 4-19】　一个类的成员函数作为另一个类的友元函数——输出日期和时间。

```
    #include<iostream>
    using namespace std;
    class Date;  //对类 Date 的提前引用声明
    class Time   //要先定义成员函数所在的类 Time
```

```
{
private:
    int hour,minute,second;
public:
    Time(int h,int m,int s);
    void Print(Date);
};
class Date{
private:
  int year,month,day;
public:
Date(int y,int m,int d);
  friend void Time::Print(Date);
    //声明 Time 类的成员函数 Print 为类 Date 的友元函数
};
Date::Date(int y,int m,int d):year(y),month(m),day(d){}
Time::Time(int h,int m,int s):hour(h),minute(m),second(s){}
void Time::Print (Date d)
{
    cout<<d.year <<'-'<<d.month <<'-'<<d.day <<"     ";
    cout<<hour <<':'<<minute <<':'<<second <<endl;
}
int main()
{
    Date d(2017,4,18);
    Time t(14,20,25);
    t.Print(d);//调用友元成员函数 Print,对象 d 作为实参
    return 0;
}
```

程序运行结果和例 4-18 相同。

注意:(1) 一个类的成员函数作为另一个类的友元函数时,必须先定义这个类。类 Time 的成员函数为类 Date 的友元函数,必须先定义类 Time,并且在声明友元函数时,要加上成员函数所在类的类名,如 friend void Time::Print(Date);。

(2) 程序中的第 3 行语句"class Date;"为 Date 类的提前引用声明,因为函数 Print 将"Date"作为参数,而 Date 类要在后面才被定义。

4.5.2 友元类

友元函数可以使函数访问某个类中的私有成员或保护成员。如果类 A 的所有成员函数都想访问类 B 的私有成员或保护成员,一种方法是将类 A 的所有成员函数都声明为类 B 的友元函数,但这样做显得比较麻烦,且程序也显得冗余。为此,C++提供了友元类,也就是一个类可以作为另一个类的友元类。若类 A 声明为类 B 的友元类,则类 A 中的所有成员函数都具有访问类 B 的保护成员或私有成员的特权。方法如下:

class A
{
  //......
  void fa();
};
	class B
	{
	  //......
	  friend class A;
	};

【例 4-20】 将一个类声明为另一个类的友元类——将一个复数转换为二维向量。

复数有实部和虚部，二维向量有两个向量，定义复数类 Complex 和二维向量类 Vector，利用友元类将复数的实部和虚部对应地赋给二维向量中的两个向量，并输出结果。

```
#include<iostream>
using namespace std;
class Complex
{
private:
    double real;
    double imag;
public:
    Complex(double r,double i);
    friend class Vector;      //声明类 Vector 为类 Complex 的友元类
    //则类 Vector 中的所有成员函数都是类 Complex 的友元函数
};
class Vector{
private:
    double x,y;
public:
    void Change(Complex c);  //可以访问类 Complex 的所有成员
    void Print(Complex c);     //可以访问类 Complex 的所有成员
};
Complex::Complex(double r,double i)
{   real=r;   imag=i;}
void Vector::Change(Complex c)//通过对象 c 访问其私有数据成员
{   x=c.real;y=c.imag;}
void Vector::Print(Complex c)//通过对象 c 访问其私有数据成员
{   //输出复数
    cout<<"复数:";
    cout<<c.real;
    if(c.imag>0)
        cout<<"+";
    cout<<c.imag<<"i"<<endl;
    //输出二维向量
    cout<<"二维向量:";
    cout<<"("<<x<<","<<y<<")"<<endl;
}
int main()
{   Complex c(1.2,3.4);
```

```
        Vector v;
        v.Change(c);
        v.Print(c);
        return 0;
    }
```

程序运行结果如图 4-18 所示。

图 4-18　例 4-20 运行结果

说明:程序将类 Vector 声明为类 Complex 的友元类,这样类 Vector 的所有成员函数都成为类 Complex 的友元函数,因此在 Change 函数和 Print 函数中都可以通过对象名访问类 Complex 的私有成员 real 和 imag。

> **注意:**(1) 友元关系是单向的,不具有交换性。若类 X 是类 Y 的友元,类 Y 是否是类 X 的友元,要看在类中是否有相应的声明。
>
> (2) 友元关系也不具有传递性。若类 X 是类 Y 的友元,类 Y 是类 Z 的友元,不一定类 X 是类 Z 的友元。引入友元提高了程序运行效率,实现了类之间的数据共享,也方便编程,但是声明友元函数相当于在实现封装的黑盒子上开了一个洞,如果一个类声明了许多友元,则相当于在黑盒子上开了许多洞,显然这将破坏数据的隐蔽性和类的封装性,降低了程序的可维护性,这与面向对象的程序设计思想是背道而驰的,因此使用友元应谨慎。

4.6　C++的多文件程序

我们已经学习了很多完整的 C++语言源程序实例,分析它们的结构,基本上都是由 3 部分构成:类的声明部分、类的实现部分和类的使用部分。因为前面我们所举的例子都比较简单,所以这 3 部分都写在一个文件中。

在实际程序设计中,一个源程序按照结构可以划分为 3 个文件:类声明文件(*.h 文件)、类实现文件(*.cpp)和类的使用文件(*.cpp,主函数文件)。

◎ 类声明文件:将类的声明部分放在类声明文件(头文件)中,这就形成了类的 public 接口,向用户提供调用类成员函数所需的函数原型。

◎ 类实现文件:将类成员函数的定义放在类实现文件中,这就形成了类的实现方法。

◎ 类的使用文件:将类的使用部分(通常是主程序)放在类使用文件中,这样可以清晰地表示出本程序所要完成的工作。

【例 4-21】　一个源程序按照结构划分为 3 个文件。

```
//文件 1 student.h (类的声明部分)
#include<iostream>
using namespace std;
class Student{
```

```
public:                                    //类的外部接口
  Student(char *name1,char *stu_no1,float score1);
                                           //声明构造函数
  ~Student();                              //声明析构函数
  void modify(float score1);   //声明数据修改函数
  void show();                             //声明数据输出函数
private:
   char *name;                             //学生姓名
   char *stu_no;                           //学生学号
   float score;                            //学生成绩
};
//文件 2 student.cpp (类的实现部分)
#include "student.h"                       //包含类的声明文件
Student::Student(char*name1,char*stu_no1,float score1) //构造函数的实现
{   name=new char[strlen(name1)+1];
    strcpy(name,name1);
    stu_no=new char[strlen(stu_no1)+1];
    strcpy(stu_no,stu_no1);
    score=score1;
}
Student::~Student()                        //析构函数的实现
{   delete []name;
    delete []stu_no;
}
void Student::modify(float score1)//数据修改函数的实现
{   score=score1;   }
void Student::show()                       //数据输出函数的实现
{   cout<<"name: "<<name<<endl;
    cout<<"stu_no: "<<stu_no<<endl;
    cout<<"score: "<<score<<endl;
}
//文件 3 studentmain.cpp(类的使用部分)
#include "student.h"                       //包含类的声明文件
int main()
{ Student stu1("Liming","20080201",90);
          //定义类 Student 的对象 stu1,调用 stu1 的构造函数
          //初始化对象 stu1
  stu1.show();
          //调用 stu1 的成员函数 show,显示 stu1 的数据
  stu1.modify(88);
          //调用 stu1 的成员函数 modify,修改 stu1 的数据
  stu1.show();
          //调用 stu1 的成员函数 show,显示 stu1 修改后的数据
  return 0;
}
```

程序运行结果如图 4-19 所示。

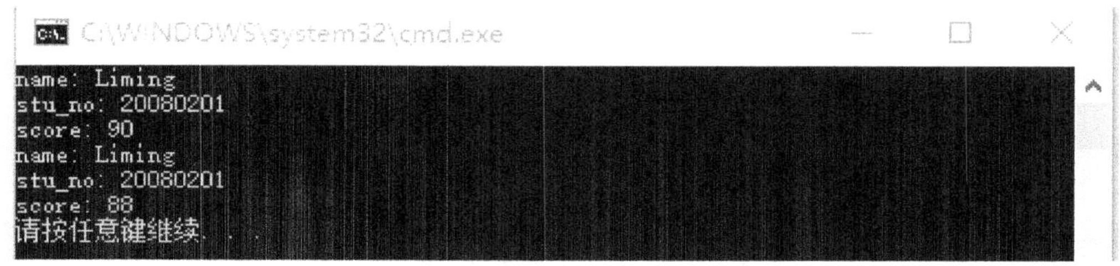

图 4-19　例 4-21 运行结果

由于类的声明和实现放在两个不同的文件 student. h 和 student. cpp 中，在类的实现文件中必须包含类的声明文件 student. h。把类的声明和实现放在不同的文件之中，主要由以下考虑。

(1) 类的实现文件通常较大，将两者混在一起不便于阅读、管理和维护。一个良好的软件工程的基本原则是将接口与实现方法分离，这样可以更容易地修改程序。对于类的用户而言，类的实现方法的改变并不影响用户，只要接口不变即可。

(2) 将类中成员函数的实现放在其声明文件(如 student. h)中与放在实现文件(如 student. cpp)中，在编译时的含义是不一样的，若将成员函数的实现直接放在类的声明中，则类的成员函数将作为内联函数处理。显然，将所有的成员函数都作为内联函数处理是不合适的。

(3) 软件开发商可以向用户提供一些程序模块，这些程序模块往往只向用户公开类的声明(即接口)，而不公开程序的源代码。而类的用户使用类时不需要访问类的源代码，但需要连接类的目标代码。类的声明和实现分开管理可以很好地解决这个问题。

(4) 便于团体式的大型软件开发。采用这样的组织结构，可以对各个文件进行单独编辑编译，最后再连接和运行。同时可以充分利用类的封装特性，在程序的调试、修改时只对其某一个文件进行操作，而其余部分根本就不用改动。例如，我们只修改了类的成员函数的实现部分，则只需要重新编译类实现文件并连接即可，其余的文件几乎可以不看。如果是一个语句很多、规模特大的程序，效率就会得到显著的提高。

4.7　应用举例

【例 4-22】 银行办公系统。

功能　模拟银行办公情景：当要进行银行业务时，则排队等待；当办理完银行业务时，则离开队伍；显示当前队伍中的顾客信息。

(1) 类的设计：构造类 Customer 表示顾客，数据成员 account 表示办理业务的顾客的账号，amount 表示存、取款金额(大于 0 表示存款，小于 0 表示取款)，成员函数 Print 表示输出顾客账户信息，如图 4-20 所示。类 BankQueue 表示办理银行业务的顾客所需的队列，它被声明为 Customer 类的友元类。成员函数 In_SeQueue 表示进入队列，等待服务；成员函数 Out_SeQueue 表示业务已办理完成，离开队列；成员函数 Empty_SeQueue 表示判断当前队列是否还有顾客；成员函数 Print_SeQueue 表示输出队列中顾客的信息，如图 4-21 所示。

Customer
int account; int amount;
Customer(int x=-1,int y=0); void Print();

图 4-20 类 Customer

BankQueue
Customer cus[MAXSIZE]; int front,rear; int num;

BankQueue();
int In_SeQueue(Customer x);
int Out_SeQueue(Customer * x);
int Empty_SeQueue();
void Print_SeQueue();

图 4-21 类 BankQueue

(2) 源程序：

```
#define MAXSIZE 10                  //queue.h
class BankQueue;                    //队列类,向前引用
class Customer                      //客户类
{
private:
    int account;                    //账号
    int amount;                     //金额,大于 0 表示存款,小于 0 表示取款
public:
    Customer(int x=-1,int y=0);     //默认参数的构造函数
    friend class BankQueue;
    friend void Print(Customer p);
};
class BankQueue                     //队列类
{
private:
    Customer cus[MAXSIZE];
    int front,rear;
    int num;                        //表示当前队列中顾客的人数
public:
    BankQueue();
    int In_SeQueue(Customer x);
    int Out_SeQueue(Customer *x);
    int Empty_SeQueue();
    void Print_SeQueue();
};
#include "iomanip"                  //queue.cpp
#include "iostream"
using namespace std;
#include "queue.h "
void menu();
int main()
```

```
{
    int n,m=1;
    BankQueue q;
    while(m)
    {
        menu();
        cin>>n;
        switch(n)
        {
        case 1:{
            int  flag;
            int account,amount;
            cout<<"输入账号和金额"<<endl;
            cin>>account>>amount;
            Customer c(account,amount);
            flag=q.In_SeQueue (c);
            if(flag==1)
            {
                cout<<endl<<"队列中的元素:"<<endl;
                q.Print_SeQueue ();
            }
            else
                cout<<"队列已满!"<<endl;
            break;
                }
        case 2:{
            int  flag;
            Customer  p;
            flag=q.Out_SeQueue (&p);
            if(flag==1)
            {
                cout<<endl<<"队列中的元素:"<<endl;
                q.Print_SeQueue ();
                cout<<"出队的元素:"<<endl;
                Print(p);
            }
            else
                cout<<"队列已空!"<<endl;
            break;
                }
        case 3:{
            int  flag;
            flag=q.Empty_SeQueue();
            if(flag! =1)
            {
```

```
                cout<<endl<<"队列中的元素:"<<endl;
                q.Print_SeQueue ();
            }
            else
                cout<<"队列已空!"<<endl;
            break;
                }
        case 0:m=0;
        }
    }
    return 0;
}
Customer::Customer(int x,int y)
{
    account=x;
    amount=y;
}
BankQueue::BankQueue()
{
    front=rear=MAXSIZE-1;
    num=0;
}
int BankQueue::In_SeQueue(Customer x)
{
    if(num==MAXSIZE)
    {
        return(-1);
    }
    else
    {
        rear=(rear+1)%MAXSIZE;
        cus[rear]=x;
        num++;
        return(1);
    }
}
int BankQueue::Out_SeQueue(Customer *x)
{
    if(num==0)
    {
        return -1;
    }
    else
    {
        front=(front+1)%MAXSIZE;
        *x=cus[front];
        num--;
```

```
            return 1;
        }
    }
    void BankQueue::Print_SeQueue()
    {
        int i,number;
        number=num;
        for(i=(front+1)%MAXSIZE;number>0;number--,i=(i+1)%MAXSIZE)
        {
            cout<<cus[i].account <<setw(5)<<cus[i].amount<<endl;
        }
        cout<<endl;
    }
    int BankQueue::Empty_SeQueue ()
    {
        if(num==0)
            return 1;
        else
            return 0;
    }
    void menu()
    {
        cout<<endl<<endl<<"1.......入队"<<endl;
        cout<<endl<<"2.......出队"<<endl;
        cout<<endl<<"3.......判队空"<<endl;
        cout<<endl<<"0.......退出"<<endl;
        cout<<endl<<"  请选择"<<endl;
    }
    void Print(Customer  p)
        {
            cout<<p.account<<setw(5)<<p.amount<<endl;
        }
```

(3) 运行结果如图 4-22 所示。

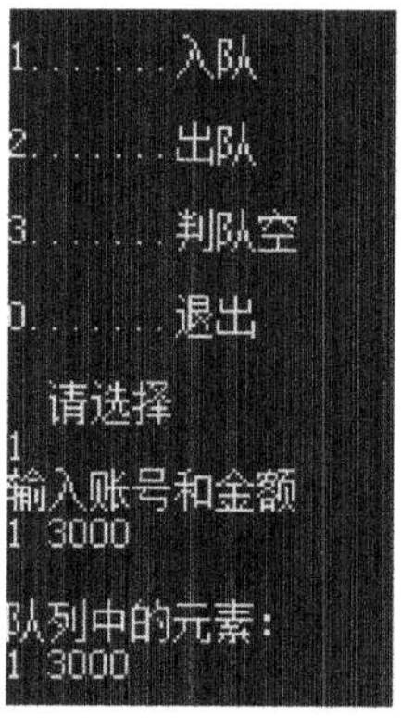

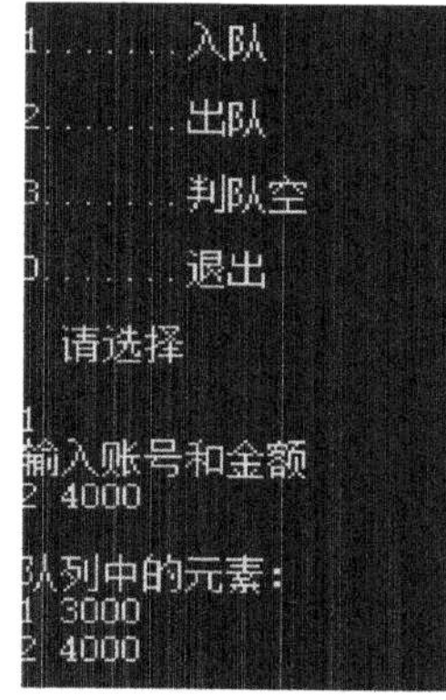

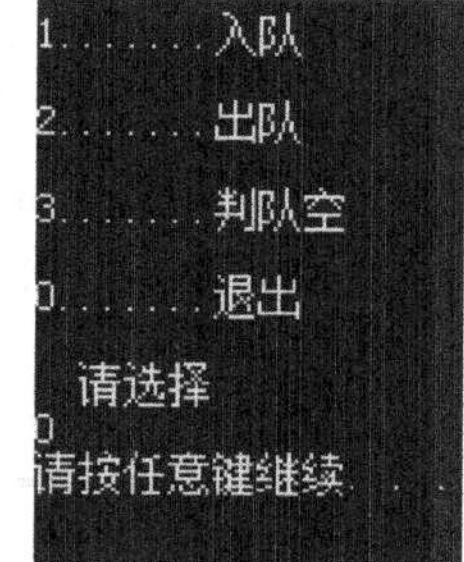

图 4-22 例 4-22 运行结果

说明:程序定义了类 Customer 和类 BankQueue。在类 Customer 中,构造函数是一个带默认参数的函数,表示在调用构造函数时,如果没有给 x 和 y 传值,则 x 和 y 取默认值−1 和 0。类 BankQueue 中的私有数据成员 cus[MAXSIZE],表示最多 MAXSIZE 个顾客等待办理银行业务;front 和 rear 表示顾客所排队列的对头和对尾序号;num 表示当前队列中的顾客人数。In_SeQueue 函数表示(顾客的)入队操作,因为类 BankQueue 是类 Customer 的友元类,所以类 BankQueue 的所有成员函数都是类 Customer 的友元函数。因此,类 Customer 中的成员函数 In_SeQueue 可以通过对象名访问类 Customer 的私有数据成员;Out_SeQueue 函数表示(顾客的)出队操作,与 In_SeQueue 函数一样,也可以通过对象名访问类 Customer 的私有数据成员;Empty_SeQueue 函数表示判断当前队列是否为空;Print_SeQueue 函数表示输出当前队列中所有顾客的信息。

习　　题

4-1　什么是对象数组?

4-2　友元函数有什么作用?

4-3　静态数据成员、常数据成员与一般的数据成员有何不同?

4-4　在下面有关静态成员函数的描述中,正确的是(　　)。

A. 在静态成员函数中可以使用 this 指针

B. 在建立对象前,就可以为静态数据成员赋值

C. 静态成员函数在类外定义时,要加前缀 static

D. 静态成员函数只能在类外定义

4-5　假定有一个类,类名为 Date,则执行"Date d1[2],d2(10);"语句时,自动调用该类构造函数的次数为(　　)。

A. 2　　B. 3　　C. 12　　D. 11

4-6　在下面有关友元函数的描述中,正确的说法是(　　)。

A. 友元函数是独立于当前类的外部函数

B. 一个友元函数不能同时定义为两个类的友元函数

C. 友元函数必须在类的外部定义

D. 在外部定义友元函数时,必须加关键字 friend

4-7　友元的作用之一是(　　)。

A. 提高程序的运行效率　　B. 加强类的封装性

C. 实现数据的隐藏性　　D. 增加成员函数的种类

4-8　下列选项中,静态成员函数不能直接访问的是(　　)。

A. 静态数据成员　　B. 静态成员函数

C. 类以外的数据和函数　　D. 非静态数据成员

4-9　一个类的友元函数或友元类能够访问该类的(　　)。

A. 公用成员　　B. 保护成员

C. 私有成员　　D. 所有成员

4-10　对于常成员函数,下面描述正确的是(　　)。

A. 常成员函数不能修改任何数据成员　　B. 常成员函数只能修改一般数据成员

C. 常成员函数只能修改常数据成员　　D. 常成员函数只能修改常对象的数据成员

4-11 静态成员为该类的所有(　　)共享。

A. 成员　　B. 对象　　C. this 指针　　D. 友元

4-12 指出下面程序中的错误,并说明原因。

```
#include<iostream.h>
#include<stdlib.h>
class CTest
{  public:
      const int y2;
      CTest(int i1,int i2):y1(i1),y2(i2)
      {  y1=10;
         x=y1;
       }
      int readme() const;
       // …
   private:
      int x;
const int y1;
};
int CTest::readme() const
{  int i;
   i=x;
   x++;
   return x;
}
void main()
{  CTest c(2,8);
   int i=c.y2;
   c.y2=i;
   i=c.y1;
}
```

4-13 指出下面程序中的错误,并说明原因。

```
#include<iostream.h>
#include<stdlib.h>
class CTest
{  public:
      CTest()
      { x=20;}
      void use_friend();
   private:
      int x;
      friend void friend_f(CTest fri);
};
void friend_f(CTest fri)
{  fri.x=55;  }
```

```
void CTest::use_friend()
{  CTest fri;
   this->friend_f(fri);
   ::friend_f(fri);
}
void main()
{  CTest fri,fri1;
   fri.friend_f(fri);
   friend_f(fri1);
}
```

4-14 写出以下程序的运行结果。

```
#include<iostream>
using namespace std;
class Sample
{
public:
     Sample(int i,int j)
     {  x=i;y=j;}
     void disp()
     { cout<<"disp1"<<endl;}
     void disp() const
     { cout<<"disp2"<<endl;}
private:
     int x,y;
};
int main()
{
   const Sample a(1,2);
   a.disp();
   return 0;
}
```

4-15 写出以下程序的运行结果。

```
#include<iostream>
using namespace std;
class toy
{
public:
   toy(int q,int p)
   { quan=q;price=p;}
   int get_quan()
   { return quan;   }
   int get_price()
   { return price;}
private:
     int quan,price;
```

```
};
int main()
{ toy op[3][2]={
      toy(10,20),toy(30,48),
      toy(50,68),toy(70,80),
      toy(90,16),toy(11,120),
   };
  for(int i=0;i<3;i++)
  {  cout<<op[i][0].get_quan()<<",";
     cout<<op[i][0].get_price()<<"\n";
     cout<<op[i][1].get_quan()<<",";
     cout<<op[i][1].get_price()<<"\n";
  }
   cout<<endl;
   return 0;
}
```

4-16　写出以下程序的运行结果。

```
#include<iostream>
using namespace std;
class aClass
{
public:
   aClass()
   { total++;}
   ~aClass()
   { total--;}
   int gettotal()
   { return total;}
private:
   static int total;
};
int aClass::total=0;
int main()
{  aClass o1,o2,o3;
   cout<<o1.gettotal()<<" objects in existence\n";
   aClass *p;
   p=new aClass;
   if (!p)
   { cout<<"Allocation error\n";
     return 1;
   }
   cout<<o1.gettotal();
   cout<<"objects in existence after allocation\n";
   delete p;
   cout<<o1.gettotal();
```

```
    cout<<"objects in existence after deletion\n";
    return 0;
}
```

4-17　写出以下程序的运行结果。

```
#include<iostream>
using namespace std;
class myclass
{
   int a,b;
   static int s;
public:
   myclass(int x,int y)
   {a=x;b=y;s++;}
   static void print()
   {cout<<s<<endl;}
};
int myclass::s=0;
int main()
{
    myclass m1(1,2),m2(4,5);
    m1.print();
    myclass m3(5,9);
    m2.print();
    myclass m4=m3;
    m4.print();
    return 0;
}
```

4-18　在已有代码的基础上，完成编码，输出 3 个长方体的体积。

```
class Cube{  //定义立方体类
private:
   float length,width,height;
   float volum;
public:
   Cube(); //构造函数通过输入初始化长、宽、高，并求得体积，请在类外定义
   void Print();//输出立方体信息，请在类外定义
};
```

4-19　编写一个程序，已有若干学生的数据，包括学号、姓名、成绩，要求输出这些学生的数据并计算出学生人数和平均成绩(要求将学生人数和总成绩用静态数据成员表示)。

4-20　构建一个类 book，其中含有 2 个私有数据成员 qu 和 price，建立一个有 5 个元素的数组对象，将 qu 初始化为 1～5，将 price 初始化为 qu 的 10 倍。显示每个对象的 qu * price。

第5章 组合和继承

【学习目标】

(1)理解继承与组合的特点。

(2)理解基类和派生类的概念。

(3)能够通过继承建立新类,掌握多继承。

(4)理解和掌握虚基类。

(5)理解并掌握如何提高软件的重用性。

面向对象设计的重要目的之一就是代码重用,这也是C++的重要性能之一。软件的重用性鼓励人们使用已有的、得到认可并经过测试的高质量代码。

继承是面向对象程序设计的一个重要特性,是软件复用的一种形式。在语法上和行为上,组合和继承大部分是相似的(它们都是在已存在类型的基础上创建新类型的方法)。

5.1 类的组合

5.1.1 组合的概念

对于比较简单的类,其数据成员可能都是基本数据类型,但对于某些复杂的类来说,其某些数据成员可能又是另一些类的对象,例如,计算机可构成计算机类,计算机类的数据成员有型号、CPU参数、内存参数、硬盘参数、厂家等,其中的数据成员"厂家"又是计算机公司类的对象。这样,计算机类的数据成员中就有计算机公司类的对象,或者反过来说,计算机公司类的对象又是计算机类的一个数据成员。这样,在生成一个计算机类对象时,其中就嵌套着一个计算机公司对象,这就形成了类的组合(聚集)。

事实上,我们一直使用组合创建类,只不过是用基本数据类型来组合新类而已。

在一个类中内嵌另一个类的对象作为数据成员,称为类的组合。该内嵌对象称为对象成员,也称为子对象。例如:

```
class Y{
…
};class X{
Y y;  //类 Y 的对象 y 为类 X 的对象成员
public:
…
};
```

5.1.2 对象成员的初始化

使用对象成员要着重注意的问题是对象成员的初始化问题,即类X的构造函数如何定义和调用的问题。当创建类的对象时,如果这个类具有内嵌的对象成员,那么内嵌对象成员将被自动创建。因此,在创建对象时既要对本类的基本数据成员初始化,又要对内嵌的对象成员进行初始化；而且内嵌的对象成员初始化在本类基本数据成员初始化之前。含有对象成员的类，其构造函数格式应该如下：

例如有以下的类 X：

```
class  X {
      类名 1  ob1;
      类名 2  ob2;
      …
      类名 n  obn;
      };
```

类 X 的构造函数的定义形式为：

```
X::X(参数表 0):ob1(参数表 1),ob2(参数表 2),…,obn(参数表 n)
{
类 B 的构造函数体
}
```

参数表 1、参数表 2……参数表 n 的数据，一般来自参数表 0。当类名 1、类名 2……类名 n 的构造函数不带参数或带有默认参数时，类 X 的构造函数中冒号及后面的对象成员初始化列表可省。例如：

```
X::X(参数表 0)
{
类 B 的构造函数体
}
```

当调用构造函数 X()时，首先按照对象成员在类中声明的顺序依次调用它们的构造函数，对这些子对象初始化，最后再执行 X()的构造函数体初始化类中的其他成员。析构函数的调用顺序与构造函数的调用顺序相反。

【例 5-1】 组合案例——学生类中嵌套了日期类对象。

```
#include<iostream>
using namespace std;
#include<string>
using namespace std;
class Date{             //声明日期类 Date
  public:
   Date(int y=0,int m=0,int d=0);
   void show();
   private:
   int year,month,day;//年、月、日
};
Date::Date(int y,int m,int d):year(y),month(m),day(d)
{ cout<<"constructing....Date "<<endl;  }
void Date::show()
{     cout<<year<<"-"<<month<<"-"<<day<<endl;     }
class Student{            //声明学生类 Student
public:
 Student(string name1,int y,int m,int d);//声明构造函数 Student
 void show();        //声明输出数据函数 show
private:
```

第5章 组合和继承

```
    string name;       //学生姓名
    Date birthday;     //对象成员 birthday,出生年月
};
Student::Student(string name1,int y,int m,int d)
:birthday(y,m,d)    //定义构造函数 Student,缀上对象成员的初始化列表
{ name=name1;   //string 类对象可以用'='号赋值
cout<<"constructing...Student"<<endl;
}
 void Student::show()  //定义输出数据函数 show
{
    cout<<"Name: "<<name<<endl;
    birthday.show();    //调用 birthday 的 show 函数,显示出生日期
}
int main()
{ Student stu1("Liming",1994,12,7);//创建对象 stu1
 stu1.show();                        //调用 stu1 的 show 函数,显示 stu1 的数据
 return 0;
}
```

程序的执行结果如图 5-1 所示。

图 5-1　例 5-1 运行结果

说明:从执行结果可以看出构造函数的调用过程:定义 Student 的对象 stu1 时,先自动通过 birthday(y,m,d)调用类 Date 的构造函数,给对象成员的数据成员 year、month、day 赋初值,然后再执行类 Student 的构造函数体给数据成员 name 赋值。

(1) 声明一个含有对象成员的类,首先要创建各对象成员。

(2) 在定义类 Student 的构造函数时,必须缀上其对象成员的名字 birthday,而不能缀上类名,因为在类 Student 中是类 Date 的对象 birthday 作为成员,而不是类 Date 作为成员。

(3) 当 Date 的构造函数不带参数或带有默认参数时,类 Student 的构造函数中的冒号及后面的对象成员初始化列表可省,因为此时对象成员 birthday 可以不需要 Student 类传递参数进行初始化。

在本例中,因 Date 类的构造函数带有默认参数,所以可以省掉 Student 类构造函数初始化列表中的“:birthday(y,m,d)”,执行结果如图 5-2 所示。

图 5-2　运行结果(修改例 5-1)

(4) 如果嵌入的对象是公有的，也可以“多级”访问：

```
class Y{
    int i;
  public:
    sett(int j){i=j;}
};
class X{
...
public:
Y y;//类 Y 的对象 y 为类 X 的公有对象成员
};
...
X x;
x,y,set(10);//“多级”访问
...
```

5.2 继承的概念

继承性是自然界普遍存在的一种现象，继承是从先辈那里得到已有的特征和行为。人们一般用层次分类的方法来描述它们的关系，如图 5-3 所示。

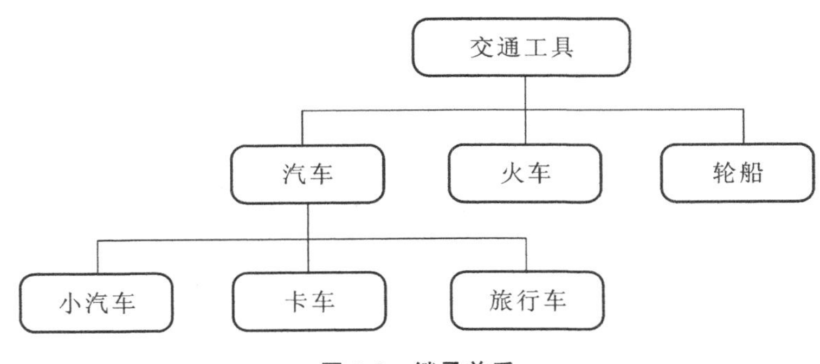

图 5-3 继承关系

在这个分类图中建立了一个层次结构，最高层是最普遍、最一般的，每一层都比它的上一层更具体，低层含有高层的特性，同时也有自己的新特性。它们之间是基类和派生类的关系。如图 5-3：汽车“继承”了交通工具的属性和行为，同时也可以“派生”出新类，即小汽车、卡车、旅行车，新类不仅具有汽车的特性，而且具有各自的新特性。

类的继承就是新的类从已有类那里得到已有的特性，或者说，从已有类产生新类的过程就是类的派生。

类的继承和派生机制使程序员无须修改已有类，只需在已有类的基础上，通过增加少量代码或修改少量代码的方法得到新的类，从而较好地解决了代码重用的问题。新类可以从一个或多个已有类中继承数据和函数，并且可以重新定义或增加新的数据和函数，其中已有类称为基类或父类，在它基础上建立的新类称为派生类或子类。派生类同样也可以作为基类派生出新的类，从而形成类的层次或等级结构。

下面通过一个例子来说明为何使用继承。现有一个学生类 Student，包含数据成员 number、name、score 及成员函数 print 等，如下所示：

```
class Student{                //声明学生类 Student
public:
   …
  void print()
  { cout<<"number:"<<number<<endl;
    cout<<"name:"<<name<<endl;
    cout<<"score:"<<score<<endl;
  }
protected:
   int number;                //学号
   string name;               //姓名
   float score;               //成绩
};
```

假如现在要声明一个大学生类 UStudent,它包含数据成员 number、name、score、major与成员函数 print1,如下所示:

```
class UStudent{               //声明大学生类 UStudent
 public:
   …
  void print1()
  {cout<<"number:"<<number<<endl;
   cout<<"name:"<<name<<endl;      这 3 行在类 Student 中已存在
   cout<<"score:"<<score<<endl;
   cout<<"major:"<<major<<endl;}
 private:
   int number;      //学号
   string name;     //姓名   这 3 行在类 Student 中已存在
   float score;     //成绩
   string major;    //专业
};
```

从以上两个类的声明中可以看出,这两个类中的数据成员或成员函数有许多相同的地方,代码重复太严重。为了提高代码的可成员性,可以引入继承,将 UStudent 类说明成 Student 类的派生类,那么相同的成员在 UStudent 中就可以不必再说明。

以继承的方式声明类 UStudent,如下:

```
class UStudent:public Student{  //声明大学生类 UStudent 公有继承 Student 类
 public:
   …
  void print1()
  {print();  //调用父类中的 print 函数输出 number、name、score
   cout<<"major:"<<major<<endl;
  }
 private:
   string major;    //专业
};
```

这里 UStudent 公有地继承了类 Student,其中 Student 是基类,UStudent 是派生类,

public 指出了继承方式。

显然利用继承，减少了代码冗余，可以实现代码的复用。

 5.3 继承与组合

有的读者会发现，用组合的方法来定义 UStudent 类也能起到减少代码冗余的效果。如下所示：

```
class UStudent {            //声明大学生类 UStudent
public:
…
void print1()
{s.print();      //通过对象成员 s 调用 print，输出 number、name、score
  cout<<"major:"<<major<<endl;
}
private:
Student s;       //Student 类的对象成员 s
string major;    //专业
};
```

组合和继承都是在已存在类型的基础上创建新类型的方法，那么什么时候使用组合？什么时候使用继承？还是两者结合使用呢？

根据解决问题的目的和过程来决定，或者说，根据事物的本来特征决定采用哪种方式。

组合通常在希望新类内部有已存在类性能时使用，而不希望已存在类作为它的接口。这就是说，嵌入一个计划用于实现新类性能的对象，而新类的用户看到的是新定义的接口，而不是来自父类的接口。

继承是取一个已存在的类，并制作它的一个专门的版本。通常，这意味着取一个一般目的的类，并为了特殊的需要对它进行专门化。

对上述的 UStudent 类来说，采用继承的方式更符合事物的本来特征。

实际工作中往往需要在定义一个新类时，这个新类的一部分是从已有类中继承的，还有一部分内容则是需要由其他类组合的，这就需要把组合和继承放在一起使用。例如，在定义 Z 类时它的一部分内容需从 X 类继承，另一部分内容则是 Y 类型的，具体定义如下：

```
class X{
    int i;
};
class Y{
    float f;
};
class Z:public X{      //Z 公有继承 X
    double d;
    Y y;               //Y 类的对象 y 是 Z 类的对象成员
};
```

总之，设计的目的就是高效地开发。继承与组合允许做渐增式开发，允许在已存在的代码中引进新代码，而不会给源代码带来错误，即便产生了错误，这个错误也只与新代码有关。

5.4 派生类的继承方式

类继承语法如下：

```
class 派生类名：[继承方式]基类名
  {
    派生类新增的数据成员和成员函数
};
```

继承方式规定了如何访问从基类继承的成员。C++提供了三种继承方式：public(公有的)、private(私有的)、protected(受保护的)。当继承方式缺省时默认是 private。

1. 公有继承

(1) 基类的 private、public 和 protected 成员的访问属性在派生类中保持不变。

(2) 派生类中继承的成员函数可以直接访问基类中的所有成员，派生类中新增的成员函数只能访问基类的 public 和 protected 成员，不能访问基类的 private 成员。

(3) 通过派生类的对象只能访问基类的 public 成员。

【例 5-2】 矩形移动。

```
#include<iostream>
using namespace std;
class Point{                                    //基类 Point 类的声明
private:
 float X,Y;
public:
 void InitP(float xx=0,float yy=0){
    X=xx;Y=yy;
 }
 void Move(float xOff,float yOff){//点的移动
    X+=xOff;Y+=yOff;
 }
 float GetX() {return X;}
 float GetY() {return Y;}
};
class Rectangle: public Point{           //派生类声明
private:                                 //新增私有数据成员
 float W,H;                              //矩形的宽、高
public:                                  //新增公有函数成员
 void InitR(float x,float y,float w,float h){
     InitP(x,y);                  //调用基类公有成员函数
     //X=x;                       //错误,不能访问基类的私有成员
     //Y=y;                       //错误,不能访问基类的私有成员
     W=w;
     H=h;
 }
 float GetH() {return H;}
```

```
    float GetW() {return W;}
};
int main(){
    Rectangle rect;
    rect.InitR(2,3,20,10);              //通过派生类对象访问子类公有成员
    //rect.H;                           //错误,子类私有成员
    //rect.W;                           //错误,子类私有成员
    rect.Move(3,2);                     //通过派生类对象访问子类公有成员
    cout<<rect.GetX()<<','              //通过派生类对象访问子类公有成员
        <<rect.GetY()<<','              //通过派生类对象访问子类公有成员
        <<rect.GetH()<<','
        <<rect.GetW()<<endl;
    return 0;
}
```

程序执行结果如图 5-4 所示。

```
C:\WINDOWS\system32\cmd.exe
5,5,10,20
请按任意键继续. . .
```

图 5-4　例 5-2 运行结果

2. 受保护继承

（1）基类的 public 和 protected 成员都以 protected 身份出现在派生类中。

（2）派生类中新增的成员函数可以直接访问基类中的 public 和 protected 成员，但不能访问基类的 private 成员。

（3）通过派生类的对象不能访问基类中的任何成员。

说明：在 5.2 节的 Student 类中，我们使用了关键字 protected，将相关的数据成员说明为保护成员。保护成员可以被本类的成员函数访问，也可以被本类派生类的成员函数访问，而类以外的任何访问都是非法的，即它是半隐蔽的。

若将例 5-2 中类 Point 数据成员 X、Y 的访问属性改为 protected 或 public，则：

```
void InitR(float x,float y,float w,float h){
    X=x;                    //正确,X 非 private 属性
    Y=y;                    //正确,Y 非 private 属性
    W=w;
    H= h;
}
```

3. 私有继承

（1）基类的 public 和 protected 成员都以 private 身份出现在派生类中。

（2）派生类中新增的成员函数可以直接访问基类中的 public 和 protected 成员，但不能访问基类的 private 成员。

（3）通过派生类的对象不能访问基类中的任何成员。

将例 5-2 中 Rectangle 类的继承 Point 类的方式改为 protected 或 private，则程序编译报错，因为基类的公有成员函数被继承后，在 Rectangle 类中访问属性成为 protected 或

private(即非公有),在类外,这里即 main 函数中,就不能通过派生类对象访问非公有的成员。

```
...
int main(){
Rectangle rect;
rect.InitR(2,3,20,10);                //派生类对象访问派生类公有成员
rect.Move(3,2);                       //错误,派生类对象访问基类成员
cout<<rect.GetX()<<','//错误,派生类对象访问基类成员
    <<rect.GetY()<<','//错误,派生类对象访问基类成员
    <<rect.GetH()<<','
    <<rect.GetW()<<endl;
 return 0;
}
```

【例 5-3】 私有继承的访问规则实例——多级继承中注意访问权限的变化。

```
#include<iostream>
using namespace std;
class B{   //声明基类 B
 public:
    void setb(int n){ b=n;}
    void dispb(){ cout<<"b="<<b<<endl;}
 protected:
    int b;
};
class D:private B{    //声明一个私有派生类
 public:
    void setd(int n)
    { setb(n);}
    void dispd()
    { cout<<"b="<<b<<endl;}
  };
class E:public D{
 public:
    void dispe()
    {   cout<<"b="<<b<<endl;}//错误,b 在派生类 D 中为 private,E 中不可直接访问
                             //可将此行替换为{ dispd();},间接访问
};
int main()
{ E obj;
  obj.setd(11);
  obj.dispe();
  return 0;
}
```

编译上面的程序,会有错误,原因是基类 B 中的保护成员 a 被其派生类 D 私有继承后成为私有成员,所以不能被 D 的派生类 E 中的成员函数 dispe 访问。

基类成员在派生类中的访问属性及派生类对象对基类成员的访问规则可总结为表5-1。

表 5-1　基类成员在派生类中的访问属性及派生类对象对基类成员的访问规则

基类中的成员	继承方式	基类成员在派生类中的访问属性	派生类对象对基类成员的访问规则
私有成员(private)	private	不可访问	不可访问
私有成员(private)	protected	不可访问	不可访问
私有成员(private)	public	不可访问	不可访问
保护成员(protected)	private	可访问 private	不可访问
保护成员(protected)	protected	可访问 protected	不可访问
保护成员(protected)	public	可访问 protected	不可访问
公有成员(public)	private	可访问 private	不可访问
公有成员(public)	protected	可访问 protected	不可访问
公有成员(public)	public	可访问 public	可访问

从表5-1可看出,基类成员被派生类继承后,其属性取决于它在基类中的属性和继承属性中约束更为严格的那一个属性。

如果确实需要在派生类中将继承来的基类非私有成员变为公有的,只需要在子类中将非公有成员声明为公有的即可。在例5-2中添加语句:

```
class Rectangle: private Point{
…
public:
Point::InitP;
Point::GetX;
…
};
```

将基类中公有的成员函数InitP和GetX,私有继承后在派生类Rectangle中是私有的,但在这里,通过将它们在公有下声明,于是被设为public(公有的)。在类外可以通过派生类对象来引用它们。

注意:在派生类中声明基类的函数时,只需给出函数的名称,函数的参数和返回类型不应出现。

```
class Rectangle: private Point{
……
public:
Point::InitP;//正确
Point::GetX;            //正确
void Point::InitR(float x,float y,float w,float h);   //错误
Point::InitR(float x,float y,float w,float h);          //错误
Point::InitR();            //错误
……
};
```

注意：无论哪种派生方式，基类中的私有成员都不允许派生类的对象直接访问（对象访问），不允许派生类中成员函数直接访问（内部访问），但是可以通过基类提供的公有成员函数访问。

5.5 派生类的构造和析构

保证正确合适的初始化工作是非常重要的，尤其在由组合和继承方式生成的类中。派生类通过继承派生，继承了基类的属性和特征行为，对所有继承来的成员的初始化工作仍然靠基类的构造函数来完成，但是基类的构造函数和析构函数不能被继承，必须在派生类中对基类的构造函数需要的参数及派生类的数据成员进行设置。同样，对派生类、基类的析构和清理工作也需要注意。

5.5.1 派生类构造函数和析构函数的调用顺序

系统调用构造函数生成对象；调用析构函数，释放对象所占用的内存空间。当采用继承方式创建子类对象时，子类对象中从父类继承来的数据成员必须要由父类的构造函数来创建和初始化，所以创建子类对象的执行过程是：首先从父类开始执行构造函数，初始化父类的成员，然后再执行子类的构造函数，初始化子类成员；当撤销子类对象时，执行相反的顺序，即首先撤销子类的成员，执行子类的析构函数，再撤销父类成员，执行父类的析构函数。即使父类中没有定义数据成员，也依然如此。

【例 5-4】 基类和派生类的构造函数及析构函数的调用顺序。

```
#include<iostream>
using namespace std;
class A{
    int a;
public:
    A(int i=0):a(i){
        cout<<"A is constructed"<<endl;
    };
    ~A(){
        cout<<"A is destructed"<<endl;
    }
};
class B:public A{
    int b;
public:
    B(int j=0):b(j){
        cout<<"B is constructed"<<endl;
    }
    ~B(){
        cout<<"B is destructed"<<endl;
    }
```

```
    };
    int main(){
        B b;
        return 0;
    }
```

程序执行结果如图 5-5 所示。

```
A is constructed
B is constructed
B is destructed
A is destructed
请按任意键继续. . .
```

图 5-5　例 5-4 运行结果

从程序执行的结果可以看出，构造函数的调用严格地按照先调用基类的构造函数、后调用派生类的构造函数的顺序执行。析构函数的调用顺序与构造函数的调用顺序正好相反。

5.5.2　派生类构造函数和析构函数的构造规则

1．简单的派生类的构造函数和析构函数

简单的派生类只有一个基类，而且只有一级派生（只有直接派生类，没有间接派生类），在派生类的数据成员中不包含对象成员（即子对象）。

在 C++中，派生类构造函数的一般格式为：

```
派生类名(参数总表):基类名(参数表)
{      派生类新增成员的初始化语句     }
```

说明：

（1）当基类的构造函数没有参数，或参数为默认值，或没有显式定义构造函数时，派生类可以不向基类传递参数，那么"：基类名（参数表）"可省，甚至可以不定义构造函数。例 5-3 中基类的构造函数没有参数，例 5-4 中基类的构造函数有默认参数，所以派生类没有向基类传递参数。

（2）当基类的构造函数有带参数的构造函数且参数没有默认值时，派生类必须按以上格式定义构造函数，以提供把参数传递给基类构造函数的途径。

（3）基类构造函数参数表的参数，通常来源于派生类构造函数的参数表，也可以用常数值。

【例 5-5】　基类有带参数的构造函数时，派生类构造函数和析构函数的使用方法。

```
#include<iostream>
using namespace std;
class A{
    int a;
public:
    A(int i):a(i){      //基类构造函数带无默认值的参数
        cout<<"A is constructed a="<<a<<endl;
    };
    ~A(){
```

```
            cout<<"A is destructed"<<endl;
        }
    };
    class B:public A{
        int b;
    public:
        B(int i,int j):A(i),b(j){
          //此时必有":基类名(参数表)",用来向基类构造函数传递参数
            cout<<"B is constructed b =  "<<b<<endl;
        }
        ~B(){
            cout<<"B is destructed"<<endl;
        }
    };
    int main(){
        B b(20,30);//定义派生类对象 b
        return 0;
    }
```

程序执行结果如图 5-6 所示。

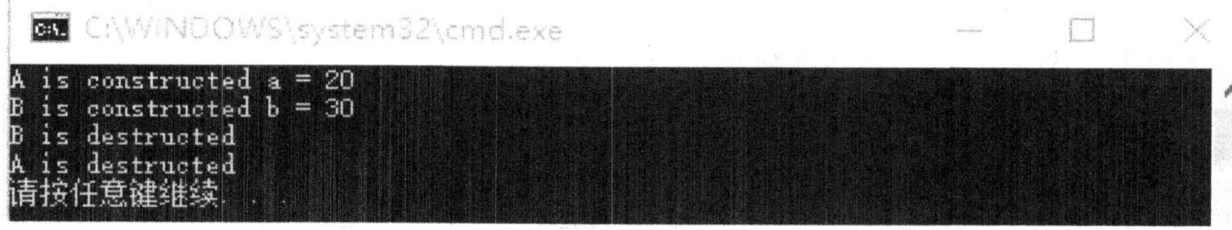

C:\WINDOWS\system32\cmd.exe
A is constructed a = 20
B is constructed b = 30
B is destructed
A is destructed
请按任意键继续. . .

图 5-6　例 5-5 运行结果

(4) 如果派生类的基类也是一个派生类,每个派生类只需负责其直接基类的构造,依次上溯。例如:

```
    class A{
    …
    A(int x ){…}
    …
    };
    class B:A{
    …
    B( int x,int y):A(x) //B 的构造函数只负责 A 的构造
    {…}
          …
    }; class C:B{
    …
    C( int x,int y,int z):B(x,y)   //C 的构造函数只负责 B 的构造
    {…}
       …
    };
```

（5）在派生类中可以根据需要定义自己的析构函数，用来对派生类中所增加的对象进行清理工作。基类的清理工作仍然由基类的析构函数负责。由于析构函数是不带参数的，在派生类中是否要自定义析构函数与它所属基类的析构函数无关。在执行派生类的析构函数时，系统会自动调用基类的析构函数，对基类的对象进行清理。

2. 含有对象成员(子对象)的派生类的构造函数

由前面的组合我们知道，派生类中的成员还可以是某个类的对象，称为派生类的对象成员(子对象)。当组合和继承混合使用时，派生类构造函数的格式为：

```
class 派生类名:[public | private | protected ]基类名{
    public:
        派生类名(参数列表 1): 基类名(参数列表 2), 组合对象列表
         {…}
};
```

派生类中有对象成员，仍然是先父类、再子类，先兄后弟，按照属性成员声明的先后顺序进行构造。

（1）调用基类的构造函数，对基类数据成员初始化；

（2）根据类中声明的顺序，调用对象成员的构造函数，对对象成员的数据成员初始化；

（3）执行派生类的构造函数体，对派生类数据成员初始化。

【例 5-6】 内嵌子对象时派生类构造函数和析构函数的执行顺序。

```
#include<iostream>
using namespace std;
class A{
    int a;
public:
    A(int n):a(n){
        cout<<"A is constructed a= "<<a<<endl;
    };
    ~A(){
        cout<<"A is destructed"<<endl;
    }
};
class Y{
    int y;
public:
    Y(int i){
        y=i;
        cout<<"Y is constructed y="<<y<<endl;
    }
    ~Y(){
        cout<<"Y is destructed"<<endl;
    }
};
class B:public A{ //B 公有继承 A
    int b;
```

```
        Y y;    //对象成员
    public:
        B(int n,int m,int j):A(n),y(m),b(j){
            cout<<"B is constructed b="<<b<<endl;
        }
        ~B(){
            cout<<"B is destructed"<<endl;
        }
    };
    class C:public B{
        int c;
    public:
        C(int n,int m,int j,int i):B(n,m,j),c(i){
            cout<<"C is constructed c="<<c<<endl;
        }
        ~C(){
            cout<<"C is destructed"<<endl;
        }
    };
    int main()
    {
        C c(2,3,4,5);
        return 0;
    }
```

程序执行结果如图 5-7 所示。

图 5-7　例 5-6 运行结果

 5.6　派生类重载基类函数的访问

从已有类派生出新类时，可以在派生类内完成以下几种功能：

(1) 可以增加新的数据成员。

(2) 可以增加新的成员函数。

(3) 可以改变基类成员在派生类中的访问属性。

(4) 可以对基类的成员进行重定义。

其中的前 3 点在本节之前已经学习到，现在来看第 4 点。在定义派生类的时候，C++语言允许在派生类中说明的成员与基类中的成员名字相同，也就是说，派生类可以重新说明与基类成员同名的成员。

如果在基类中有一个函数名，在派生类中又重定义了这个函数名，则在派生类中会掩盖这个函数的所有基类定义。也就是说，通过派生类来访问该函数时，由于采用就近匹配的原则，只会调用在派生类中所定义的该函数，基类中所定义的函数都变得不再可用。

【例 5-7】 派生类中重载基类函数。

```
#include<iostream>
using namespace std;
class Number{
public:
    void print(int i)    {cout<<i<<endl;}     基类 Number 中重载的
    void print(char c)   {cout<<c<<endl;}     3 个 print 成员函数
    void print(float f)  {cout<<f<<endl;}
};
class Data: public Number{
public:
    void print(){}           //派生类 Date 中重新定义 print 函数
    void f()  {
        print(5);              //错误，因为新定义的 print()函数不带参数
    }
};
int main(){
    Data data;
    data.print();              //正确
    data.print(1);             //错误
    data.print(12.3f);         //错误
    data.print('a');           //错误
    return 0;
}
```

因为 Date 类对 print 函数做了重定义，所以在派生类 Date 内及类外通过派生类对象默认调用的 print 是派生类重新定义的 print，而屏蔽了基类中的 print。

为了在派生类中或者类外通过派生类对象能使用基类的同名成员，必须在该成员名之前加上基类名和作用域标识符“::”，即使用下列格式才能访问到基类的同名成员：

基类名::成员名　　或　　基类名:: 成员函数(参数)

例如，可以将上例中错误的几行改为：

```
Number::print(5);            //在 Date::f 中调用基类的 print(int)
data.Number::print(1);       //在 main 中通过子类对象 data 调用基类的 print(int)
data.Number::print(12.3f);
                             //在 main 中通过子类对象 data 调用基类的 print(float)
data.Number::print('a');//在 main 中通过子类对象 data 调用基类的 print(char)
```

程序执行结果如图 5-8 所示。

图 5-8　例 5-7 运行结果(修改后)

注意:派生类中重载基类函数的成员,特别是成员函数时,只关注是否同名,与函数参数和返回值无关。

5.7　多继承

在派生类的声明中,基类名可以有一个,也可以有多个。如果只有一个基类名,则这种继承方式称为单继承;当一个派生类具有多个基类时,这种派生方式称为多基派生或多继承。这时的派生类同时得到了多个已有类的特征,如图 5-9 所示。

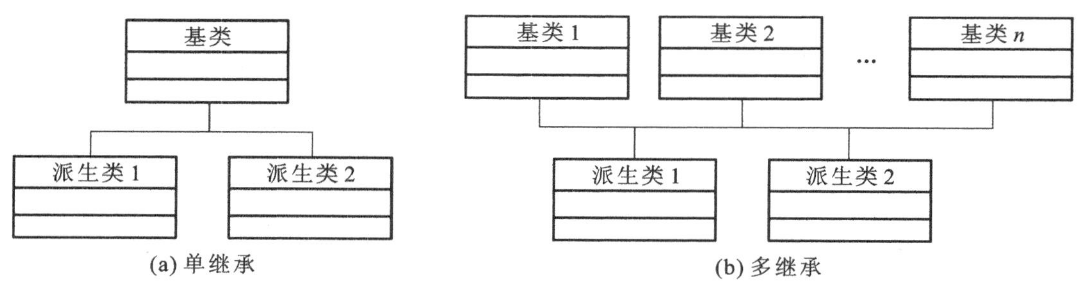

图 5-9　单继承和多继承

5.7.1　继承语法

多继承允许派生类有两个或多个基类的能力,目的很简单,就是想使多个类以这种方式组合起来,使得派生类对象的行为具有多个基类对象的特征。在多继承中,各个基类名之间用逗号隔开。多继承的声明语法如下:

```
class 派生类名:[继承方式 1]基类名 1,…,[ 继承方式 n] 基类名 n
{
    派生类新增的数据成员和成员函数
};
```

与声明单继承派生类的形式相似,只需将继承的多个基类使用逗号分隔即可。

【例 5-8】　多继承情况下的访问特性。

```
#include<iostream>
using namespace std;
class A {    //声明基类 A
    int a;
```

```
     public:
    void setA(int x) { a=x;}
    void printA(){  cout<<"a="<<a<<endl;}
};
class B {   //声明基类 B
    int b;
 public:
   void setB(int x) { b=x;}
   void printB(){cout<<"b="<<b<<endl;}
};
class C :public A,private B{//声明派生类 C,公有继承 A,私有继承 B
   int c;
 public:
   void setC(int x,int y) {
         setB(x);          //setB 在 C 中为私有成员
         c=y;
}
   void printC(){
      printB();     //printB 在 C 中为私有成员
      cout<<"c="<<c<<endl;
   }
};
int main() {
   C obj;              //定义派生类 C 的对象 obj
  obj.setA(11);      //正确,成员函数 setA 在 C 类中仍是公有成员
  obj.printA();      //正确,成员函数 printA 在 C 类中仍是公有成员
  obj.setB(33);      //错误,成员函数 setB 在 C 类中是私有成员
  obj.printB();      //错误,成员函数 printB 在 C 类中是私有成员
  obj.setC(55,88); //正确
  obj.printC();      //正确
  return 0;
 }
```

说明:程序中派生类 C,公有继承类 A,私有继承类 B,故类 A 的所有成员在类 C 中访问属性不变,类 B 的所有成员在类 C 中访问属性为私有,故在类外通过 C 类对象 obj 访问 A 类的公有成员函数 setA 和 printA 是正确的,而访问 B 类的公有成员函数 setB 和 printB 是错误的。

删去标有错误的两条语句,程序执行结果如图 5-10 所示。

图 5-10　例 5-8 运行结果(修改后)

5.7.2 多继承的构造和析构

多继承派生类构造函数的定义形式与单继承时构造函数的定义形式相似,只是在初始化表中包含多个基类构造函数。多个基类的构造函数之间有逗号分隔。多继承构造函数定义的一般形式如下:

```
派生类名(参数总表):基类名1(参数表1),基类名2(参数表2),…,基类名n(参数表n)
 {
   派生类新增成员的初始化语句
 }
```

与单继承下派生类构造函数相同,多继承下派生类构造函数必须同时负责该派生类所有基类构造函数的调用及所需参数的传递。

多继承构造函数的执行顺序与单继承构造函数的执行顺序相同:

- 先按照继承的顺序,执行基类的构造函数;
- 再执行对象成员的构造函数;
- 最后执行派生类构造函数。

由于析构函数是不带参数的,在派生类中是否要定义析构函数与它所属的基类无关,所以与单继承情况类似,基类的析构函数不会因为派生类没有析构函数而得不到执行,它们各自是独立的。析构函数的执行顺序刚好与构造函数的执行顺序相反。

【例 5-9】 多继承情况下派生类构造函数和析构函数的定义方法。

```
#include<iostream>
using namespace std;
class X {
     int a;
  public:
     X(int sa):a(sa)              //基类 X 的构造函数
     { cout<<"constructor of X called. "<<endl;}
     ~X()                         //基类 X 的析构函数
     {cout<<"destructor of X called. "<<endl;}
     int get_a(){ return a;}
};
class Y {
     int b;
  public:
     Y(int sb):b(sb)       //基类 Y 的构造函数
     { cout<<"constructor of Y called. "<<endl;}
     ~Y()                         //基类 Y 的析构函数
     {cout<<"destructor of Y called. "<<endl;}
     int get_b( ){ return b;}
};
class Z:public X,private Y { //类 Z 为基类 X 和基类 Y 共同的派生类
    int c;
  public:
   Z(int sa,int sb,int sc):X(sa),Y(sb),c(sc)//类 Z 的构造函数,缀上对
```

```
    { cout<<"constructor of Z called. "<<endl;}//基类 X、Y 的构造函数的调用
     ~Z()                                      //派生类 Z 的析构函数
     { cout<<"destructor of Z called. "<<endl;}
    int get_c(){ return c;}
    int get_b(){ return Y::get_b();}
};
int main()
{
    Z obj(222,444,666);
    cout<<"a="<<obj.get_a()<<endl;
    cout<<"b="<<obj.get_b()<<endl;
    cout<<"c="<<obj.get_c()<<endl;
    return 0;
}
```

程序执行结果如图 5-11 所示。

```
C:\WINDOWS\system32\cmd.exe
constructor of X called.
constructor of Y called.
constructor of Z called.
a=222
b=444
c=666
destructor of Z called.
destructor of Y called.
destructor of X called.
请按任意键继续. . .
```

图 5-11 例 5-9 运行结果

5.8 虚基类

5.8.1 多继承中的二义性

在多继承中,经常遇到这样的情况,如果基类 A、B 中有相同的成员函数 f( ),那么它们的派生类 C 声明的对象将不知道调用哪个基类的函数 f( ),从而产生二义性问题。

例如:

```
class X{        //基类 X
public:
int f();//X 的成员函数 f
};
class Y{        //基类 Y
public:
int f();//Y 的成员函数 f
int g();//Y 的成员函数 g
};
class Z:public X,public Y{ //派生类 Z 继承自 X、Y
```

```
public:
int g();    //Z中重定义g
int h();
};
main()
{  Z obj;   //定义派生类Z的对象obj
   …
   obj.f();//二义性错误,不知道调用的是X的f,还是Y的f
      obj.g();//正确,调用Z中定义的g
   …
}
```

编译程序不知道是调用基类X的f(),还是调用基类Y的f(),所以产生了二义性错误。对基类成员的访问必须是无二义的,如程序段对基类成员的访问是二义的,必须想法消除二义性。使用成员名限定可以消除二义性,例如:

```
obj.X::f();//调用类X的f()
obj.Y::f();//调用类Y的f()
```

注意:多继承里还有一种极端的情况——由相同基类带来的二义性。如果一个派生类是从多个基类派生出来的,而这些基类又有一个共同的基类,则在最低层的派生类中会保留这个间接的共同基类数据成员的多份同名成员。在这个派生类中访问这个共同的基类中的成员时,可能会产生二义性,必须加上"基类名::",使其唯一地标识是哪个基类的成员。

【例5-10】 消除二义性实例。

```
#include<iostream>
using namespace std;
class Base {   //声明类Base1和类Based共同的基类Base
  protected:
   int a;
  public:
   Base(){ a=5;cout<<"Base a="<<a<<endl;}
};
class Base1:public Base{   //声明Base1是Base的派生类
  public:
   Base1(){ a=a+10;cout<<"Base1 a="<<a<<endl;}
};
class Base2:public Base{   //声明Base2是Base的派生类
  public:
   Base2(){ a=a+20;cout<<"Base2 a="<<a<<endl;}
};
class Derived:public Base1,public Base2{//声明Base1和Base2的派生类Derived
  public:
   Derived(){
      cout<<"Derived Base1::a="<<Base1::a<<endl;//Base1::a,消除二义性
      cout<<"Derived Base2::a="<<Base2::a<<endl;//Base2::a,消除二义性
   }
```

```
};
int main() {
    Derived obj;
    return 0;
}
```

程序执行结果如图 5-12 所示。

图 5-12　例 5-10 运行结果

从结果可以看出，Base 的构造函数调用了两次，Base1 和 Base2 的构造函数各调用了一次。构造函数执行顺序：Base()→Base1()→Base()→Base2()→Derived。

上述程序中，类 Derived 是从 Base1 和 Base2 公有派生而来，而类 Base1 和类 Base2 都是从类 Base 公有派生而来的。虽然在类 Base1 和类 Base2 中没有定义数据成员 a，但是它们分别从类 Base 继承了数据成员 a，它们都是类 Base 成员的拷贝。但是类 Base1 和类 Base2 中的数据成员 a 分别具有不同的存储单元，可以存放不同的数据。在程序中可以通过类 Base1 和类 Base2 调用基类 Base 的构造函数，分别对类 Base1 和类 Base2 的数据成员 a 初始化。图 5-13 表示这个例子中类之间的层次关系。

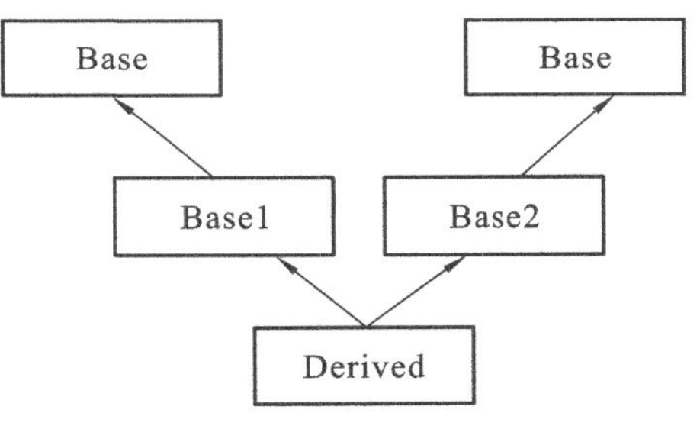

图 5-13　例 5-10 的类层次图

从以上分析和程序执行结果能看出，最低层的 Derived 类有两份 a，产生了二义性。虽然找到了临时解决的办法(Base1::a/ Base2::a)，但是依然增加了额外的空间开销。为解决此类问题，C++引入了虚基类。

5.8.2　虚基类的声明

为了解决这种二义性，使从不同的路径继承的基类的成员在内存中只拥有一个拷贝，C++引入了虚基类的概念。可以通过将这个公共的基类(上例中的 Base)说明为虚基类来解决这个问题。

把一个基类定义为虚基类，必须在派生子类时在父类的名字前加关键字 virtual。定义格式如下：

```
class 派生类名:virtual 继承方式 基类名
{  … }
或
class 派生类名:继承方式 virtual 基类名
{  … }
```

下面用虚基类重新声明例 5-10。

【例 5-11】 虚基类的使用举例。

```
#include<iostream>
using namespace std;
class Base {   //声明类 Base1 和类 Based 共同的基类 Base
  protected:
   int a;
  public:
   Base(){ a=5;cout<<"Base a="<<a<<endl;}
};
class Base1:public virtual Base{   //声明 Base 是 Base1 的虚基类
   public:
    Base1(){ a=a+10;cout<<"Base1 a="<<a<<endl;}
};
class Base2: virtual public Base{   //声明 Base 是 Base2 的虚基类
  public:
    Base2(){ a=a+20;cout<<"Base2 a="<<a<<endl;}
};
class Derived:public Base1,public Base2{//声明 Base1 和 Base2 的派生类 Derived
  public:
    Derived(){
        cout<<"Derived a="<<a<<endl;   //正确,不会产生二义性
    }
};
int main() {
   Derived obj;
   return 0;
}
```

程序执行结果如图 5-14 所示。

图 5-14 例 5-11 运行结果

从结果可以看出,Base、Base1 和 Base2 的构造函数各调用了一次。而 Derived 中的 a 值是 a 最后赋值的结果。构造函数执行顺序是:Base()→ Base1()→Base2()→Derived()。对虚基类 Base 的构造函数只调用一次,且是在第一次出现时调用的。

说明:因为类 Base1 和类 Base2 继承 Base 时,用了关键字 virtual,这样,从 Base1 和 Base2 派生出的类 Derived 只继承基类 Base 一次,也就是说,基类 Base 的数据成员 a 只保留一份。

这样从不同的路径继承的虚基类的成员在内存中就只拥有一个拷贝,从而从根本上解决了以上的二义性及冗余等问题。

5.8.3 虚基类的初始化

虚基类的初始化与一般的多重继承的初始化在语法上基本上是一样的，但构造函数的调用顺序不同。在使用虚基类机制时应该注意以下几点：

（1）如果在虚基类中定义有带形参的构造函数，并且没有定义默认形式的构造函数，则整个继承结构中，所有直接或间接的派生类都必须在构造函数的成员初始化表中列出对虚基类构造函数的调用，以初始化在虚基类中定义的数据成员。

（2）建立一个对象时，如果这个对象中含有从虚基类继承来的成员，则虚基类的成员是由最远派生类的构造函数通过调用虚基类的构造函数进行初始化的。该派生类的其他基类对虚基类构造函数的调用都自动被忽略。

【例 5-12】 含虚基类的构造函数的使用方法举例。

```
#include<iostream>
using namespace std;
class B {    //基类 B
    int a;
  public:
    B(int sa){    //带无默认值参数的构造函数
        a=sa;
        cout<<"Constructing B  a="<<a<<endl;
    }
void print()
    {
        cout<<"Constructing B  a="<<a<<endl;
    }
};
class B1:virtual public B{ //声明 B 为 B1 的虚基类
    int b;
  public:
    B1(int sa,int sb):B(sa){   //缀上对类 B 构造函数的调用
        b=sb;
        cout<<"Constructing B1 b="<<b<<endl;
    }
};
class B2:virtual public B{   //声明 B 为 B2 的虚基类
    int c;
  public:
    B2(int sa,int sc):B(sa){   //缀上对类 B 构造函数的调用
        c=sc;
        cout<<"Constructing B2 c="<<c<<endl;
    }
};
class D:public B1,public B2 { //声明最低层派生类 D
    int d;
  public:
```

```
        D(int sa,int sb,int sc,int sd):B(sa),B1(sb,sb),B2(sc,sc)
        {                           //必须缀上对类 B、B1 和 B2 构造函数的调用
            d=sd;cout<<"Constructing D  d="<<d<<endl;
        }
    };
    int main()
    {
        D obj(2,4,6,8);
        obj.print();
        return 0;
    }
```

程序执行结果如图 5-15 所示。

图 5-15　例 5-12 运行结果

说明：上述程序中，B 是一个虚基类，它只有一个带参数(一个)的构造函数，因此要求在派生类 B1、B2 和 D 的构造函数的初始化表中，都必须带有对类 B 构造函数的调用。如果 B 不是虚基类，在派生类 D 的构造函数的初始化表中调用类 B 的构造函数是错误的，但是当 Base 是虚基类且只有带参数的构造函数时，就必须在派生类 D 的构造函数的初始化表中调用类 B 的构造函数。因此，在类 D 构造函数的初始化表中，不仅含有对类 B1 和 B2 构造函数的调用，还有对虚基类 B 的构造函数的调用。

对虚基类 B 的构造函数只调用一次，且是在第一次出现时调用的。B 的数据成员 a 的值由最远派生类 D 的构造函数进行初始化，所以 a 的值为 2，B1、B2 对虚基类 B 构造函数的调用都自动被忽略。

(3) 虚基类构造函数的调用顺序：若同一层次中同时包含虚基类和非虚基类，应先调用虚基类的构造函数，再调用非虚基类的构造函数，最后调用派生类构造函数。

- 对于多个虚基类，构造函数的执行顺序仍然是先左后右，自上而下；
- 对于非虚基类，构造函数的执行顺序仍是先左后右，自上而下；
- 若虚基类由非虚基类派生而来，则仍然先调用基类构造函数，再调用派生类的构造函数。

例如：

```
class X : public Y,virtual public Z{
//…
};
X  one;
```

定义类 X 的对象 one 后，将产生如下的调用次序：

```
Z( );//先调用虚基类
Y( );
X( );
```

5.9　应用举例

【例 5-13】　声明一个共同的基类 Person，它包含了所有派生类公有的数据，Person 类派生出子类 Teacher 和 Student，建立班级类，包括班级名称、人数、学生、教师。

(1) 源代码：

```
#ifndef PERSON_H_        //person.h
#define PERSON_H_
class Person{  //定义"人"类
   char strName[20];//姓名
   int  iAge;           //年龄
   char cSex;         //性别
public:
   Person(const char*cpName=NULL,int age=0,char sex='m');
   const char*GetName(){return strName;}
   int  GetAge(){return iAge;}
   char  GetSex(){return cSex;}
   void  SetName(const char*cpName);
   void  SetAge(int age){iAge=age;}
   void  SetSex(char sex){cSex=sex;}
};
class Teacher:public Person{
    int iWID;  //工号
public:
    Teacher(const char*cpName=NULL,int age=0,char sex='m',int no=0):Person
(cpName,age,sex),iWID(no){
    }
    int GetWID(){return iWID;}
    void SetWID(int no){iWID=no;}
};
class Student:public Person{  //学生类
   int  iNo;  //学号
   float fScore[5];//5门课程的成绩
   float fAve;      //平均成绩
public:
   Student(const char*cpName=NULL,int age=0,char sex='m',int no=0):
        Person(cpName,age,sex),iNo(no){
    }
    int GetNo(){return iNo;}
    void SetNo(int no){iNo=no;}
    void SetScore(const float fData[]);
    float GetAveScore(){return fAve;}  //得到平均成绩
};
```

```
#endif#ifndef MYCLASS_H_        //myclass.h
#define MYCLASS_H_
#include "person.h"
class MyClass{
    enum{NUM=50};
    Student stuList[NUM];  //学生列表
    int     iNum;          //人数
    Teacher tea;           //辅导员
    char    strClassName[20];//班级名称
public:
    MyClass(){iNum=0;}
};
#endif
#include "person.h"    //person.cpp
#include<string.h>
Person::Person(const char*cpName,int age,char sex){
    cSex=sex;
    iAge=age;
    if(strlen(cpName)<20)
        strcpy(strName,cpName);
    else
        strName[0]='\0';
}
void Person::SetName(const char*cpName){
    if(strlen(cpName)<20)
        strcpy(strName,cpName);
    else
        strName[0]='\0';
}
void Student::SetScore(const float fData[]){
    float fSum=0;
    for(int i=0;i<5;i++){
        fScore[i]=fData[i];
        fSum+=fData[i];
    }
    fAve=fSum/5;
}
```


(2) 说明：

此例中，教师类（Teacher）、学生类（Student）都从人类（Person）集成而来，继承了Person类的姓名、年龄、性别等属性和行为。在班级类中用组合的方式集成了学生类和教师类。

习 题

5-1 组合和继承有何异同？

5-2 有哪几种继承方式？每种方式的派生类对基类成员的继承性如何？

5-3 保护成员有哪些特性？保护成员以公有方式或私有方式被继承后的访问特性如何？

5-4 当创建派生类对象时，基类和派生类构造函数的调用顺序是怎样的？

5-5 派生类构造函数和析构函数的构造规则是怎样的？

5-6 什么是多继承？此时定义派生类的对象时，派生类和多个基类的构造函数的调用顺序是怎样的？

5-7 在类的派生中为何要引入虚基类？虚基类构造函数的调用顺序是如何规定的？

5-8 使用派生类的主要原因是(　　)。

A. 提高代码的可重用性　　B. 提高程序的运行效率

C. 加强类的封装性　　D. 实现数据的隐藏

5-9 设置虚基类的目的是(　　)。

A. 简化程序　　B. 消除二义性　　C. 提高运行效率　　D. 减少目标代码

5-10 派生类的对象对基类成员中(　　)是可以访问的。

A. 公有继承的公有成员　　B. 公有继承的私有成员

C. 公有继承的保护成员　　D. 私有继承的公有成员

5-11 类的保护成员，不可以让(　　)来直接访问。

A. 该类的成员函数　　B. 主函数

C. 该类的友元函数　　D. 该类的派生类

5-12 保护继承时，基类的(　　)在派生类中成为保护成员，不能通过派生类的对象来直接访问该成员。

A. 任何成员　　B. 私有成员

C. 公有成员和保护成员　　D. 保护成员和私有成员

5-13 关于多重继承二义性的描述中，(　　)是错误的。

A. 一个派生类的两个基类中都有某个同名成员，在派生类中对这个成员的访问可能出现二义性。

B. 解决二义性最常用的方法是对成员名的限定

C. 基类和派生类中出现同名函数，存在二义性

D. 一个派生类是从两个基类派生而来的，而这两个基类又有一个共同的基类，对该基类成员进行访问时，可能出现二义性

5-14 派生类的构造函数的成员初始化表中，不能包含(　　)。

A. 基类的构造函数　　B. 派生类的自对象的初始化

C. 基类的自对象的初始化　　D. 派生类的一般数据成员的初始化

5-15 在公有继承时，下列关于 protected 成员的说法正确的是(　　)。

A. 在派生类中仍然是 protected

B. 具有 private 成员和 public 成员的双重角色

C. 在派生类中是 private 的

D. 在派生类中是 public 的

5-16　写出下面程序的运行结果。

```
#include"iostream"
using namespace std;
class A { public: A() { cout<<"A";} };
class B { public: B() { cout<<"B";} };
class C : public A
 { B b;
   public: C() { cout<<"C";}
  };
int main() {   C obj;return 0;
}
```

5-17　写出下面程序的运行结果。

```
#include<iostream>
using namespace std;
class Base
{ private:
      char c;
  public:
      Base(char n):c(n){}
      virtual ~Base(){cout<<c;}
 };
class Der:public Base
{ private:
      char c;
  public:
      Der(char n):Base(n+1),c(n){}
      ~Der(){cout<<c;}
};
int main()
{    Der('X');
    return 0;
}
```

5-18　写出下面程序的运行结果。

```
#include<iostream>
using namespace std;
class B1
{ public:
    B1(int i)
    { b1=i;
      cout<<"Constructor B1. "<<endl;
    }
    void Print()
```

```
    { cout<<b1<<endl;}
private:
    int b1;
};
class B2
{ public:
    B2 (int i)
    { b2=i;
      cout<<"Constructor B2"<<endl;
    }
    void Print()
    { cout<<b2<<endl;}
private:
    int b2;
};
class A:public B2,public B1
{ public:
    A(int i,int j,int l);
    void Print();
  private:
    int a;
};
A::A(int i,int j,int l) :B1(i),B2(j)
{   a=l;
    cout<<"Constructor A. "<<endl;
}
void A::Print()
{  B1::Print();
   B2::Print();
   cout<<a<<endl;
}
int main()
{  A aa (3,2,1);
   aa.Print();
   return 0;
}
```

5-19 写出下面程序的运行结果。

```
#include<iostream>
using namespace std;
class A{
   int a,b;
public:
   A ( int i,int j )
   { a=i;b=j;}
   void Move ( int x,int y)
```

```
    { a+=x;b+=y;}
    void Show()
    { cout<<"("<<a<<","<<b<<") "<<endl;}
};
class B:private A{
    int x,f,y;
public:
    B( int i,int j,int k,int l):A(i,j)
    { x=k;y=l;}
    void Show()
    { cout<<x<<","<<y<<endl;}
    void fun()
    { Move (3,5);}
    void f1()
    { A::Show();}
};
int main()
{   A e(1,2);
    e.Show();
    B d(3,4,5,6);
    d.fun();
    d.Show();
    d.f1();
    return 0;
}
```

5-20 写出下面程序的运行结果。

```
#include<iostream>
using namespace std;
class base1{
public:
    base1()
    { cout<<"class base1"<<endl;}
};
class base2{
public:
    base2()
    { cout<<"class base2"<<endl;}
};
class level1:public base2,virtual public base1
{
public:
    level1()
    { cout<<"class level1"<<endl;}
};
class level2:public base2,virtual public base1
```

```
{
public:
    level2()
    { cout<<"class level2"<<endl;}
};
class toplevel:public level1,virtual public level2
{
public:
    toplevel()
    { cout<<"class toplevel"<<endl;  }
};
int main()
{
    toplevel obj;
    return 0;
}
```

5-21 下面的程序可以输出ASCII字符与所对应的数字的对照表。修改下列程序，使其可以输出字母a到z与所对应的数字的对照表。

```
#include<iostream>
using namespace std;
#include<iomanip>
class table{
public:
   table(int p)
   { i=p;}
   void ascii(void);
protected :
   int i;
};
void table::ascii(void)
{   int k=1;
    for (;i<127;i++)
    { cout<<setw(4)<<i<<" "<<(char)i;
      if((k)%12==0)cout<<endl;
      k++;
    }
    cout<<endl;
}
class der_table:public table
{ public:
      der_table (int p,const char *m) :table(p)
      {c=m;}
      void print (void);
  protected:
      const char *c;
```

```
};
void der_table::print (void)
{  cout<<c<<"\n";
   table::ascii();
}
int main()
{  der_table obj(32,"ASCII value ------ char");
   obj.print();
   return 0;
}
```

5-22　已有类 Time 和 Date，要求设计一个派生类 Birthtime，它继承类 Time 和 Date，并且增加一个数据成员 Childname，用于表示小孩的名字，同时设计主程序显示一个小孩的出生时间和名字。

```
class Time {
public:
    Time (int h,int m,int s)
    {   hours=h;
        minutes=m;
        seconds=s;
    }
    void display()
    { cout<<"出生时间:"<<hours<<"时"<<minutes<<"分"<<seconds<<"秒"<<
endl;}
protected:
    int hours,minutes,seconds;
};
class Date {
public:
    Date (int m,int d,int y)
    { month=m;day=d;year=y;}
    void display()
    { cout<<"出生年月:"<<year<<"年"<<month<<"月"<<day<<"日"<<endl;}
protected:
    int month,day,year;
};
```

5-23　编写一个学生和教师数据的输入和显示程序，学生数据有编号、姓名、班号和成绩，教师数据有编号、姓名、职称和部门。要求将编号、姓名的输入和显示设计成一个类 person，并作为学生数据操作类 student 和教师数据操作类 teacher 的基类。

5-24　编写一个程序，递归调用被继承的基类成员函数，实现求素数的功能。

第6章 多态与虚函数

【学习目标】

(1) 理解多态性。

(2) 掌握虚函数的设计方法。

继承(inheritance)和多态(polymorphism)是面向对象程序设计方法的两个主要特征。继承可以将一群相关的类组织起来,并共享其间的相同数据和操作行为;多态使得设计者在这些类上编程时,可以如同操作一个单一体,而非相互独立的类,且给予设计者更多灵活性以加入或删除类的一些属性或方法。

多态性机制不仅增加了面向对象软件系统的灵活性,进一步减少了冗余信息,而且显著提高了软件的可重用性和可扩充性。重载和虚函数是体现多态性的两个重要手段。

多态性的应用可以使编程显得更为简捷、便利,它为程序的模块化设计提供了又一个手段。

6.1 多态性概述

6.1.1 多态性的含义

多态性是指向不同的对象发送同一个消息,不同的对象在接收时会产生不同的行为(即方法)。例如:一个学生拿着围棋对另一个同学说:"我们来下棋吧!",另一个同学听到请求后,就明白是下围棋;换个对象,一个小朋友拿着跳棋对另一个小朋友说:"我们来下棋吧",另一个小朋友听到请求后,就明白是下跳棋。也就是说,每个对象可以用自己的方式去响应共同的消息。消息就是调用函数,不同的行为就是指不同的实现,即执行不同的函数。

直观地说,多态性是指用一个名字定义不同的函数,这些函数执行不同但又类似的操作,从而可以使用相同的方式来调用这些具有不同功能的同名函数。这也是人类思维方式的一种模拟。比如一个对象中有很多求面积的行为,显然可以针对不同的图形(例如长方形、三角形、圆等),写出很多不同名称的函数来实现,这些函数的参数个数和类型可以不同。在C++程序设计中,可以利用多态性的特征,用一个名字定义这些不同的函数,这样就可以达到用同样的接口访问不同功能的函数,从而实现"一个接口,多种方法"。

从实现的角度来讲,多态可以划分为两类:编译时的多态和运行时的多态。

6.1.2 静态多态和动态多态

在C++中,绑定(binding),又称联编,是使一个计算机程序的不同部分彼此关联的过程。根据进行绑定所处阶段的不同,有两种不同的绑定方法——静态绑定和动态绑定。

1. 静态绑定

静态绑定在编译阶段完成,所有绑定过程都在程序开始之前完成。静态绑定具有执行速度快、效率高的特点,因为程序运行之前,编译程序能够进行代码优化;但缺乏灵活性。

2. 动态绑定

如果编译器在编译阶段不确切地知道把发送到对象的消息和实现消息的哪段代码具体联系到一起，而是运行时才把函数调用与函数具体联系在一起，就称为动态绑定。相对于静态绑定，动态绑定是在编译后绑定，也称晚绑定，又称运行时识别（run-time type identification，RTTI）。动态绑定降低了程序的运行效率，但具有灵活性好、更高级更自然的问题抽象、易于扩充和易于维护等特点。

C++实际上是采用了静态联编和动态联编相结合的联编方法。编译时的多态是通过静态联编来实现的，主要的技术手段是函数重载和运算符重载。运行时的多态是通过动态联编实现的，主要技术手段是通过虚函数。

 6.2 基类与派生类对象之间的赋值兼容规则

在一定条件下，不同类型的数据之间可以进行类型转换，例如把一个整型数(int)转换为双精度型数(double)，然后再把它赋给双精度型变量。在赋值之前，先把整型数据转换成双精度型数据，然后再将它赋值给双精度型变量。这种不同类型数据之间的自动转换和赋值，称为赋值兼容。在基类和派生类对象之间也存有赋值兼容关系。基类和派生类对象之间的赋值兼容规则是指在需要基类对象的任何地方，都可以使用公有派生类的对象来替代。

通过公有继承，除了构造函数和析构函数外，基类的公有成员或保护成员的访问权限在派生类中全部按原样保留了下来。基类的私有成员可以通过调用基类的公有成员函数在派生类外进行间接访问。因此，公有派生类具有基类的全部功能，凡是基类能够实现的功能，公有派生类都能实现。我们可以将派生类对象的值赋给基类对象，在用到基类对象的时候可以用其派生类对象代替——基类和派生类对象之间的赋值兼容规则。

例如，下面声明的两个类：

```
class Base{      //基类 Base
    …
};
class Derived:public Base{ //声明基类 Base 的公有派生类 Derived
    …
};
```

根据赋值兼容规则，在基类 Base 的对象可以使用的任何地方，都可以用派生类 Derived 的对象来替代，但只能使用从基类继承来的成员。具体表现在以下几个方面：

(1) 可以用派生类对象给基类对象赋值。例如：

```
Base b;         //定义基类 Base 的对象 b
Derived d;      //定义公有派生类 Derived 的对象 d
b=d;            //用派生类对象 d 对基类对象 b 赋值
```

这样赋值的效果是，对象 b 中的数据成员将具有对象 d 中对应数据成员的值。

说明：所谓赋值仅仅指对基类的数据成员赋值，如图 6-1 所示。

(2) 可以用派生类对象来初始化基类对象的引用。例如：

```
Derived d;
//定义基类 Base 的公有派生类 Derived 的对象 d
Base &br=d;         //定义基类 Base 的对象的引用 br,并用 d 对其初始化
```

(3) 派生类对象的地址可以赋给指向基类对象的指针。例如：

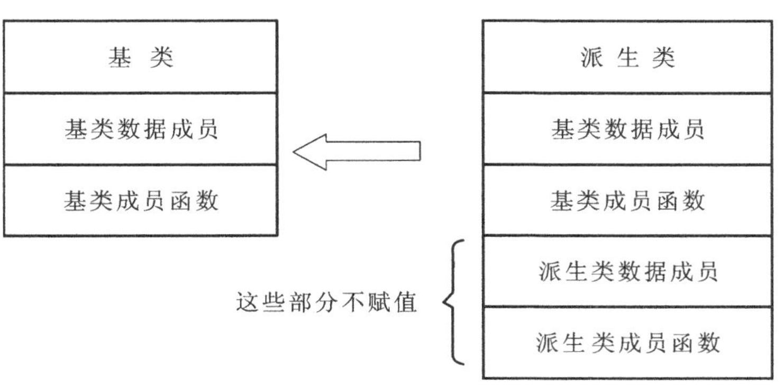

图 6-1　派生类对象赋值基类对象示意图

```
Derived d;    //定义基类 Base 的公有派生类 Derived 的对象 d
Base *bp=&d;// 把 &d 赋值给指向基类的指针 bp,使指向基类对象的指针 bp 指向 d
```

(4) 如果函数的形参是基类对象或基类对象的引用,在调用函数时可以用派生类对象作为实参。例如:

```
class Base{                        //声明基类 Base
public:
int i;
…
};
class Derived:public Base{    //声明公有派生类 Derived
…
};
void fun(Base &bb)  //普通函数,形参为基类 Base 对象的引用
{
    cout<<bb.i<<endl;//输出该引用所代表的对象的数据成员 i
}
```

在调用函数 fun 时可以用派生类 Derived 的对象 d4 作为实参:

```
fun(d4);
```

输出派生类 Derived 的对象 d4 赋给基类的数据成员 i 的值。

【例 6-1】 基类与派生类对象之间的转换实例。

```
#include<iostream>
using namespace std;
class Base{                    //声明基类 Base
  public:
    int i;
    Base(int x){ i=x;}  //基类的构造函数
    void show()              //成员函数
    { cout<<"Base "<<i<<endl;}
};
class Derived:public Base{   //声明公有派生类 Derived
  public:
    Derived(int x):Base(x){ }    //派生类的构造函数
};
```

```
void fun(Base &bb)      //普通函数,形参为基类对象的引用
{ cout<<bb.i<<endl;}
int main()
{
    Base b1(100); //定义基类对象 b1
    b1.show();
    Derived d1(11); //定义派生类对象 d1
    b1=d1;      //用派生类对象 d1 给基类对象 b1 赋值
    b1.show();
    Derived d2(22);//定义派生类对象 d2
    Base &b2=d2;//用派生类对象 d2 来初始化基类对象的引用 b2
    b2.show();
    Derived d3(33);//定义派生类对象 d3
    Base *b3=&d3;//把派生类对象的地址&d3 赋值给指向基类的指针 b3
    b3->show();
    Derived d4(44);//定义派生类对象 d4
    fun(d4);    //派生类对象 d4 作为函数 fun 的实参
    return 0;
}
```

程序执行结果如图 6-2 所示。

图 6-2　例 6-1 运行结果

说明：

(1) 声明为指向基类对象的指针可以指向它的公有派生的对象，但不允许指向它的私有派生的对象。例如：

```
class Base{                //声明基类 Base
…};
class Derive:private Base //声明私有派生类 Derive
{…};
int main()
{ Base op1,*ptr;  //定义基类 Base 的对象 op1 及指向基类 Base 的指针 ptr
Derive op2;      //定义派生类 Derive 的对象 op2
ptr=&op1;        //将指针 ptr 指向基类对象 op1
ptr=&op2;//错误,不允许将指向基类 Base 的指针 ptr 指向它的私有派生类对象 op2
…
}
```

(2) 允许将一个声明为指向基类的指针指向其公有派生类的对象，但是不能将一个声明为指向派生类对象的指针指向其基类的对象。例如：

```
class Base{
…
};
class Derived:public Base{
…
};
int main()
{ Base obj1;//定义基类对象 obj1
Derived obj2,*ptr;//定义派生类对象 obj2 及指向派生类的指针 ptr
ptr= &obj2;//将指向派生类对象的指针 ptr 指向派生类对象 obj2
ptr= &obj1;//错误,试图将指向派生类对象的指针 ptr 指向其基类对象 obj1
…
}
```

（3）当用公有派生类的对象来替代基类对象时，只能使用从基类继承来的成员，而不能使用派生类中新增的成员。

【例 6-2】 在兼容赋值情况下，只能访问从基类继承的成员的实例。

```
#include<iostream>
using namespace std;
class Base{                    //声明基类 Base
  public:
    int i;
    Base(int x){ i=x;}  //基类的构造函数
    void show()              //成员函数
    { cout<<"Base "<<i<<endl;}
};
class Derived:public Base{    //声明公有派生类 Derived
  public:
    Derived(int x):Base(x){ }    //派生类的构造函数
    void disp()                   //派生类中新增成员函数 disp
    { cout<<"Derived  "<<endl;}
};
int main()
{
    Base b1(100);
    Derived d1(11);
    b1=d1;
    b1.show();  //正确
    b1.disp();  //错误,disp 不是基类的成员
    Derived d2(22);
    Base &b2=d2;
    b2.show();   //正确
    b2.disp();   //错误,disp 不是基类的成员
    Derived d3(33);
    Base *b3=&d3;
    b3->show();   //正确
```

```
    b3->disp();    //错误,disp 不是基类的成员
    return 0;
}
```

在此例中,有 3 行错误,因为 disp 是派生类 Derived 新增的成员,不是基类的成员,所以基类的对象、引用、指针不能访问 disp。

若将派生类 Derived 中的 disp 改名为 show(与基类中的 show 重名),通过基类的对象、引用、指针访问的 show 也是基类 Base 中的 show。

6.3 虚函数

在上节的例 6-2 中遇到一个问题:在派生类中存在对基类函数的重载,实际上通过指向派生类对象的基类引用或基类指针调用重载函数时,却调用了基类中的原函数。能否根据实际指向的对象调用对应的重载函数呢?

6.3.1 虚函数的引入

在基类的成员函数 show 前添加关键字 virtual,并修改例 6-2。

【例 6-3】 虚函数的引入。

```
#include<iostream>
using namespace std;
class Base{                    //声明基类 Base
    int i;
  public:
    Base(int x){ i=x;}  //基类的构造函数
    virtual void show()            //添加关键字 virtual
    { cout<<"Base "<<i<<endl;}
};
class Derived:public Base{     //声明公有派生类 Derived
  public:
    Derived(int x):Base(x){ }     //派生类的构造函数
    void show()                  //派生类中新增成员函数
    { cout<<"Derived  "<<endl;}
};
void fun(Base &bb)       //普通函数,形参为基类对象的引用
{ bb.show();}
int main()
{
    Base b1(100);//定义基类对象 b1
    Derived d1(11);//定义派生类对象 d1
    b1=d1;      //用派生类对象 d1 给基类对象 b1 赋值
    b1.show();
    Derived d2(22);//定义派生类对象 d2
    Base &b2=d2;//用派生类对象 d2 来初始化基类对象的引用 b2
    b2.show();
    Derived d3(33);//定义派生类对象 d3
```

```
    Base *b3=&d3; //把派生类对象的地址 &d3 赋值给指向基类的指针 b3
    b3->show();
    Derived d4(44); //定义派生类对象 d4
    fun(d4);        //派生类的对象 d4 作为函数 fun 的实参
    return 0;
}
```

程序执行结果如图 6-3 所示。

```
Base 11
Derived
Derived
Derived
请按任意键继续. . .
```

图 6-3　例 6-3 运行结果

从运行结果可以看出，此时通过实际上指向派生类对象的基类引用 b2、实际上指向派生类对象的基类指针 b3，调用重载函数 show 时，调用的是派生类 Derived 中的重载函数 show。

在此例中，因为关键字 virtual，基类中的成员函数 show 成为虚函数，不管有多少层，一旦在基类中声明为虚函数，则它指示 C++编译器采用晚绑定的方式，将在运行时根据类对象的类型动态决定调用基类或派生类的函数。可见，虚函数与派生类的结合可使 C++支持运行时的多态性。定义虚函数的格式如下：

```
class 基类名{
  ……
  virtual 返回值类型 将要在派生类中重载的函数名(参数列表);
};
```

【例 6-4】 虚函数的定义举例。

```
#include<iostream>
using namespace std;
class Grandam{                                   //声明基类 Grandam
  public:
     virtual void introduce_self()          //定义虚函数 introduce_self
     { cout<<"I am grandam."<<endl;}
};
class Mother:public Grandam{               //声明派生类 Mother
   public:
      void introduce_self()                  //重新定义虚函数 introduce_self
      { cout<<"I am mother."<<endl;}
};
class Daughter:public Mother{          //声明派生类 Daughter
   public:
     void introduce_self()                  //重新定义虚函数 introduce_self
     { cout<<"I am daughter."<<endl;}
};
int main()
{
```

```
    Grandam *ptr;                    //定义指向基类的对象指针 ptr
    Grandam g;                       //定义基类对象 g
    Mother m;                        //定义派生类对象 m
    Daughter d;                      //定义派生类对象 d
    ptr=&g;                          //对象指针 ptr 指向基类对象 g
    ptr->introduce_self();           //调用基类 Grandam 的虚函数
    ptr=&m;                          //对象指针 ptr 指向派生类对象 m
    ptr->introduce_self();           //调用派生类 Mother 的虚函数
    ptr=&d;                          //对象指针 ptr 指向派生类对象 d
    ptr->introduce_self();           //调用派生类 Daughter 的虚函数
return 0;
}
```

程序执行结果如图 6-4 所示。

图 6-4　例 6-4 运行结果

当执行 ptr－＞introduce_self()时，ptr 指向不同的对象，就执行不同类中的 introduce_self 函数。我们把使用同一种调用形式“ptr－＞introduce_self()”，调用同一类族中不同类的虚函数称为动态的多态性，即运行时的多态性。

可以看到，程序只在基类 Grandam 中显式定义了 introduce_self 为虚函数。而在派生类中，没有用 virtual 显式地给出虚函数声明，这时系统就会遵循以下规则来判断这个成员函数是不是虚函数：①该函数与基类的虚函数有相同的名称；②该函数与基类的虚函数有相同的参数个数及相同的对应参数类型；③该函数与基类的虚函数有相同的返回类型或者满足赋值兼容规则的指针、引用型的返回类型。

派生类中的函数满足以上条件，就被自动定为虚函数。因此，在本程序的派生类 Mother 中，ptr－＞introduce_self()仍为虚函数，在 Mother 的派生类 Daughter 中，ptr－＞introduce _self()还是虚函数。

使用虚函数时需要注意以下几点：

(1) 由于虚函数使用的基础是赋值兼容规则，而赋值兼容规则成立的前提条件是派生类从其基类公有派生。因此，通过定义虚函数来使用多态性机制时，派生类必须从它的基类公有派生。

(2) 必须在基类中声明虚函数，在基类中，声明虚函数原型需加上 virtual，而在类外定义虚函数时，则不必再加 virtual。

(3) 如果在派生类中没有对基类的虚函数重新定义，则公有派生类继承其直接基类的虚函数。一个虚函数无论被公有继承多少次，它仍然保持其虚函数的特性。

(4) 在派生类中重新定义该虚函数时，关键字 virtual 可以写也可以不写。但是，为了使程序更加清晰，最好在每一层派生类中定义该函数时都加上关键字 virtual。

(5) 普通对象调用虚函数，系统仍然以静态绑定方式调用函数。因为编译器编译时能确切知道对象的类型，能确切调用其成员函数，例如例 6-3 中的 b1. show()。只有通过基类指针、引用访问虚函数时才能获得运行时的多态性，例如例 6-3 中的 b3－＞show()和 b2. show()。

(6) 虚函数必须是其所在类的成员函数，而不能是友元函数，也不能是静态成员函数，因为虚函数调用要靠特定的对象来决定该激活哪个函数。

(7) 内联函数不能是虚函数，因为内联函数是不能在运行中动态确定其位置的。即使虚函数在类的内部定义，编译时仍将其看作是非内联的。

(8) 编译器把名称相同、参数不同的函数看作不同的函数。基类和派生类中有相同名字但参数列表不同的函数，不需要声明为虚函数。

(9) 构造函数不能是虚函数，但是析构函数可以是虚函数，而且通常说明为虚函数。

6.3.2 虚析构函数

因为构造函数有其特殊的工作，它处在对象创建初期，首先调用基类构造函数，然后调用按照继承顺序派生的派生类的构造函数。所有构造函数不能声明为虚函数。析构函数调用顺序与构造函数完全相反，从最晚派生类开始，依次向上到基类。析构函数确切地知道它是从哪个类派生而来的。

【例 6-5】 虚析构函数的引例 1。

```
#include<iostream>
using namespace std;
class Base{
 public:
    ~Base()
    { cout<<"调用基类 Base 的析构函数\n";}
};
class Derived:public Base{
public:
    ~Derived()
  { cout<<"调用派生类 Derived 的析构函数\n";}
};
int main()
{
   Derived obj;
   return 0;
}
```

程序执行结果如图 6-5 所示。

图 6-5 例 6-5 运行结果

显然，本程序的结果是符合预期的。但若是在 main 中用 new 建立某个派生类的无名对象，并将其地址赋值给某个基类的指针，当用 delete 撤销无名对象时，系统只执行基类的析构函数，而不执行派生类的析构函数。

【例 6-6】 虚析构函数的引例 2。

```
#include<iostream>
using namespace std;
class B{
public:
    ~B()
   { cout<<"调用基类 B 的析构函数\n";}
};
class D:public B{
public:
    ~D()
   { cout<<"调用派生类 D 的析构函数\n";}
};
int main()
{
    B *p;              //定义指向基类 B 的指针变量 p
    p=new D;           //用 new 建立派生类的无名对象,并将其地址赋值给 p
    delete p;          //用 delete 撤销无名对象
    return 0;
}
```

程序执行结果如图 6-6 所示。

图 6-6　例 6-6 运行结果

本程序只执行了基类 B 的析构函数,而没有执行派生类 D 的析构函数。原因是当撤销指针 P 所指的派生类的无名对象,调用析构函数时,采用了静态联编方式,只调用了基类 B 的析构函数。这导致派生类无名对象销毁时没有"完全"释放空间。

声明虚析构函数的一般格式为:

```
virtual ～类名()
{ 函数体 }
```

可将例 6-6 中基类 B 的析构函数声明为虚析构函数:

```
class B{
public:
   virtual ~B()
   { cout<<"调用基类 B 的析构函数\n";}
};
```

则程序执行结果如图 6-7 所示。

图 6-7　例 6-6 运行结果(修改后)

所以，析构函数能够且常常必须是虚函数。

说明：

（1）虚析构函数没有类型，也没有参数。

（2）如果将基类的析构函数定义为虚函数，由该基类所派生的所有派生类的析构函数也都自动成为虚函数。

6.4 纯虚函数与抽象类

6.4.1 纯虚函数

在实际工作中往往需要定义这样一个类，对这个类中的处理函数（方法）只需要说明函数的名称、参数列表及返回值的类型，也就是只提供一个接口，以说明和规范其他程序对此服务的调用。至于这个函数如何实现，则根据具体需要在派生类中定义即可。如例 6-7 中，Shape 是一个基类，它表示具有封闭图形的东西。从 Shape 可以派生出三角形类、矩形类和圆类。在这个类等级中基类 Shape 体现了一个抽象的概念，在基类 Shape 中定义一个求面积的函数显然是无意义的，但是我们可以将其说明为虚函数，为它的派生类提供一个公共的界面，各派生类根据所表示的图形的不同，重定义这些虚函数，以提供求面积的各自版本。为此，C++引入了纯虚函数的概念。

纯虚函数是在声明虚函数时被“初始化”为 0 的虚函数。声明纯虚函数的一般形式如下：

virtual 返回值类型 函数名称(参数列表)=0;

纯虚函数的作用是在基类中为其派生类保留一个函数的名字，以便派生类根据需要对它进行重新定义。

纯虚函数的特点：

（1）纯虚函数没有函数体；

（2）最后面的“=0”并不表示函数的返回值为 0，它只起形式上的作用，告诉编译系统“这是纯虚函数”；

（3）纯虚函数不具备函数的功能，不能被调用。

【例 6-7】 应用 C++的多态性，计算三角形、矩形和圆的面积。

```
#include<iostream>
using namespace std;
class Shape {          //定义一个基类 Shape
protected:
    double x,y;
 public:
    Shape(double a,double b){ x=a;y=b;}
    virtual void area() =  0;   //定义一个纯虚函数，作为界面接口
};
class Triangle:public Shape {//定义三角形派生类
 public:
    Triangle(double a,double b):Shape(a,b){ }
    void area()      //虚函数重定义，求三角形面积
```

```
        {
          cout<<"三角形的高是"<<x<<",底是 "<<y;
          cout<<",面积是"<<0.5*x*y<<endl;
        }
};
class Square:public Shape {
 public:
        Square(double a,double b):Shape(a,b){   }
        void area()  //虚函数重定义,求矩形面积
        {
          cout<<"矩形的长是"<<x<<",宽是 "<<y;
          cout<<",面积是"<<x*y<<endl;
        }
};
class Circle:public Shape {
 public:
        Circle(double a):Shape(a,a){   }
        void area()    //虚函数重定义,求圆形面积
        {
          cout<<"圆的半径是"<<x;
          cout<<",面积是"<<3.1416*x*x<<endl;
        }
 };
int main()
{
        Shape *p;               //定义基类指针 p
        Triangle t(10.0,6.0);  //定义三角形类对象 t
        Square s(10.0,6.0);     //定义矩形类对象 s
        Circle c(10.0);         //定义圆类对象 c
        p=&t;
        p->area();      //计算三角形面积
        p=&s;
        p->area();      //计算矩形面积
        p=&c;
        p->area();     //计算圆形面积
        return 0;
}
```


程序执行结果如图 6-8 所示。

图 6-8　例 6-7 运行结果

本例中,公共基类 Shape 中定义了一个虚函数 area 作为界面接口,在 3 个派生类 Triangle、Square 和 Circle 中重新定义了虚函数 area,分别用于计算三角形、矩形和圆形的面

积。由于p是基类的对象指针,用同一种调用形式“p→area();”,就可以调用同一类族中不同类的虚函数。

这就是多态性,对同一消息不同的对象有不同的响应方式。

6.4.2 抽象类

如果一个类至少有一个纯虚函数,那么就称该类为抽象类。因此,上例中的类Shape就是抽象类。

抽象类的作用是作为一个类族的共同基类,去建立派生类。抽象类作为一种基本类型提供给用户,用户在这个基础上根据自己的需要定义出功能各异的派生类,并用这些派生类去建立对象。对于抽象类的使用有以下几点规定:

(1) 抽象类只能用作其他类的基类,不能建立抽象类对象。抽象类处于继承层次结构的较上层,抽象类自身无法实例化,只能通过继承机制,生成抽象类的非抽象派生类,然后再实例化。

(2) 不允许从具体类派生出抽象类。所谓具体类,就是不包含纯虚函数的普通类。

(3) 抽象类不能用作函数的参数类型、函数的返回类型或显式转换的类型。

(4) 可以声明一个抽象类的指针和引用。通过指针或引用,可以指向并访问派生类对象,以访问派生类的成员,进而实现多态性。

(5) 抽象类派生出新的类之后,如果派生类给出所有纯虚函数的实现,这个派生类就可以声明自己的对象,因而不再是抽象类;反之,如果派生类没有给出全部纯虚函数的实现,这时的派生类仍然是一个抽象类。

 6.5 应用举例

【例6-8】 应用抽象类,求圆、圆内接正方形和圆外切正方形的面积和周长。

功能:利用继承和多态,求得圆、圆内接正方形和圆外切正方形的面积和周长。

(1) 类的设计:声明公共基类Figure为抽象类,如图6-9所示,在其中定义求面积和周长的纯虚函数area和perimeter作为界面接口。抽象类有3个派生类Circle、In_square和Ex_square,分别求圆、圆内接正方形和圆外切正方形的面积和周长。根据各自的功能,每个派生类定义了虚函数area和perimeter,以计算各自的面积和周长。

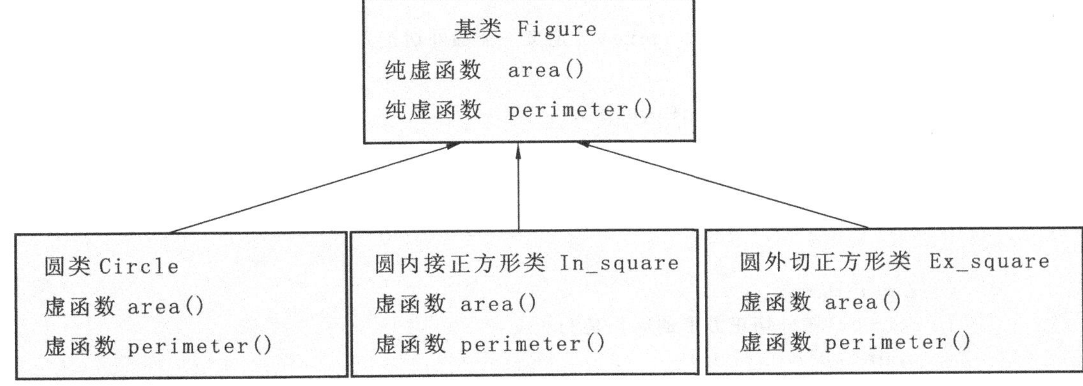

图6-9 基类Figure

(2) 源程序：

```
#include<iostream>
using namespace std;
class Figure{      //定义一个抽象类 Figure
protected:
   double r;
public:
   Figure(double x){ r=x;}
   virtual void area()=0;           //纯虚函数
   virtual void perimeter()=0;  //纯虚函数
};
class Circle:public Figure{  // 定义一个圆派生类
public:
   Circle(double x):Figure(x){  }
   void area()         //在类 Circle 中重定义虚函数 area()
   { cout<<"圆的面积是"<<3.14*r*r<<endl;  }
   void perimeter( )  //在类 Circle 中重定义虚函数 perimeter( )
   { cout<<"圆的周长是";
       cout<<2*3.14*r<<endl;
   }
};
class In_square:public Figure{  //定义一个圆内接正方形类
public:
   In_square(double x):Figure(x){ }
   void area()
   { cout<<" 圆内接正方形的面积是";
     cout<<2*r*r<<endl;
   }
   void perimeter( )
   { cout<<"圆内接正方形的周长是";
     cout<<4*1.414*r<<endl;
   }
};
class Ex_square:public Figure{ //定义一个圆外切正方形类
public:
    Ex_square(double x):Figure(x){ }
    void area()
   {   cout<<" 圆外切正方形的面积是";
       cout<<4*r*r<<endl;
   }
   void perimeter( )
   {   cout<<"圆外切正方形的周长是";
       cout<<8*r <<endl;
   }
};
```

```
int main()
{
  Figure *ptr;        //定义抽象类 Figure 的指针 ptr
  Circle ob1(5);      //定义类 Circle 的对象 ob1
  In_square ob2(5);//定义类 In_square 的对象 ob2
  Ex_square ob3(5);//定义类 Ex_square 的对象 ob3
  ptr=&ob1;ptr->area();//求圆的面积
  ptr->perimeter();      //求圆的周长
  ptr=&ob2;ptr->area();//求圆内接正方形的面积
  ptr->perimeter();      //求圆内接正方形的周长
  ptr=&ob3;ptr->area();//求圆外切正方形的面积
  ptr->perimeter();      //求圆外切正方形的周长
  return 0;
}
```

(3) 运行结果如图 6-10 所示。

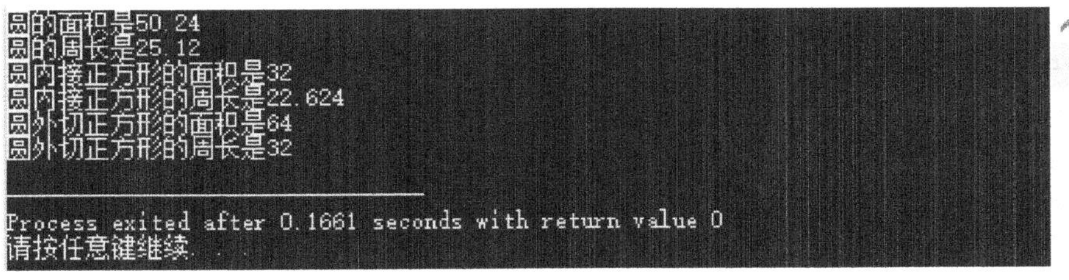

图 6-10　例 6-8 运行结果

习　　题

6-1　在 C＋＋中，多态性可以划分为哪两类？它们主要通过什么方法实现？

6-2　在类的派生中为何要引入虚基类？虚基类构造函数的调用顺序是如何规定的？

6-3　什么是纯虚函数？什么是抽象类？

6-4　关于虚函数，正确的描述是(　　)。

A. 构造函数不能是虚函数　　B. 析构函数不能是虚函数

C. 虚函数可以是友元函数　　D. 虚函数可以是静态成员函数

6-5　下列关于虚函数的说法，正确的是(　　)。

A. 虚函数是一个 static 类型的成员函数

B. 虚函数是一个非成员函数

C. 基类中采用 virtual 声明一个虚函数后，派生类中定义相同原型的函数时可以不加 virtual 声明

D. 派生类中的虚函数与基类中相同原型的虚函数具有不同的参数个数或类型

6-6　实现编译时多态主要是通过(　　)实现的。

A. 重载函数　　B. 友元函数　　C. 构造函数　　D. 虚函数

6-7　如果在基类中将 show 声明为不带返回值的纯虚函数，正确的写法是(　　)。

A. virtual show() ＝0;　　B. virtual void show();

C. virtual void show()＝0;　　D. void show()＝0 virtual;

6-8 下面关于纯虚函数与抽象类的描述中,错误的是(　　)。

A. 纯虚函数是一种特殊的函数,它允许没有具体的实现

B. 抽象类是指具有纯虚函数的类

C. 一个基类的说明中有纯虚函数,该基类的派生类一定不再是抽象类

D. 抽象类只能作为基类来使用,其纯虚函数的实现由派生类给出

6-9 以下关于基类和派生类的说法中,错误的是(　　)。

A. 公有派生类对象可以向其基类对象赋值

B. 不能将一个声明为指向派生类对象的指针指向其基类的对象

C. 声明为指向基类的指针可以指向它的公有派生类对象

D. 可以通过指向公有派生类的基类指针访问派生类中新增的公有成员

6-10 指出程序中 main 函数中的一处错误(有两处错误),并简述原因并改正。

```
#include<iostream>
using namespace std;
class Base
{
private:  int x;
public:  void SetX(int i) {x=i;}
         int GetX() {return x;}
};
class Derived : public Base
{
private:  int y;
public:   void SetY(int i) {y=i;}
          int GetY() {return y;}
};
int main()
{
   Base b_ob;//定义基类对象 b_ob
   Base *p=&b_ob;
   p->SetX(11);
   cout<<"base object x:"<<p->GetX()<<endl;
   Derived d_ob;//定义派生类对象 d_ob
   p=&d_ob;
   p->SetX(55);
   cout<<"base object x:"<<p->GetX()<<endl;
   p->SetY(99);
  cout<<"derived object y:"<<p->GetY(K<endl;
}
```

6-11 下面的程序段中虚函数被重新定义的方法正确吗？为什么？

```
class base { public:
virtual int f (int a)=0;
};
class derivedrpublic base { public:
int f (int a,int b)
```

```
{ return a *b;
}
};
```

6-12　写出下面程序的运行结果。

```
#include<iostream>
using namespace std;
class B0
{ public:
    virtual void display()
    {cout<<"B0::display()"<<endl;}
};
class B1:public B0
{ public:
    void display()
    {cout<<"B1::display()"<<endl;}
};
class D2:public B1
{ public:
     void display()
     { cout<<"D2::display()"<<endl;}
};
void fun(B0 *p)
{p->display();}
int main()
{ B0 b0;
  B1 b1;
  D2 d1;
  B0 *p;
  p=&b0;
  fun(p);
  p=&b1;
  fun(p);
  p=&d1;
  fun(p);
  return 0;
}
```

6-13　给出下面的基类：

```
class area_cl {
protected:
    double height;
    double width;
public:
    area_cl (double r,double s)
    { height=r;width=s;}
virtual double area ( )=0;
};
```

要求：

(1) 建立基类 area_cl 的两个派生类 rectangle 与 isosceles，让每一个派生类都包含一个函数 area()，分别用来返回矩形与三角形的面积。用构造函数对 height 与 width 进行初始化。

(2) 写出主程序，用来求 height 与 width 分别为 10.0 与 5.0 的矩形面积，以及求 height 与 width 分别为 4.0 与 6.0 的三角形面积。

(3) 通过使用基类指针访问虚函数的方法(即运行时的多态性)分别求出矩形和三角形的面积。

6-14 定义基类 Base，其数据成员为高 h，定义成员函数 disp 为虚函数，然后再由 High 派生出长方体 Cuboid 与圆柱体 Cylinder，并在两个派生类中定义成员函数 disp 为虚函数。在主函数中，用基类 Base 定义指针变量 pc，然后用指针 pc 动态调用基类与派生类中的虚函数 disp，显示长方体与圆柱体的体积。

第7章 运算符重载

【学习目标】

(1) 理解运算符重载。

(2) 掌握成员函数重载运算符。

(3) 掌握友元函数重载运算符。

(4) 理解并掌握引用在运算符重载中的作用。

(5) 理解类型转换的必要性,掌握类型转换的使用方法。

运算符重载是面向对象程序设计的重要特点。运算符重载是指对已有的运算符赋予多重含义,使同样的运算符可以施加于不同类型的数据上面产生不同的行为,是一种静态联编的多态。在C++中经重载后的运算符能直接对用户自定义的数据进行运算。

本章将重点介绍有关运算符重载方面的内容。为了能自由地使用重载后的运算符,往往需要在自定义的数据类型和预定义的数据类型之间进行相互转换,或者需要在不同的自定义数据类型之间进行相互转换,因此,本章还将讲述类型的转换。

7.1 运算符重载的基本概念

与函数重载相似,运算符也可以重载。C++语言预定义的运算符只适用于基本数据类型。为了解决一些实际问题,程序员经常会定义一些新类型,即自定义类型,然而C++不允许生成新的运算符,因此为了实现对自定义类型的操作,就必须自己来编写程序,说明某个运算函数如何作用于这些数据类型,这样程序的可读性差。针对这种情况,C++允许重载现有的大多数运算符,也就是允许给已有的运算符赋予新的含义,从而提高了C++的可扩展性,使得针对同样的操作,使用重载运算符比使用显式函数调用更能提高程序的可读性。

C++语言对运算符重载进行了以下规定。

(1) 只能重载C++语言中原先已定义的运算符,不能自己"创造"新的运算符进行重载。

(2) C++中绝大部分的运算符允许重载,不能重载的运算符只有以下几个:

.	成员访问运算符
.*	成员指针访问运算符
::	作用域运算符
sizeof	长度运算符
?:	条件运算符

(3) 不能改变运算符原有的优先级和结合性。C++语言已预先规定了每个运算符的优先级和结合性,以决定运算次序。不能改变其运算次序,如果确实需要改变,只能采用加括号"( )"的办法。

(4) 不能改变运算符对预定义类型数据的操作方式,但是可以根据实际需要,对原有运算符进行适当的改造与扩充。

(5) 运算符重载有两种方式:重载为类的成员函数和重载为类的友元函数。

C++为运算符重载提供了一种方法，即在运算符重载时，必须写一个运算符函数，其名字规定为：

```
operator 要重载的运算符
```

例如“+”，应该写一个名字为“operator +”的函数，在运算符重载函数中定义重载的运算符将要进行的操作。

 7.2 成员函数重载运算符

C++允许重载大多数运算符。运算符重载函数可以是类的成员函数，也可以是类的友元函数。成员函数重载运算符的原型在类的内部，格式为：

```
class  类名{
//……
返回类型  operator  运算符(形参表);
//……
};
```

成员运算符重载函数可以在类内定义，也可以在类外定义，在类外定义成员运算符重载函数的格式如下：

```
返回类型 类名::operator 运算符(形参表)
{
    //函数体
}
```

说明：

(1) 返回类型是指运算符重载函数的运算结果类型，运算符重载函数可以返回任何类型，甚至可以是 void 类型，但通常返回类型与它所操作的类的类型相同，这样可以使重载运算符用在复杂的表达式中。例如，可以将几个复数连续进行加运算：A4=A3+A2+A1。

(2) 形参表中给出运算符重载函数所需要的参数和类型。C++编译器根据参数的个数和类型来决定调用哪个重载函数。因此，可以为同一个运算符定义几个运算符重载函数来进行不同的操作。

(3) 因为成员运算符重载函数要通过它所操作的类的对象进行调用，这个对象就是其中的一个操作数，由 this 指向，故在成员运算符重载函数的形参表中，若运算符是单目的，则参数表通常为空；若运算符是双目的，则参数表中有一个操作数。

7.2.1 单目运算符重载

因为这时的操作数为访问该重载运算符的对象本身的数据，该对象由 this 指针指向，所以参数表为空。

单目运算符的调用有两种方式：显式调用和隐式调用。

(1) 显式调用格式：

```
对象名.operator 运算符()
```

(2) 隐式调用格式：

重载的运算符 对象名

【例 7-1】 重载"－"运算符。

```
#include<iostream>
#include<iomanip>
using namespace std;
#include<string>
class Point
{
private:
    int x,y;
public:
    Point(int i=0,int j=0);
    Point operator-();     //成员运算符重载函数,重载"-"号
    void print();
};
Point::Point(int i,int j)
{
    x=i;
    y=j;
}
void Point::print()
{
    cout<<"(x,y)"<<setw(5)<<"("<<x<<","<<y<<")"<<endl;
}
Point Point::operator-()   //在类外定义成员运算符重载函数,参数表为空
{
    x=-x;  //相当于 this->x=-this->x
    y=-y;  //相当于 this->y=-this->y
    return *this;
}
int main()
{
    Point ob1(1,2);
    cout<<"ob1:"<<endl;
    ob1.print();
    cout<<"-ob1:"<<endl;
    ob1.operator-();     //显示调用,操作数为 ob1
    //ob1=-ob1;          //隐式调用,操作数为 ob1
    ob1.print();
    return 0;
}
```

程序执行结果如图 7-1 所示。

程序中,对象 ob1 的数据成员的初始值为 1,2;然后调用重载的"－"运算符实现对 ob1 的数据成员 x 和 y 的求负运算。

```
C:\WINDOWS\system32\cmd.exe
ob1:
(x,y)    (1,2)
-ob1:
(x,y)    (-1,-2)
请按任意键继续. . .
```

图 7-1 例 7-1 运行结果

7.2.2 双目运算符重载

对于双目运算符而言，成员运算符重载函数的参数表中仅有一个参数：参数表中的参数作为右操作数；当前对象作为左操作数，它是通过 this 指针隐含地传递给函数的。

双目运算符的调用也有两种方式：显式调用和隐式调用。

(1) 显式调用格式：

对象名. operator 运算符(参数)

(2) 隐式调用格式：

对象名 重载的运算符 参数

【例 7-2】 重载"+"运算符，以实现复数的加减运算。

```
#include<iostream>
using namespace std;
#include<string>
class Complex      //定义复数类
{
private:
    double real;   //实部
    double imag;   //虚部
public:
    Complex(double r=0.0,double i=0.0);
    void print();
    Complex operator+(Complex a);     //重载加法运算符
    Complex operator-(Complex a);     //重载减法运算符
};
Complex::Complex(double r,double i):real(r),imag(i){}
Complex Complex::operator+(Complex a)  //类外定义加法运算符
{
    Complex temp;
    temp.real=real+a.real;
    temp.imag=imag+a.imag;
    return temp;
}
Complex Complex::operator-(Complex a)  //类外定义减法运算符
{
    Complex temp;
    temp.real=real-a.real;
```

```
        temp.imag=imag-a.imag;
        return temp;
    }
    void Complex::print()
    {
        cout<<real;
        if(imag>0)
            cout<<"+";
        if(imag!=0)
            cout<<imag<<"i"<<endl;
    }
    int main()
    {
        Complex com1(1.1,2.2),com2(3.3,4.4),total;
        total=com1+com2;            //隐式调用
        total.print();
        total=com1-com2;            //隐式调用
        total.print();
        return 0;
    }
```

程序执行结果如图 7-2 所示。

图 7-2　例 7-2 运行结果

程序中,对“+”和“-”做了重载,用于实现复数的加减运算。从 main 函数的语句中可以看出,经重载后的运算符的使用方法和普通运算符的基本一样,但编译系统会自动完成相应的运算符重载函数的调用过程。例如:“total=com1+com2;”,编译系统首先将 com1+com2 解释为 com1. operator+(com2),从而调用运算符重载函数 operator+(Complex a),然后再将运算符重载函数的返回值赋给 total。减法同样。在编译解释 com1-com2 时,由于成员函数隐含了一个 this 指针,因此在解释 com1-com2 时,相当于 com1. operator-(com2)。

7.2.3　自增和自减运算符重载

自增“++”和自减“--”运算符是单目运算符,分前缀和后缀两种。在 C++中经常使用前缀和后缀“++”“--”运算符,如果将“++”(或“--”)运算符置于变量前,C++在引用变量前先加 1(或先减 1);如果将“++”(或“--”)运算符置于变量后,C++在引用变量后使变量加 1(或减 1)。

因为“++”和“--”运算符是单目运算符,只考虑这一点的话,成员运算符重载函数的参数表为空,但为了区分前缀和后缀的“++”和“--”,在后缀的成员运算符重载函数中添加一个 int 型参数。这个参数仅起标记的作用。

当成员函数重载“++”“--”运算符时,有以下方式:

```
类名 operator ++()      //前缀方式
类名 operator ++(int)   //后缀方式
类名 operator --()      //前缀方式
类名 operator --(int)   //后缀方式
```

【例 7-3】 重载"++"和"--"运算符。

```
#include<iostream>
using namespace std;
#include<string>
class Point
{
private:
    int x,y;
public:
    Point(int i=0,int j=0);
    Point operator ++();        //声明前缀++
    Point operator --();        //声明前缀--
    Point operator ++(int);     //声明后缀++
    Point operator --(int);     //声明后缀--
    void print();
};
Point::Point(int i,int j):x(i),y(j) {}
void Point::print()
{ cout<<"("<<x<<","<<y<<")"<<endl;}
Point Point::operator ++()   //定义前缀++
{  //先完成 x,y 的加 1,然后返回加 1 后的结果*this
    ++x;
    ++y;
    return *this;
}
Point Point::operator --() //同上
{
    --x;
    --y;
    return *this;
}
Point Point::operator ++(int)//定义后缀++
{  //先保存自增前的结果,再完成 x,y 的加 1,然后返回加 1 前的结果 temp
    Point temp=*this;      //保存原对象值
    x++;
    y++;
    return temp;
}
Point Point::operator --(int)
{
```

```
    Point temp=*this;     //保存原对象值
    x--;
    y--;
    return temp;
}
int main()
{
    Point ob1(1,2),ob2(4,5),ob;
    cout<<"ob1:";
    ob1.print();
    cout<<"ob=++ob1:"<<endl;
    ob=++ob1;                        //前缀++运算符重载
    cout<<"ob1:";
    ob1.print();
    cout<<"ob:";
    ob.print();
    cout<<endl;
    cout<<"ob2:";
    ob2.print();
    cout<<"ob=--ob2:"<<endl;
    ob=--ob2;                        //前缀--运算符重载
    cout<<"ob2:";
    ob2.print();
    cout<<"ob:";
    ob.print();
    cout<<endl;
    cout<<"ob=ob1++"<<endl;
    ob=ob1++;                        //后缀++运算符重载
    cout<<"ob1:";
    ob1.print();
    cout<<"ob:";
    ob.print();
    cout<<endl;
    cout<<"ob=ob2--"<<endl;
    ob=ob2--;                        //后缀--运算符重载
    cout<<"ob2:";
    ob2.print();
    cout<<"ob:";
    ob.print();
    return 0;
}
```

程序执行结果如图 7-3 所示。

说明：

（1）在执行语句“ob=++ob1;”时，编译系统解释为 ob=ob1.operator++()，对 ob1 的数据成员进行加 1 运算，指针 this 指向 ob1，返回 * this，即返回加 1 后的结果并赋值给 ob，实现 ob 变量引用自增后的 ob1。ob=--ob2 的过程与上相同，只是将“+”号换成“-”号。

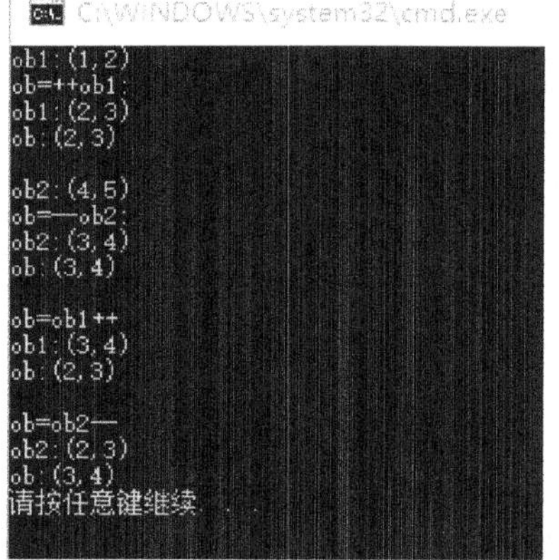

图 7-3　例 7-3 运行结果

（2）在执行语句“ob=ob1++;”时，编译系统解释为 ob=ob1.operator++(int)，先保存 ob1 的值在临时对象 temp 中，接着对 ob1 的数据成员进行加 1 运算，完成对象自增，然后返回自增前的结果 temp，并将返回值赋给 ob，实现 ob 变量引用自增前的 ob1。ob=ob2--的过程与上相同，也只是将“+”号换成“-”号。

（3）在后缀“++”和“--”运算符重载函数中的整型参数，并不使用，仅用于区别“++”和“--”运算符是前缀还是后缀，因此参数表中的值给出了类型名，而没有参数名。

如此实现了前缀和后缀“++”“--”的成员函数重载。

7.2.4　赋值运算符重载

一般而言，用于类对象的运算符必须重载，但是赋值运算符“=”例外，用户不必进行重载。C++系统为每一个新声明的类重载了一个赋值运算符函数，而且通常情况下，默认的赋值运算符函数可以完成赋值任务，但在某些特殊情况下，如类中有指针类形式，就不能进行直接相互赋值。

【例 7-4】　指针悬挂问题。

```
#include<iostream>
#include<iomanip>
using namespace std;
#include<cstring>
class Student
{
private:
    char *name;
    int score;
public:
    Student(const char *na,int s);
    //Student &operaor=(const Student &);//声明重载的“=”运算符
    ~Student();
    void print();
};
Student ::Student(const char *na,int s)
{   name=new char[strlen(na)+1];
    strcpy(name,na);
    score=s;
}
/*Student & Student::operator=(const Student &p) //定义重载的“=”运算符
{
    if(this==&p)       //避免 p=p 的赋值
        return *this;
    delete name;     //删除掉原空间
```

```
    name=new char[strlen(p.name)+ 1];//分配新空间
    strcpy(name,p.name);            //字符串拷贝
    return *this;
}*/
Student ::~Student()
{  delete name;}
void Student ::print()
{  cout<<name<<setw(5)<<score<<endl;}
int main()
{
    Student p1("zhang",90);
    Student p2("wang",80);
    cout <<"p2:";
    p2.print();
    p2=p1;      //赋值语句
    cout<<"修改后 p2:";
    p2.print();
    return 0;
}
```

程序编译正确,但运行出错。

说明:程序运行结果出错,原因是当执行主函数中赋值语句“p2=p1;”时,这时 p2 和 p1 里的 name 指针指向同一个空间,当对象 p1 和 p2 的生存期结束时,系统将调用析构函数释放空间,因为只有 1 个空间,所以只能释放 1 次,另一个指针所指的空间就不存在了,产生指针悬挂,如图 7-4 所示。

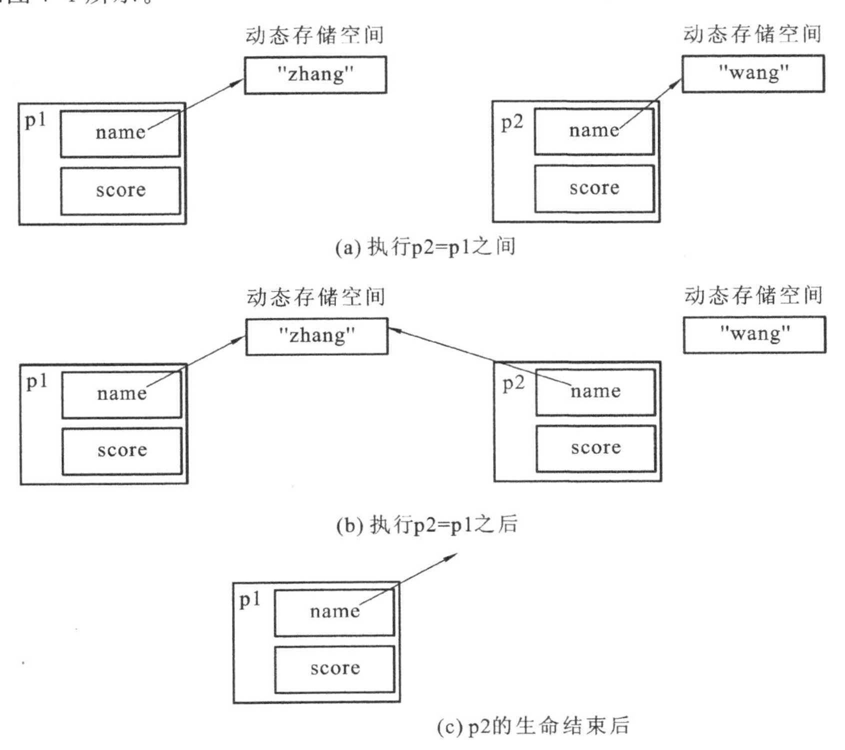

图 7-4　指针悬挂

解决方法是：重载赋值运算符解决指针悬挂问题。在类 Student 声明重载的赋值运算符函数，并在类外定义该函数，即去掉例 7-4 中声明和定义的赋值运算符重载函数代码上的注释。

程序执行结果如图 7-5 所示。

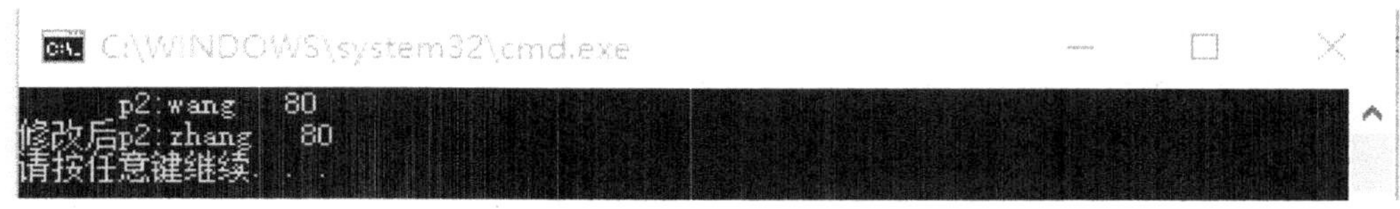

图 7-5　例 7-4 运行结果(修改后)

说明：当程序执行“p2=p1;”时，则调用赋值运算符“=”的重载函数，在函数中首先判断是不是 p1 给自己赋值，如果是，则不进行赋值操作；否则先释放 p2 中 name 成员所占空间，然后给 name 开新的空间，最后进行字符串的赋值操作。

注意：(1) 赋值运算符不能重载为友元函数，只能重载为一个非静态成员函数。
(2) 赋值运算符重载函数不能被继承。

7.2.5　下标运算符重载

当程序变得较为复杂时，有时必须重载数组下标运算符[ ]。C++重载数组运算符时认为它是双目运算符，因此重载数组下标运算符[ ]时，运算符成员函数的一般形式如下：

```
返回类型　类名::operator[] (形参)
{
    //函数体
}
```

【例 7-5】　重载下标运算符应用：用一维数组实现一个三维向量类。

```
#include<iostream>
#include<iomanip>
using namespace std;
class Vector
{
private:
    int v[3];
public:
    Vector(int a1,int a2,int a3);
    int &operator[](int bi);//声明重载下标运算符函数
};
Vector::Vector(int a1,int a2,int a3)
{   v[0]=a1;
    v[1]=a2;
    v[2]=a3;
}
```

```
int &Vector::operator [] (int bi) //定义重载下标运算符函数
{
    if(bi<0||bi>=3)  //判断数组下标的值是否越界
    {   cout<<"Bad subscript!"<<endl;
        exit(1);
    }
    return v[bi];
}
int main()
{
    int i;
    Vector v(1,3,5);
    cout<<"修改前:"<<endl;
    for(i=0;i<3;i++)
        cout<<v[i]<<setw(4);//调用 v.operator[](i)
    cout<<endl;
    for(i=0;i<3;i++)
        v[i]=2*i;      //注意 v[i]在等号的左边
    cout<<"修改后:"<<endl;
    for(i=0;i<3;i++)
        cout<<v[i]<<setw(4);//调用 v.operator[](i)
    cout<<endl;
    return 0;
}
```

程序执行结果如图 7-6 所示。

图 7-6　例 7-5 运行结果

说明：程序执行语句 cout<<v[i]<<setw(4)时，编译系统将 v[i]解释为 v. operator[](i)，从而调用运算符重载函数 operator[](int bi)。在函数中首先判断数组下标的值是否越界，如果越界，则显示相应的错误信息，否则返回下标所对应的元素的值。在定义重载[]函数时，由于返回的是一个 int 的引用，因此可以使重载的“[]”用在赋值语句的左边，所以语句 v[i]=2 * i 是合法的，从而使程序更加灵活。

注意：(1)重载下标运算符[ ]的一个优点是，可以增加 C++中数组检索的安全性。

(2)重载下标运算符[ ]时，返回一个 int 的引用，可使重载的“[ ]”用在赋值语句的左边，因而在 main 函数中，v[i]可以出现在赋值运算符的任何一边，使编制程序更灵活了。

7.2.6 函数调用运算符重载

重载函数调用运算符( )时，并不是创建新的调用函数的方法，而是创建了可传递任意数目参数的运算符函数。重载函数调用运算符( )成员函数的一般形式如下：

```
返回类型  类名::operator() (形参)
{
    //函数体
}
```

【例 7-6】 重载函数调用运算符“( )”。

```
#include<iostream>
using namespace std;
class Matrix      //定义矩阵类 Matrix
{
private:
    int *m;
    int row,col;
public:
    Matrix(int,int);
    int &operator()(int,int);//声明重载“()”函数
};
Matrix::Matrix(int r,int c)
{
    row =r;
    col =c;
    m=new int[row*col];
    for(int i=0;i<row*col;i++)
        *(m+i)=i;//等价于 m[i]
}
int &Matrix::operator()(int r,int c)//定义重载“()”函数
{
    return(*(m+r*col+c));//返回矩阵第 r 行第 c 列的元素
}
int main()
{
    Matrix aM(10,10);
    cout<<aM(3,4)<<endl;//调用 Matrix::operator()(int,int)
    aM(3,4)=35;
    cout<<aM(3,4)<<endl;//调用 aM.operator()(3,4)
    return 0;
}
```

程序执行结果如图 7-7 所示。

说明：程序中 aM(10,10)相当于一个 10 行 10 列的二维矩阵。在执行语句“cout<<aM(3,4)<<endl;”时，编译系统将 aM(3,4)解释为 aM.operator()(3,4)，从而调用运算符重载

图 7-7　例 7-6 运行结果

函数 operator()(int r,int c),然后返回矩阵第 3 行第 4 列的元素的值;语句“aM(3,4)=35;”修改矩阵第 3 行第 4 列的元素的值,之所以能够这样写,是因为函数 operator()是一个返回引用类型 int& 的函数。

 7.3　友元函数重载运算符

大多数情况下用友元函数或用成员函数重载运算符,在功能上是没有差别的。友元函数重载运算符的一般形式如下:

```
friend<函数类型>operator<重载的运算符>(<形参>)      //单目运算符重载
{ …… }      //函数体
friend <函数类型>operator<重载的运算符>(<形参 1,形参 2>)//双目运算符重载
{ …… }      //函数体
```

说明:

(1) 用友元函数重载运算符时,若运算符是单目的,则参数表中有一个操作数;如果运算符是双目的,则参数表中有两个操作数。

(2) 有的运算符不能定义为友元运算符重载函数,如赋值运算符=、下标运算符[]、函数调用运算符()等。

【例 7-7】 修改例 7-2,用友元函数重载运算符实现复数的加减运算。

```
#include<iostream>
using namespace std;
#include<string>
class Complex      //定义复数类
{
private:
    double real;   //实部
    double imag;   //虚部
public:
    Complex(double r=0.0,double i=0.0);
    void print();
    friend Complex operator+(Complex a,Complex b);//重载加法运算符
    friend Complex operator-(Complex a,Complex b);  //重载减法运算符
};
Complex::Complex(double r,double i):real(r),imag(i){}
Complex operator+(Complex a,Complex b)  //类外定义加法运算符
{
    Complex temp;
```

```
        temp.real =b.real+a.real;
        temp.imag =b.imag+a.imag;
        return temp;
    }
    Complex operator-(Complex a,Complex b)  //类外定义减法运算符
    {
        Complex temp;
        temp.real =a.real-b.real;
        temp.imag =a.imag-b.imag;
        return temp;
    }
    void Complex::print()
    {
        cout<<real;
        if(imag>0)
            cout<<"+";
        if(imag!=0)
            cout<<imag<<"i"<<endl;
    }
    int main()
    {
        Complex com1(1.1,2.2),com2(3.3,4.4),total;
        total=com1+com2;                          //隐式调用
        total.print();
        total=com1-com2;                          //隐式调用
        total.print();
        return 0;
    }
```

程序执行结果如图 7-8 所示。

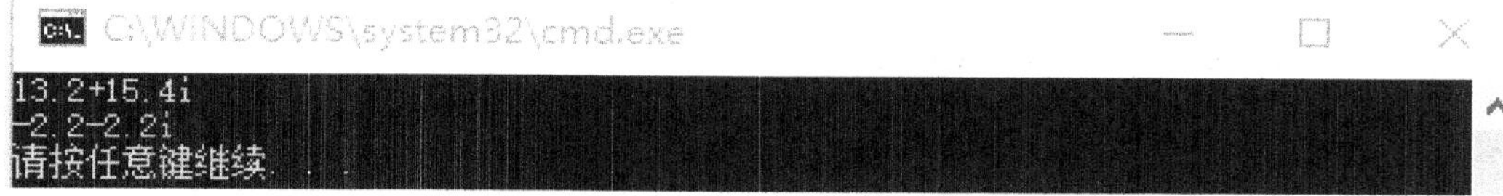

图 7-8　例 7-7 运行结果

说明：在进行复数+/−运算时，com1+com2 相当于执行函数调用 operator+(com1，com2)，com1−com2 相当于执行函数调用 operator−(com1，com2)，通过参数传递将进行+/−运算的对象 com1、com2 传递给对应的形参 a、b，在重载运算符的友元函数中实现了复数的+/−运算，最后将运算结果返回。

(1) 在函数返回的时候，有时可以直接用类的构造函数来生成一个临时对象，而不对该对象进行命名。例如：

```
Complex operator+(Complex &a,Complex &b)
{ Complex temp;
temp.real=a.real+b.real;
```

```
temp.imag=a.imag+b.imag;
return temp;}
```

改为

```
Complex operator+(Complex &a,Complex &b)
{
return Complex(a.real+b.real,a.imag+b.imag);
}
```

在此，建立一个临时对象，它没有对象名，是一个无名对象。在建立临时对象过程中调用构造函数。return 语句将此临时对象作为函数返回值。

(2) Visual C++ 6.0 提供的不带后缀.h 的头文件不支持友元运算符重载函数，在 Visual C++ 6.0 中编译会出错，这时可采用带后缀.h 的头文件。这时可将程序中的

```
#include<iostream>
using namespace std;
```

修改成

```
#include<iostream.h>
```

或者仅注释掉“using namespace std;”，将 cout、cin、endl 换为：

```
using std::cout;
using std::cin;
using std::endl;
```

【例 7-8】 以友元函数的方式重载“++”运算符——修改例 7-3。

```
#include<iostream>
using namespace std;
#include<string>
class Point
{
private:
    int x,y;
public:
    Point(int i=0,int j=0);
    friend Point operator ++(Point &ob);          //声明前缀++
    friend Point operator ++(Point &ob,int);      //声明后缀++
    void print();
};
Point::Point(int i,int j):x(i),y(j) {}
void Point::print()
{ cout<<"("<<x<<","<<y<<")"<<endl;}
Point operator ++(Point &ob)   //定义前缀++
{
    ++ob.x;
    ++ob.y;
    return ob;
}
Point operator ++(Point &ob,int)//定义后缀++
{
    Point temp=ob;  //保存原对象值
    ob.x++;
```

```
        ob.y++;
        return temp;
    }
    int main()
    {
        Point ob1(1,2),ob2(4,5),ob;
        cout<<"ob1:";
        ob1.print();
        cout<<"ob=++ob1:"<<endl;
        ob=++ob1;                          //前缀++运算符重载
        cout<<"ob1:";
        ob1.print();
        cout<<"ob:";
        ob.print();
        cout<<endl;
        cout<<"ob2:";
        ob2.print();
        cout<<"ob=ob2++"<<endl;
        ob=ob2++;                              //后缀++运算符重载
        cout<<"ob1:";
        ob2.print();
        cout<<"ob:";
        ob.print();
        return 0;
    }
```

程序执行结果如图 7-9 所示。

图 7-9　例 7-8 运行结果

说明：语句“ob=++ob1;”将执行函数调用 ob=operator++(Point ob1)，在进行函数调用时，由于采用了引用调用，是双向传递。形参的值发生变化，对应的实参的值也发生变化。因此，在函数体内对 ob 的所有修改都使得对应的实参 ob1 也同时发生了变化。

 7.4　成员函数重载运算符与友元函数重载运算符比较

在进行运算符重载时，既可以是成员函数重载也可以是友元函数重载。下面是成员函数重载运算符与友元函数重载运算符的比较。

(1) 双目运算符，成员函数重载运算符带有一个参数，而友元函数重载运算符带有两个

参数;单目运算符,成员函数重载运算符不带参数,而友元函数重载运算符带一个参数。

(2) 双目运算符一般可以被重载为友元运算符函数或成员运算符函数,下面的情况必须使用友元函数。例如,用成员函数重载运算符“+”:

```
Complex Complex::operator+ (int a)
{
Complex temp;
temp.real=real+a;
temp.imag =imag+a;
return temp;
}
```

如果类 Complex 的对象 com 要做赋值运算和加法运算,下面的语句是正确的:

```
Complex com(30,40);//定义 Complex 类的对象 com
com=com+30;   //正确
```

运行结果:

```
com.real=60
com.imag=70
```

执行“com=com+30;”时,这条语句被解释为“com=com. operator+(30);”,可以正确调用成员运算符函数 Complex operator+(int a),把整数 30 加到了对象 com 的某些元素上去。

但如果是:

```
com=50+com;         //错误,运算符"+"的左侧是整数
```

C++编译系统找不到可以与之匹配的函数调用。

解决这类问题的方法是采用友元函数来重载运算符“+”,如下:

```
friend Complex operator+(Complex c,int a);
friend Complex operator+(int a,Complex c);
```

从而消除由于运算符“+”的左操作数是系统预定义类型而带来的问题。完整程序如下:

【例 7-9】 用友元运算符重载函数解决整数与对象的相加问题。

```
#include<iostream>
#include<iomanip>
using namespace std;
#include<string>
class Complex                //声明 Complex 类
{
private:
    double real;
    double imag;
public:
    Complex(double r=0.0,double i=0.0);
    void print();
    friend Complex operator+(Complex c,int a);
    friend Complex operator+(int a,Complex c);
};
Complex::Complex(double r,double i):real(r),imag(i){}
Complex operator+(Complex c,int a)
{
```

```
    Complex temp;
    temp.real=c.real+a;
    temp.imag=c.imag+a;
    return temp;
}
Complex operator+(int a,Complex c)
{
    Complex temp;
    temp.real=a+c.real;
    temp.imag=a+c.imag;
    return temp;
}
void Complex::print()
{
    cout<<real;
    if(imag>0)
        cout<<"+";
    if(imag!=0)
        cout<<imag<<"i"<<endl;
}
int main()
{
    Complex com(1.1,2.2);
    com=com+10;
    cout<<"com+10"<<endl;
    com.print();
    cout<<"10+com"<<endl;
    com=10+com;
    com.print();
    return 0;
}
```

程序执行结果如图 7-10 所示。

图 7-10　例 7-9 运行结果

说明：在执行 com＋10 运算时，相当于调用函数 operator＋(com，10)；在执行 10＋com 运算时，相当于调用函数 operator＋(10，com)；通过这样两个友元函数重载运算符"＋"，就消除了由于运算符"＋"的左操作数是系统预定义数据类型而带来的问题。

(3) C＋＋的大部分运算符既可以说明为成员函数重载运算符，也可以说明为友元函数重载运算符。在选择时主要取决于实际情况和程序员的习惯。

一般而言，对于双目运算符，将它重载为友元运算符函数比重载为成员运算符函数便于使用。如果一个运算符的操作需要修改类对象的状态，建议使用成员运算符函数；如果运算符所需的操作数（尤其是第一个操作数）希望有隐式类型转换，则运算符必须用友元函数，而不能用成员函数。

对于单目运算符，建议选择成员函数；

对于运算符＝、()、[ ]、－＞，建议选择成员函数；

对于运算符＋＝、－＝、/＝、*＝、&＝、!＝、~＝、%＝、＞＞＝、＜＜＝，建议重载为成员函数；

对于其他运算符，建议重载为友元函数。

7.5 类型转换

7.5.1 系统预定义类型间的转换

大多数程序都可以处理各种数据类型的信息，有时所有操作会集中在同一种类型。但是，在很多情况下，是不同类型的数据进行操作，需要将不同类型的数据转换为同一种类型，然后才可以进行运算。对于系统预定义的基本类型（如 int 、float、double、char 等），C＋＋提供了两种类型转换方式，一种是隐式类型转换，另一种是显式类型转换。

1. 隐式类型转换

当执行赋值表达式 V＝E 时，如果 V 和 E 的类型不一致，则将 E 先转换为 V 后再赋值。数据类型的隐式转换，例如：

```
int x=5,y;
y=3.5+x;
```

C＋＋编译系统将 3.5 作为 double 型数据类型处理，在进行 3.5＋x 时，先将 x 值 5 转换为 double 型，然后与 3.5 相加，得到 8.5，在向整型变量 y 赋值时，将 8.5 转换为整数 8，然后赋给 y。这种转换是由 C＋＋编译系统自动完成的，用户不需要干预，称为隐式转换。

与 C 语言一样，C＋＋中规定数据类型级别从高到低的次序是：double→float→long int→int→short、char。当两个数据类型不一致时，运算之前将级别低的自动转换为级别高的，然后再进行运算。

2. 显式类型转换

显式类型转换有两种方式：强制转换法和函数法。

(1) 强制转换法的格式：

(类型名)表达式

例如：

```
double i=2.6,j=3.5;
cout<<(int)(i+j)<<endl;
```

输出结果为：6。

(2) 函数法的格式：

类型名(表达式)

例如：

```
double i=2.6,j=3.5;
cout<<int(i+j)<<endl;
```

C++保留了C语言的用法，但提倡采用C++提供的方法。

7.5.2 用户自定义类型与系统预定义类型间的转换

以上介绍的是一般数据类型之间的转换。如果用户自定义类型，如何实现它们与其他数据类型的转换呢？编译器不知道怎样实现用户自定义类型与系统预定义类型之间的转换，如何解决呢？通常采用两种方法：

(1) 用构造函数实现类型转换。

(2) 用类型转换函数进行类型转换。

1. 用构造函数实现类型转换

用构造函数完成类型转换，类内至少定义一个只带一个参数(没有其他参数，或其他参数都有默认值)的构造函数。当进行类型转换时，系统会自动调用该构造函数，创建该类的一个临时对象，该对象由被转换的值初始化，从而实现类型转换。

它的作用是将一个其他类型的数据转换成它所在类的对象。

【例 7-10】 预定义类型向自定义类型转换——int 到 Complex 类型的转换。

```
#include<iostream>
#include<iomanip>
using namespace std;
class Complex
{
private:
    double real;
    double imag;
public:
    Complex()   //不带参数的构造函数
{   real=0;imag=0;}
    Complex(int r) //带一个参数的构造函数
{   real=r;imag=0;}
    Complex(double r,double i) //带两个参数的构造函数
    {   real=r;imag=i;}
        void print();
    friend Complex operator+ (Complex c1,Complex c2);
        //友元函数重载"+"号,实现复数+复数
};
Complex operator+(Complex c1,Complex c2)
{   Complex temp;
    temp.real =c1.real+c2.real;
    temp.imag =c1.imag+c2.imag;
    return temp;
}
void Complex::print()
{cout<<real;
    if(imag>0)cout<<"+ ";
    if(imag!=0)cout<<imag<<"i"<<endl;
}
int main()
```

```
{
    Complex com1(1.1,2.2),com2;
    Complex com3=10;  //自动进行类型转换
    cout<<"com1: ";
    com1.print();
    com1=20+com1;       //自动进行类型转换后完成复数相加
    cout<<"com1=20+com1:   ";
    com1.print();
    com2=10+200;        //两个整数相加后,进行类型转换
    cout<<"com2=10+200:   ";
    com2.print();
    cout<<endl;
    cout<<"com3=10: ";
    com3.print();
    cout<<endl;
    return 0;
}
```

程序执行结果如图 7-11 所示。

```
C:\WINDOWS\system32\cmd.exe
com1: 1.1+2.2i
com1=20+com1:    21.1+2.2i
com2=10+200:   210
com3=10: 10
请按任意键继续. . .
```

图 7-11　例 7-10 运行结果

说明:

(1) 编译程序在分析赋值表达式"com3＝10;"时,根据隐式类型转换规则,调用只有一个参数的构造函数 Complex(int r),生成一个 Complex 类型的临时对象,该对象的数据成员 real 为 10,imag 为 0,然后将该对象赋值给 com3。

(2) 在分析赋值表达式 com1＝20＋com1 时,同样针对整数 20,调用只有一个参数的构造函数 Complex(int r),生成一个 Complex 类型的临时对象,该对象的数据成员 real 为 20,imag 为 0,再调用重载的"＋"运算符重载函数 operator＋完成这个临时对象与 com1 的相加,然后将返回值赋给 com1。

注意:此时"＋"运算符重载函数不可声明为:

```
Complex operator+(Complex &,Complex &);
```

即参数不可用引用,因为根据 20 产生的是一个临时对象,不可以作为实参传递给引用型参数。

(3) 在分析赋值表达式"com2＝10＋200;"时,先完成两个整数的相加,然后再调用带一个参数的构造函数,根据 210 产生一个临时的 Complex 型对象,它的数据成员 real＝210、imag＝0,然后赋值给 com2。

(4) 在该例中,如果只保留一个带两个参数的构造函数,并且两个参数还有默认值的话,依然正确。例如:

```
class Complex
{
private:
    double real;
    double imag;
public:
    Complex(double r=0,double i=0)   //带有默认参数的构造函数
    {  real=r;imag=i;}
    void print();
    friend Complex operator+(Complex c1,Complex c2);
};
```

注意：构造函数不仅可以将一个系统预定义的基本类型数据转换成类的对象，也可以将另一个类的对象转换成构造函数所在的类的对象。需要深入了解的读者可以参阅有关书籍，在此不做详细介绍。

2. 用类型转换函数进行类型转换

使用构造函数可以实现类型转换，但是其所完成的类型转换功能具有一定的局限性。例如，由于无法为系统预定义类型定义构造函数，只能实现系统预定义类型向自定义的类类型转换，不能利用构造函数把自定义类型的数据转换为系统预定义类型的数据。

为了解决上述问题，C＋＋允许用户在源类中定义类型转换函数，从而实现将源类类型转换为目的类型。

类型转换函数定义的格式：

```
class 源类类名
{
//……
  operator 目的类型()
  {
    //……
        return 目的类型的数据;
  }
//……
};
```

其中，源类类名为要转换的源类类型；目的类型为要转换成的类型，它既可以是用户自定义的类型，也可以是系统预定义的类型。

在使用类类型转换函数时，需要注意以下几个问题：

(1) 类类型转换函数只能定义为一个类的成员函数，而不能定义为类的友元函数。

(2) 类类型转换函数既没有参数，也不显式给出返回类型。

(3) 类类型转换函数中必须有“return 目的类型的数据;”的语句，即必须将返回目的类型的数据作为函数的返回值。

(4) 一个类可以定义多个类型转换函数。C＋＋编译器将根据类型转换函数名自动地选择一个合适的类型转换函数予以调用。

【例 7-11】 自定义类型向预定义类型的转换。

```
#include<iostream>
using namespace std;
class Complex              //声明 Complex 类
{
private:
    double real;
    double imag;
public:
    Complex(double r=0,double i=0);
    operator float();      //声明类型转换函数
    operator int();        //声明类型转换函数
    void Print();
};
Complex::Complex(double r,double i)
{   real=r;
    imag=i;
    cout<<"Constructing...."<<endl;
}
Complex::operator float()
{   //将 Complex 类型转换为 float 类型
    cout<<"Type changed to float...."<<endl;
    return real;
}
Complex::operator int()
{  //将 Complex 类型转换为 int 类型
    cout<<"Type changed to int ...."<<endl;
    return int(real);
}
void Complex::Print()
{
    cout<<'('<<real<<','<<imag<<')'<<endl;
}
int main()
{   Complex a(2.2,4.4);
    a.Print();
    cout<<float(a)*0.5<<endl;//调用类型转换函数实现 Comple0x->float
    Complex b(4.7,6);
    b.Print();
    cout<<int(b)*2<<endl;  //调用类型转换函数实现 Complex->int
    return 0;
}
```

程序执行结果如图 7-12 所示。

注意：本程序两次调用类型转换函数，第一次采用显式调用的方式，将类 Complex 的对象 a 转换成 float 类型。第二次采用显式调用的方式，将 Complex 的对象 b 转换成 int 型。

```
C:\WINDOWS\system32\cmd.exe
Constructing....
(2.2,4.4)
Type changed to float....
1.1
Constructing....
(4.7,6)
Type changed to int ....
8
请按任意键继续. . .
```

图 7-12　例 7-11 运行结果

使用类型转换函数可以分为显式转换和隐式转换。下面的例子将说明隐式转换。

【例 7-12】 用隐式转换实现类型转换。

```
#include<iostream>
using namespace std;
class Complex
{
private:
    double real;
    double imag;
public:
    Complex(double r,double i);
    Complex(double i=0);// 带一个参数的构造函数
    operator double();//类型转换函数
    void Print();
};
Complex::Complex(double r,double i)
{
    real=r;
    imag=i;
}
Complex::Complex(double i)
{
    real=imag=i;
}
Complex::operator double()
{
    cout<<"Type changed to double...."<<endl;
    return real+imag;
}
void Complex::Print()
{
    cout<<'('<<real<<','<<imag<<')'<<endl;
}
int main()
{
    Complex com1(1.1,2.2),com2(2.3,3.2),com;
```

```
    com=com1+com2;
    com.Print();
    return 0;
}
```

程序执行结果如图 7-13 所示。

```
Type changed to double....
Type changed to double....
(8.8,8.8)
请按任意键继续. . .
```

图 7-13 例 7-12 运行结果

说明:本程序中类 Complex 并没有重载运算符"+",但却完成了"com1+com2",这是由于 C++可以自动进行隐式转换。在执行语句"com=com1+com2;"时,首先寻找成员函数的"+"运算符,没有找到;寻找非成员函数的"+"运算符,又没有找到。由于系统中存在基本类型的"+"运算符,继续寻找能将参数(类 Complex 的对象 com1 和 com2)转换成基本类型的类型转换函数,结果找到了 operator double(),于是调用 operator double()将 com1 和 com2 转换成了 double 类型,然后进行相加。由于最后又将结果赋给 Complex 类的对象,因此调用带一个参数的构造函数,将相加所得的结果转换成 Complex 类的一个临时对象,然后将其赋给 Complex 的对象 com。

【例 7-13】 用类型转换函数实现复数类向二维向量类型的转换。

```
#include<iostream>
using namespace std;
class Vector{                //声明向量类 Vector
private:
    double x,y;
public:
    Vector(double tx=0,double ty=0);
    void print();
};
class Complex            //声明复数类 Complex
{
private:
    double real;
    double imag;
public:
    Complex(double r=0,double i=0);
    operator Vector();    //类型转换函数
};
Complex::Complex(double r,double i)
{   real=r;
    imag=i;
}
Complex::operator Vector()
{
```

```
    return Vector(real,imag);
}
Vector::Vector(double tx,double ty)
{   x=tx;
    y=ty;
}
void Vector::print()
{
    cout<<"("<<x<<","<<y<<")"<<endl;
}
int main()
{
    Complex com(1.1,2.2);
    Vector vec;
    vec=com;            //调用类型转换函数实现 Complex->Vector
    vec.print();
    return 0;
}
```

程序执行结果如图 7-14 所示。

图 7-14　例 7-13 运行结果

说明：语句 vec=com 要将一个 Complex 类的对象赋给 Vector 类的对象，因此需要类型转换，寻找能将 Complex 类的对象转换为 Vector 类的对象的类型转换函数 operator Vector()，结果找到。因此，将 com 对象转换成了 Vector 类的对象，然后将其值赋给 vec 并调用 print()函数进行输出。

7.6　应用举例

【例 7-14】　用成员函数实现对复数的加、减、乘、除。

(1) 源代码：

```
#include<iostream>
using namespace std;
class Complex
{
public:
    Complex() { real=imag=0;}
    Complex(double r,double i)
   {
    real=r,imag=i;
   }
```

```
    Complex operator+(const Complex &c);
    Complex operator-(const Complex &c);
    Complex operator*(const Complex &c);
    Complex operator/(const Complex &c);
    friend void print(const Complex &c);
private:
    double real,imag;
};
inline Complex Complex::operator+(const Complex &c)
{
    return Complex(real+c.real,imag+c.imag);
}
inline Complex Complex::operator-(const Complex &c)
{
    return Complex(real-c.real,imag-c.imag);
}
inline Complex Complex::operator *(const Complex &c)
{
    return Complex(real *c.real-imag *c.imag,real *c.imag+imag *c.real);
}
inline Complex Complex::operator /(const Complex &c)
{
    return Complex((real *c.real+imag*c.imag)/(c.real *c.real+c.imag *c.imag),
    (real *c.real-imag *c.imag)/(c.real *c.real+c.imag *c.imag));
}
void print(const Complex &c)
{
    if(c.imag<0)
        cout<<c.real<<c.imag<<'i';
    else
         cout<<c.real<<'+'<<c.imag<<'i';
}
int main()
{
    Complex c1(2.0,3.0),c2(4.0,-2.0),c3;
    cout<<"c1=";
    print(c1);
    cout<<"\nc2=";
    print(c2);
    c3 =c1+c2;
    cout<<"\nc1+c2=";
    print(c3);
    c3=c1-c2;
    cout<<"\nc1-c2=";
    print(c3);
```

```
    c3=c1*c2;
    cout<<"\nc1*c2=";
    print(c3);
    c3=c1/c2;
    cout<<"\nc1/c2=";
    print(c3);
    c3=(c1+c2)*(c1-c2)*c2/c1;
    cout<<"\n(c1+c2)*(c1-c2)*c2/c1=";
    print(c3);
    cout<<endl;
    return 0;
}
```

(2) 运行结果如图 7-15 所示。

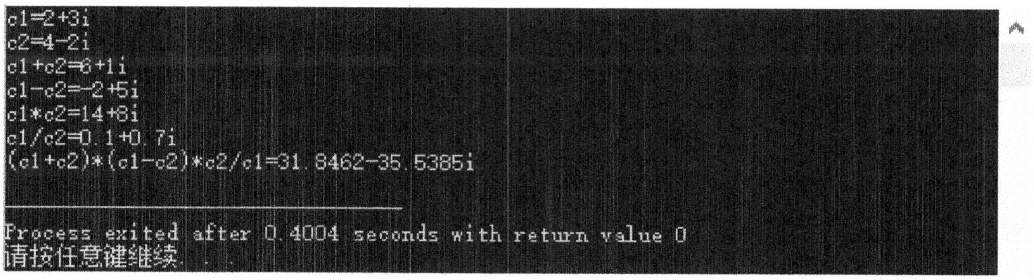

```
c1=2+3i
c2=4-2i
c1+c2=6+1i
c1-c2=-2+5i
c1*c2=14+8i
c1/c2=0.1+0.7i
(c1+c2)*(c1-c2)*c2/c1=31.8462-35.5385i

Process exited after 0.4004 seconds with return value 0
请按任意键继续. . .
```

图 7-15　例 7-14 运行结果

将上例改为由友元函数实现对复数的加、减、乘、除。代码如下：

```
#include<iostream>
using namespace std;
class Complex
{
public:
    Complex() { real=imag=0;}
    Complex(double r,double i)
    {
      real=r,imag=i;
    }
    friend Complex operator+(const Complex &c1,const Complex &c2);
    friend Complex operator-(const Complex &c1,const Complex &c2);
    friend Complex operator*(const Complex &c1,const Complex &c2);
    friend Complex operator/(const Complex &c1,const Complex &c2);
    friend void print(const Complex &c);
private:
    double real,imag;
};
Complex operator+(const Complex &c1,const Complex &c2)
{
    return Complex(c1.real+c2.real,c1.imag+c2.imag);
```

```
}
Complex operator-(const Complex &c1,const Complex &c2)
{
    return Complex(c1.real-c2.real,c1.imag-c2.imag);
}
Complex operator *(const Complex &c1,const Complex &c2)
{
return Complex(c1.real *c2.real-c1.imag *c2.imag,c1.real *c2.imag+c1.imag *
c2.real);
}
Complex operator /(const Complex &c1,const Complex &c2)
{
return Complex((c1.real *c2.real+c1.imag *c2.imag)/(c2.real *c2.real+c2.imag
*c2.imag),
    (c1.real *c2.real-c1.imag *c2.imag)/(c2.real *c2.real+c2.imag *c2.
imag));
}
void print(const Complex &c)
{
    if(c.imag<0)
        cout<<c.real<<c.imag<<'i';
    else
        cout<<c.real<<'+'<<c.imag<<'i';
}
int main()
{
    Complex c1(2.0,3.0),c2(4.0,-2.0),c3;
    cout<<"c1=";
    print(c1);
    cout<<"\nc2=";
    print(c2);
    c3 =c1+c2;
    cout<<"\nc1+c2=";
    print(c3);
    c3=c1-c2;
    cout<<"\nc1-c2=";
    print(c3);
    c3 =c1 *c2;
    cout<<"\nc1*c2=";
    print(c3);
    c3 =c1/c2;
    cout<<"\nc1/c2=";
    print(c3);
    c3 = (c1+c2)*(c1-c2)*c2/c1;
    cout<<"\n(c1+c2)*(c1-c2)*c2/c1=";
```

```
    print(c3);
    cout<<endl;
    return 0;
}
```

习　　题

7-1　简述运算符重载的规则。

7-2　友元运算符函数和成员运算符函数有什么不同?

7-3　有关运算符重载正确的描述是(　　)。

A. C++语言允许在重载运算符时改变运算符的操作个数

B. C++语言允许在重载运算符时改变运算符的优先级

C. C++语言允许在重载运算符时改变运算符的结合性

D. C++语言允许在重载运算符时改变运算符原来的功能

7-4　能用友元函数重载的运算符是(　　)。

A. +　　B. =　　C. []　　D. →

7-5　重载赋值操作符时,应声明为(　　)。

A. 静态成员函数　　B. 友元函数　　C. 普通函数　　D. 成员函数

7-6　写出下列程序的运行结果。

```
#include<iostream>
using namespace std;
class Weight
{
    int g;
public:
    Weight(int m)
    { g=m;}
    operator double ()
    { return (1.0 *g/1000);  }
};
int main()
{   Weight a(2500);
    double m=float(a);
    cout<<"m: "<<m<<"千克 \n"<<endl;
    return 0;
}
```


7-7　写出下列程序的运行结果。

```
#include<iostream>
using namespace std;
#include<string.h>
class Words
{
public:
```

```
    Words (const char *s)
    { str=new char[strlen(s)+1];
      strcpy(str,s);
      len=strlen(s);
    }
    void disp ();
    char operator [] (int n);  //定义下标运算符[]重载函数
private:
    int len;char *str;
};
char Words::operator [](int n)
{
    if (n<0||n>len-1)          //数组的边界检查
    { cout<<"数组下标超界!\n";
      return ' ';
    }
  else
  return *(str+n);
  }
void Words :: disp()
{  cout<<str<<endl;   }
int main()
{
     Words word("This is C++ book.");
     word.disp();
     cout<<"第 1 个字符:";
     cout<<word[0]<<endl;//word[0]被解释为 word.operator [](0)
     cout<<"第 16 个字符:";
     cout<<word[15]<<endl;
     cout<<"第 26 个字符:";
     cout<<word[25]<<endl;
     return 0;
}
```

7-8 写出下列程序的运行结果。

```
#include<iostream>
using namespace std;
class A
{
public:
   A (int i):x(i){}
   A()
   { x=0;}
   friend A operator++(A a);
   friend A operator--(A &a);
   void print ();
```

```
private:
    int x;
};
A operator++(A a)
{   ++a.x;
    return a;
}
A operator--(A &a)
{   --a.x;
    return a;
}
void A::print()
{   cout<<x<<endl;
}
int main()
{   A a(7);
    ++a;
    a.print();
    --a;
    a.print();
    return 0;
}
```

7-9 编写一程序,用成员函数重载运算符"+"和"-"将 2 个二维数组相加和相减,要求第一个二维数组的值由构造函数设置,另一个二维数组的值由键盘输入。

7-10 修改上题,用友元函数重载运算符"+"和"-"将 2 个二维数组相加和相减。

7-11 为 Date 类重载"+"运算符,实现在某一日期上加一个天数。

7-12 设计人民币类,其数据成员为 fen(分)、jiao(角)、yuan(元)。重载这个类的加法、减法运算符。

7-13 使用构造函数实现二维向量类型和复数类型的相互转换。

第8章 模板和命名空间

【学习目标】

(1) 理解模板的概念。

(2) 掌握函数模板与模板函数的使用。

(3) 掌握类模板与模板类的使用。

(4) 理解命名空间的概念和使用。

8.1 模板的概念

函数重载可以实现具有相同功能的函数的函数名相同,使程序更加易于理解。但是,书写函数的个数并没有减少,重载函数的代码几乎完全相同。例如,求两个数之和:

```
int add(int x,int y)
{ return (x+y);}
float add(float x,float y)
{ return (x+y);}
double add(double x,double y)
{ return (x+y);}
```

这些函数所执行的功能相同,代码相同,只是参数类型和函数返回类型不同,但程序代码的可重用性差,而且存在大量冗余信息,使程序维护起来相当困难。如果能够使这些函数只写一遍,即写一个通用的函数,而它可以适用于多种不同的数据类型,便会使代码的可重用性大大提高,从而提高软件的开发效率。解决这个问题的最好方法是使用模板。

模板是实现代码重用机制的一种工具,它可以实现类型参数化。所谓类型参数化,是指把类型定义为参数,当参数实例化时,可指定不同的数据类型,从而真正实现代码的可重用性。

模板分为函数模板和类模板,它们分别允许用户构造模板函数和模板类。图8-1所示为模板、模板函数、模板类、对象之间的关系。

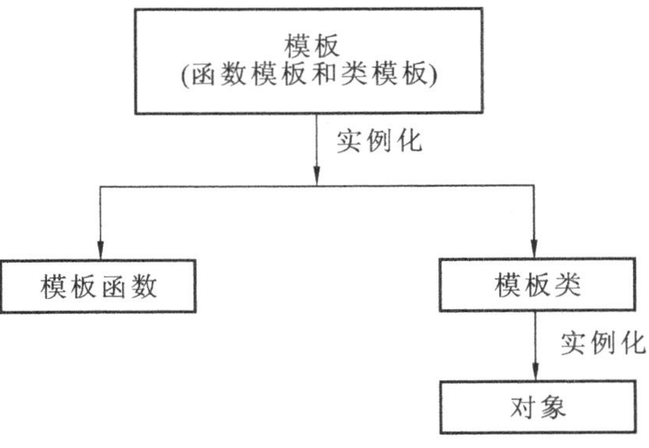

图8-1 模板、模板函数、模板类、对象之间的关系

8.2 函数模板

函数模板实际上是建立一个通用函数,其函数返回类型和形参类型不具体指定,用一个虚拟的类型来代表。这个通用函数就称为函数模板。凡是函数体相同的函数都可以用这个模板来替代,不必定义多个函数。在调用函数时,系统会根据实参的类型(模板实参)来取代模板中虚拟类型,从而实现了不同函数的功能。

函数模板的声明格式如下:

template<class 类型参数>
返回类型 函数名(模板形参表)
{ 函数体 }

也可以定义成如下形式：

template<typename 类型参数>
返回类型 函数名(模板形参表)
{ 函数体 }

例如，可将求两个数之和函数 add 定义成函数模板，如下所示：

```
template<class T>
T add(T x,T y)
{ return (x+y);}
```

或

```
template<typename T>
T add(T x,T y)
{ return (x+y);}
```

说明：

(1) T 是类型参数，它既可以是系统预定义的数据类型，也可以是用户自定义的数据类型。

(2) 类型参数前需要加关键字 class(或 typename)，这个 class 并不是类的意思，而是表示任何类型的意思。

(3) 在使用模板函数时，关键字 class(或 typename)后面的类型参数，必须实例化，即用实际的数据类型替代它。

(4) <>里面的类型参数可以有一个或多个类型参数，但多个类型参数之间要用逗号“,”分隔。

【例 8-1】 函数模板应用举例:求不同类型的两个数之和。

```
#include<iostream>
using namespace std;
template <typename T>    //模板声明,其中 T 为类型参数
T add(T a,T b)           //定义函数模板,"T a,T b"为模板形参表
{ return (a+b);}
int main()
{
    int i1=10,i2=56;
    double d1=50.344,d2=4656.346;
    char c1='1',c2='0';
    cout<<"整数之和:"<<add(i1,i2)<<endl; //调用函数模板
    cout<<"双精度型数之和:"<<add(d1,d2)<<endl; //调用函数模板
    cout<<"字符数之和:"<<add(c1,c2)<<endl;  //调用函数模板
    return 0;
}
```

程序执行结果如图 8-2 所示。

将 T 实例化的参数称为模板实参，用模板实例化的函数称为模板函数。当编译系统发

图 8-2 例 8-1 运行结果

现有一个函数调用“函数名(模板实参表)”时，将根据模板实参表中的类型生成一个模板函数。该模板函数的函数体与函数模板的函数体相同。

函数模板代表了一类函数，模板函数表示某一具体函数。图 8-3 以例 8-1 为例给出了函数模板和模板函数之间的关系。

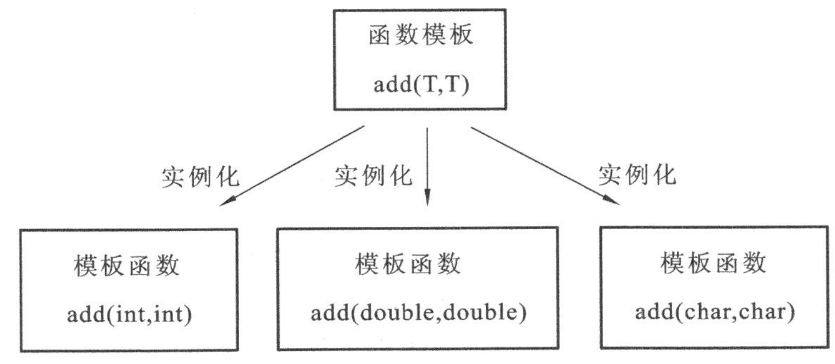

图 8-3 函数模板与模板函数之间的关系

说明：

(1) 在执行 add 函数调用时，根据模板参数的类型，系统自动在内存中生成三个模板函数(即实例化函数)，执行时，根据模板实参调用不同的模板函数。

(2) 函数模板中可以使用多个类型参数。但每个模板形参前必须有关键字 class 或 typename。

(3) 在 template 语句和函数模板定义语句之间不允许有其他的语句，例如：

```
template<class T1,class T2>
int n;                          //错误,不允许有其他的语句
T1 Max(T1 x,T2 y)
{
    return (x>y)?x:y;
}
```

(4) 模板函数类似于普通重载函数，但更严格一些。普通的非模板函数被重载的时候，在每个函数体内可以执行不同的动作。但同一函数模板实例化后的所有模板函数都必须执行相同的动作。

例如，下面的重载函数就不能用模板函数代替。

函数 1：

```
void outdate(int i)
{ cout<<i;}
```

函数 2：

```
void outdata(double d)
{ cout<<"d="<<d<<endl;}
```

因为它们所执行的动作是不同的。

(5) 函数模板中的模板形参 T 可以实例化为各种类型,但实例化 T 的各模板实参之间必须保证类型一致,否则将发生错误。例如:

```
template<class T>
T Max(T x,T y)
{   return (x>y)? x:y;   }
    int main()
{
int i=10,j=20;
float f=12.5;
cout<<"the max of i,j is:  "<<Max(i,j)<<endl;  //正确,调用 Max(int,int)
cout<<"the max of i,f is:  "<<Max(i,f)<<endl;  //错误,类型不匹配
return 0;
}
```

说明:产生错误的原因是,函数模板中的类型参数只有在该函数真正被调用时才能决定。在调用时,编译系统按最先遇到的实参的类型,隐含地生成一个模板函数,因此在执行 max(i,f)时,编译系统先按变量 i 将 T 解释为 int 类型,此后出现的模板实参 f 由于不能解释为 int 类型,因此发生错误,在此不允许进行隐含的类型转换。

(6) 同一般函数一样,函数模板也可以重载,可以与其他函数模板或非函数模板重载。

【例 8-2】 函数模板重载举例——与函数模板重载。

```
#include<iostream>
using namespace std;
template<typename Type >    //模板声明,其中 Type 为类型参数
Type add(Type x,Type y)   //定义函数模板
{ return (x+y);}
template<class Type >
Type add(Type x,Type y,Type z)    //定义有 3 个参数的函数模板 add
{   return(x+y+z);  }
int main()
{
    int m=10,n=20,add2;
    float a=10.1,b=20.2,c=30.3,add3;
    add2=add(m,n);
    add3=add(a,b,c);
    cout<<"add("<<m<<","<<n<<")="<<add2<<endl;
                  //调用两个类型参数的模板函数 add
cout<<"add("<<a<<","<<b<<","<<c<<")="<<add3<<endl;
                  //调用两个类型参数的模板函数 add
return 0;
}
```

程序执行结果如图 8-4 所示。

(7) 函数模板与同名的非模板函数可以重载。在这种情况下,调用的顺序是:首先寻找一个参数完全匹配的非模板函数,如果找到了,就调用它;若没有找到,则寻找函数模板,将其实例化,产生一个匹配的模板函数。

```
C:\WINDOWS\system32\cmd.exe
add(10,20)=30
add(10.1,20.2,30.3)=60.6
请按任意键继续. . .
```

图 8-4 例 8-2 运行结果

【例 8-3】 函数模板与非模板函数重载举例。

```
#include<iostream>
using namespace std;
template<typename AT>        //模板声明,其中 AT 为类型参数
AT Max(AT x,AT y)            //定义函数模板
{
    cout<<"调用模板函数:";
    return (x>y)? x:y;
}
int Max(int x,int y)     //定义非模板函数 Max,与函数模板 Max 重载
{
    cout<<"调用非模板函数:";
    return (x>y) ? x:y;
}
int main()
{
    int i1=10,i2=56;
    double d1=50.34,d2=4656.34;
    cout<<"较大的整数是:"<<Max(i1,i2)<<endl;  //调用非模板函数
    cout<<"较大的双精度型数是:"<<Max(d1,d2)<<endl;//调用模板函数
    return 0;
}
```

程序执行结果如图 8-5 所示。

```
C:\WINDOWS\system32\cmd.exe
调用非模板函数:较大的整数是:56
调用模板函数:较大的双精度型数是:4656.34
请按任意键继续. . .
```

图 8-5 例 8-3 运行结果

8.3 类模板

类是对一组对象的公共性质的抽象,而类模板是更高层次的抽象。所谓类模板,实际上是建立一个通用类,其数据成员、成员函数的返回类型和形参类型不具体指定,用一个虚拟的类型来代表。使用类模板定义对象时,系统会根据实参的类型(模板实参)来取代类模板中的虚拟类型,从而实现了不同类的功能。类模板的定义格式如下:

```
template <class Type>
class 类名
{……};
```

说明:

(1) 在每个类模板定义之前,都需要在前面加上模板声明,如 template <class Type>。在使用类模板时首先应将它实例化为一个具体的类(即模板类),类模板实例化为模板类的格式为:

```
类名<具体类型名>
```

(2) 模板类可以有多个模板参数。模板声明可以写成"template <typename Type>",当有多个模板参数时,也可以写成"template <typename T1,class T2 >"。

(3) 在类定义体外定义成员函数时,需要在函数体外进行模板声明,且在类名和函数名之间缀上<Type>。具体格式为:

```
template <class Type>
返回类型 类名<Type>::成员函数名(参数表)
{    函数体    }
```

(4) 类模板不代表一个具体的、实际的类,而代表着一类类。因此在使用时,必须将类模板实例化为一个具体的类,格式如下:

```
类名<实际的类型>  对象名;
```

【例 8-4】 用类模板实现栈的基本运算。

```
#include<iostream>
using namespace std;
const int SIZE=100;
template<class T>   //模板声明
class Stack         //定义模板类
{
private:
    T s[SIZE];
    int top;
public:
    Stack()         //在类内定义构造函数
    { top=-1;}
    void Push(T x);  //声明成员函数
    T Pop();         //声明成员函数
};
template<class T>     //模板声明
void Stack<T>::Push(T x)
{   //在类模板外定义成员函数 Push,它也是个函数模板
    if(top==SIZE-1)
    {
        cout<<"stack is full."<<endl;
        return;
    }
```

```
        s[++top]=x;
    }
    template<class T> //模板声明
    T Stack<T>  ::Pop()
    {   //在类模板外定义成员函数 Pop,它也是个函数模板
        if(top==-1)
        {
            cout<<"stack underflow."<<endl;
            return 0;
        }
        return s[top--];
    }
    int main()
    {
        Stack<int>  a;   //用类模板定义对象 a,此时类型参数 T 被 int 替代
        Stack<double>  b;//用类模板定义对象 b,此时类型参数 T 被 double 替代
        Stack<char>  c;//用类模板定义对象 c,此时类型参数 T 被 char 替代
        int i;
        char ch;
        for(i=0;i<10;i++)
        a.Push(i);
        for(i=0;i<10;i++)
            b.Push(1.1+i);
        for(ch='a';ch<='j';ch++)
            c.Push(ch);
        for(i=0;i<10;i++)
            cout<<a.Pop()<<"  ";
        cout<<endl;
        for(i=0;i<10;i++)
            cout<<b.Pop()<<"  ";
        cout<<endl;
        for(i=0;i<10;i++)
            cout<<c.Pop()<<"  ";
        cout<<endl;
        return 0;
    }
```

程序执行结果如图 8-6 所示。

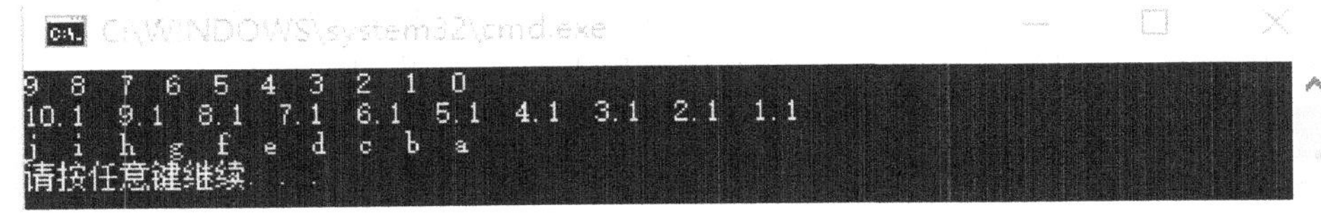

图 8-6　例 8-4 运行结果

此例中,类模板 Stack 含有 T 类型的数组,该数组含有 100 个元素,整型变量 top 表示栈顶元素的下标。在类 Stack 中定义了 Push 和 Pop 成员函数,通过这两个函数可以在 Stack 对象中放置和取出数据。编译时,类模板 Stack 经过实例化后生成 3 个类型分别为 int 、double 和

char 的模板类，后来，这 3 个模板类经实例化又生成了 3 个对象 a、b 和 c。函数模板中可以使用多个类型参数，类似地，类模板中也允许使用多种参数，格式如下：

```
template<class T1,class T2,…,class TN>
class 类名
{…};
```

说明：T1、T2、TN 表示类型名，从理论上讲，一个类在定义时可以接收无穷个类型，但是建议在类中不要定义太多的类型，否则将产生混乱。

【例 8-5】 类模板中有多个类型参数实例。

```
#include<iostream>
using namespace std;
template<typename T1,typename T2>  //声明模板
class Myclass {       //定义模板类
  T1 i;
  T2 j;
 public:
  Myclass(T1 a,T2 b){i=a;j=b;}
  void show(){cout<<"i="<<i<<" j="<<j<<endl;}
};
int main()
{ Myclass<int,double>   ob1(12,0.15);
   //用类模板定义对象 ob1,此时 T1、T2 分别被 int 与 double 取代
  Myclass<char,const char*>  ob2('x',"This is a test");
  //用类模板定义对象 ob2,此时 T1、T2 分别被 char 与 char*取代
  ob1.show();
  ob2.show();
  return 0;
}
```

程序执行结果如图 8-7 所示。

图 8-7 例 8-5 运行结果

这个程序声明了一个类模板，它具有两个类型参数。在 main 函数中定义了类两种类型的对象，ob1 使用 int 型和 double 型数据，ob2 使用了 char 型和 char * 型数据。

8.4 命名空间和头文件命名规则

8.4.1 命名空间

一个大型软件通常是由多人合作完成的，不同的人分别完成不同的模块。不同的人分别定义了函数和类，放在不同的头文件中。在主文件需要这些函数和类时，就用 # include

的命令将这些头文件包括进来。由于各头文件是由不同的人设计的,有可能在不同的头文件中用了相同名字来定义的函数或类。这样在程序中就会出现命名冲突,就会引起程序出错。另外,如果在程序中用到第三方的库,也容易产生同样的问题。为了解决这一问题,ANSI C++引入了命名空间,用来处理程序中常见的同名冲突问题。

所谓命名空间,实际上就是一个由程序设计者命名的内存区域。程序设计者可以根据需要指定一些有名字的命名空间,将各命名空间中声明的标识符与该命名空间标识符建立关联,保证不同命名空间的同名标识符不发生冲突。定义格式如下:

```
namespace 命名空间标识符名
{
    成员的声明;
}
```

命名空间成员的访问方式为:

```
命名空间标识符名::成员名
```

除了用户可以声明自己的命名空间外,C++还定义了一个标准命名空间 std。例如我们一直在用的:

```
using namespace std;
```

就是直接指定标识符所属的命名空间是标准命名空间 std。

std(standard 的缩写)是标准 C++指定的一个命名空间,标准 C++库中的所有标识符都是在这个名为 std 的命名空间中定义的,或者说,标准头文件(如 iostream)中的函数、类、对象和类模板,是在命名空间 std 中定义的。如果要使用输入输出流对象(如 cin、cout),就要告诉编译器该标识符可在命名空间 std 中找到。

【例 8-6】 命名空间举例。

```
#include<iostream>
namespace University     //声明命名空间,名为 University
{ int grade=3;}
namespace Highschool     //声明命名空间,名为 Highschool
{ int grade=4;}
int main()
{ std::cout<<"The university's grade is:"
<<University::grade<<std::endl;
std::cout<<"The highschool's grade is:"
<<Highschool::grade<<std::endl;
return 0;
}
```

程序执行结果如图 8-8 所示。

```
C:\WINDOWS\system32\cmd.exe
The university's grade is:3
The highschool's grade is:4
请按任意键继续. . .
```

图 8-8　例 8-6 运行结果

在本例中声明了两个命名空间 University 和 Highschool，在各自的命名空间中都用到同名变量 grade，为了区分这两个 grade 变量，必须在其前面加上命名空间的名字和作用域运算符"::"。其中，"University::grade"为命名空间 University 中定义的 grade，"Highschool::grade"为命名空间 Highschool 中定义的 grade，"std::cout"为标准命名空间 std 中定义的流对象，"std::endl"也为标准命名空间 std 中定义的操作符。

修改上例的主程序为：

```
int main()
{
  using namespace Unversity;//指定标识符所属的命名空间是 Unversity
  std::cout<<"The unversity's grade is:"
       <<grade<<std::endl;  //访问的是 Unversity 命名空间中的 grade
  std::cout<<"The highschool's grade is:"
      <<Highschool::grade<<std::endl;
  return 0;
}
```

程序执行结果不变。因为指定了标识符所属的命名空间是 University，访问命名空间 University 的变量和函数时可以不显式使用 University 的标识符，但是访问命名空间 Highschool 的变量和函数时，仍然要使用命名空间标识符访问其变量和函数。

说明：由于 C++的早期版本中没有命名空间的概念，库中的有关内容也没有放在 std 命名空间中，因而在程序中不必对 std 进行声明。但是，用标准的 C++编程是应该对命名空间 std 的成员进行声明或限定的。正如我们一直使用的：

```
using namespace std;
```

8.4.2 头文件命名规则

由于 C++是从 C 语言发展而来的，为了与 C 语言兼容，C++保留了 C 语言中的一些规定，例如在 C 语言中头文件用.h 作为后缀，如 stdio.h、math.h 等。为了与 C 语言兼容，许多 C++早期版本的编译系统头文件都是采用的"*.h"形式，如 iostream.h 等，但是，后来 ANSI C++建议头文件不带后缀"."。近年推出的 C++编译系统的新版本采用了 C++的新方法，头文件中不再有后缀".h"，如 iostream、cmath 等。但为了使原来编写的 C++程序能够运行，在 C++程序中使用头文件时，既可以采用 C++中不带后缀的头文件，也可以采用 C 语言中带后缀的头文件。

1. 带后缀的头文件的使用

由于 C 语言没有命名空间，头文件不存放在命名空间中，因此，在 C++程序中，如果使用带后缀.h 的头文件(C 语言的传统方法)，不必用命名空间 std。只需在文件中包含所用的头文件即可。例如：

```
#include<stdio.h>
```

2. 不带后缀的头文件的使用

标准 C++要求系统提供的头文件不包含后缀.h，例如 string、iostream。为了表示 C++与 C 语言的头文件既有联系又有区别，C++所用的头文件不带后缀字符.h，而是在 C 语言的相应的头文件名前加上前缀字符 c，如表 8-1 所示。

表 8-1 两种语言中头文件名比较

C 语言中头文件名	C++中相应的头文件名
string. h	cstring
stdio. h	cstdio

```
#include<cstdio>    //相当于 C 程序中的#include<stdio.h>
#include<cstring>    //相当于 C 程序中的#include<string.h>
using namespace std; //声明使用命名空间
std
```

使用 C++中不带后缀的头文件时，需要在程序中声明命名空间 std。

使用头文件的两种方法是等价的，可以任意选用。但在本书中采用第 2 种风格的头文件形式。

8.5 应用举例

第 4 章 4.7 节实现了银行办公系统，例 8-7 将采用类模板实现该系统。

【例 8-7】 用类模板实现银行办公系统。

分析：本例将要操作的所有对象构成一个队列，队列中的每个结点(元素)就是一个对象。定义一个类模板 LQueue，数据成员 * front 表示指向对头的指针，* rear 表示指向队尾的指针，链表中每个结点(元素)包含数据域 data 和指针域 next，数据域 data 是 T 类型，指针域 next 指向链表中的下一个结点(元素)。

Customer
int account; int amount;
Customer(); void Print();

图 8-9 类 Customer

LQueue
ANode<T> * front, * rear;

LQueue();
int In_LQueue();
int Out_LQueue(Customer * x);
int Empty_LQueue();
void Print_LQueue();
~ LQueue();

图 8-10 类 LQueue

类 Customer 是类模板 LQueue 所实例化的一个具体类。数据成员包括顾客的账号和金额，成员函数 Print 表示顾客的信息。

成员函数 In_LQueue 表示入队操作；成员函数 Empty_LQueue 表示判断队列是否为空；成员函数 Out_LQueue 表示出队操作；成员函数 Print_LQueue 表示输出队列中结点(元素)的值。

(1) 源代码：

```
template<class T>      //queue.h
struct QNode
{
    T data;
```

```
    QNode *next;
};
template<class T>
class LQueue
{
private:
    QNode<T> *front,*rear;
public:
    LQueue();
    void In_LQueue();
    int Empty_LQueue();
    int Out_LQueue();
    void Print_LQueue();
    ~LQueue();
};
class Customer          //客户类
{
private:
    int account;         //账号
    int amount;              //金额,大于表示存款,小于表示取款
public:
    Customer();
    void Print();
};
#include"iostream"          //queue.cpp
#include"iomanip"
using namespace std;
#include"queue.h "
void menu();
int main()
{
    LQueue<Customer>  L;
    int n,m=1;
    while(m)
    {
        menu();
        cin>>n;
        switch(n)
        {
            case 1:{
                L.In_LQueue();
                cout<<endl<<"队列中的元素:"<<endl;
                L.Print_LQueue();
                break;
                }
```

```
            case 2:{
                int flag;
                flag=L.Empty_LQueue();
                if(flag!=1)
                {
                    cout<<endl<<"队列中的元素:"<<endl;
                    L.Print_LQueue();
                }
                else
                    cout<<"队列已空!"<<endl;
                break;
                }
            case 3:{
                int flag;
                flag=L.Out_LQueue();
                if(flag!=1)
                {
                    cout<<endl<<"队列中的元素:"<<endl;
                    L.Print_LQueue();
                }
                else
                    cout<<"队列已空!"<<endl;
                break;
                }
            case 0:m=0;
        }
    }
    return 0;
}
template<class T>
LQueue<T>::LQueue()
{
    rear=0;
    front=0;
}
template<class T>
void LQueue<T>::Print_LQueue()
{
    QNode<T> *p;
    p=front;
    while(p!=NULL)
    {
        p->data.Print();
        p=p->next;
    }
```

```
        cout<<endl<<endl;
}
template<class T>
void LQueue<T>::In_LQueue()
{
    QNode<T> *p;
    p=new QNode<T> ;
    p->next=NULL;
    if(front==0)
    {
        front=p;
        rear=p;
    }
    else
    {
        rear->next=p;
        rear=p;
    }
}
template<class T>
int LQueue<T>::Empty_LQueue()
{
    if(front==NULL && rear==NULL)
        return 1;
    else
        return 0;
}
template<class T>
int LQueue<T>::Out_LQueue()
{
    QNode<T>  *p;
    if(Empty_LQueue()==1)
    {
        return 0;
    }
    else
    {
        p=front;
        front=p->next;
        delete p;
        if(front==NULL)
            rear=front;
        return 1;
    }
}
```

```
template<class T>
LQueue<T>::~LQueue()
{
    delete rear;
}
void menu()
{
    cout<<endl;
    cout<<"1.入队"<<endl;
    cout<<"2.判队空"<<endl;
    cout<<"3.出队"<<endl;
    cout<<"0.退出"<<endl;
    cout<<"请选择!"<<endl;
}
Customer::Customer()
{
    cout<<"输入账号和金额"<<endl;
    cin>>account>>amount;
}
void Customer::Print()
{
    cout<<account <<setw(5)<<amount <<endl;
}
```

(2) 运行结果如图 8-11 所示。

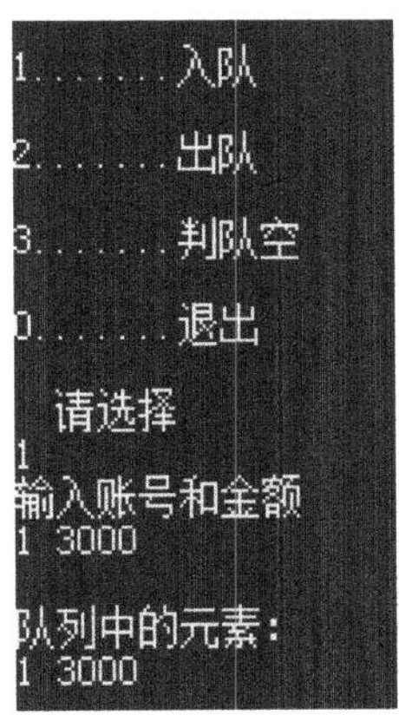

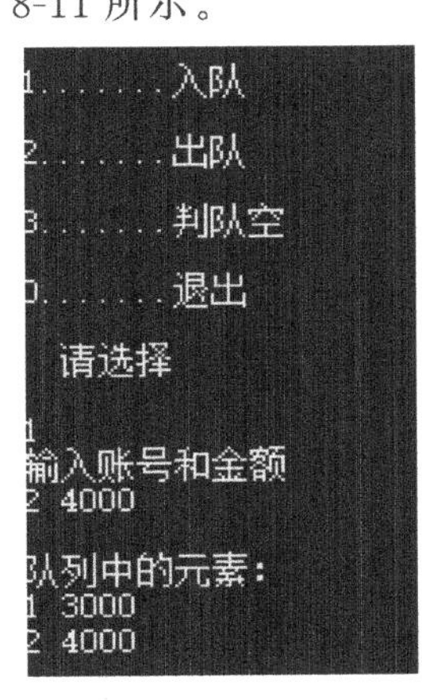

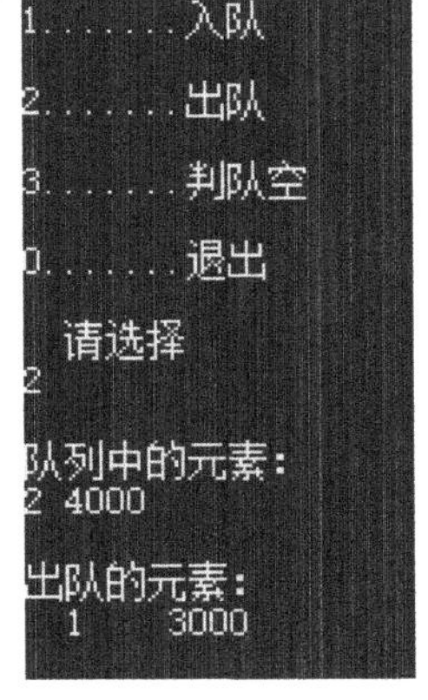

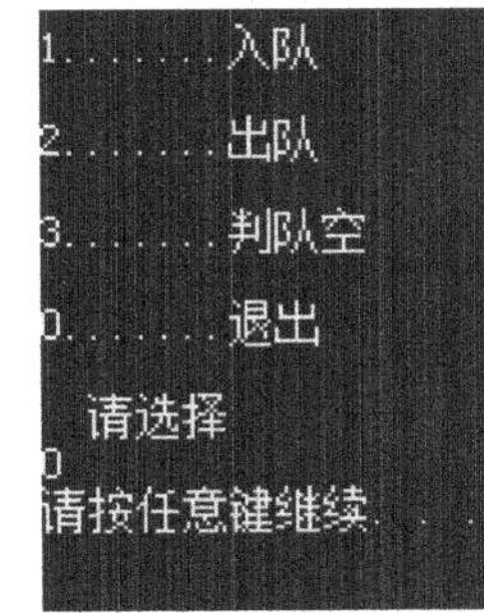

图 8-11 例 8-7 运行结果

运行结果与例 4-22 的一样。

习 题

8-1 为什么使用模板？函数模板声明的一般形式是什么？

8-2 什么是模板实参和模板函数？

8-3 为什么使用类模板，类模板和模板类之间的关系是什么？

8-4　函数模板与同名的非模板函数重载时，调用的顺序是怎样的？

8-5　什么是命名空间？

8-6　假设声明了以下的函数模板：

```
template<class T>
T max (T x,T y)
{ return (x>y)? x:y;
}
```

并定义了

```
int i;char c;
```

下面错误的调用语句是(　　)。

A. max(i,i);　　B. max(c,c);　　C. max((int)c,i);　　D. max(i,c)

8-7　模板的使用是为了(　　)。

A. 提高代码的可重用性　　B. 加强类的封装性

C. 提高代码的运行效率　　D. 实现多态性

8-8　关于类模板，下列表述中不正确的是(　　)。

A. 用类模板定义一个对象时，不能省略实参

B. 类模板只能有虚拟类型参数

C. 类模板的成员函数都是模板函数

D. 在类模板定义之前，都需要在前面加上模板声明

8-9　假设类模板 Employee 存在一个 static 数据成员 salary，由该类模板实例化 3 个模板类，那么存在(　　)个 static 数据成员的副本。

A. 0　　B. 1　　C. 2　　D. 3

8-10　指出下列程序中的错误，并说明原因。

```
#include<iostream>
using namespace std;
template<typename T>
class Compare
{
public:
   Compare (T a,T b)
   { x=a;y=b;}
   T min();
private:
   T x,y;
};
template<typename T>
T Compare::min()
{   return (x<y)?x:y;
}
int main()
{
    Compare coml(3,7);
    cout<<"其中的最小值是:"<<coml.min() <<endl;
```

```
return 0;
}
```

8-11 写出下面程序的运行结果。

```
#include<iostream>
using namespace std;
template<class Type1,class Type2>
class myclass{
public:
   myclass(Type1 a,Type2 b)
   { i=a;j=b;}
   void show()
   { cout<<i<<' '<<j<<endl;}
private:
    Type1 i;
    Type2 j;
};
int main()
{  myclass<int,double> ob1 (10,0.23);
   myclass<char,const char*> ob2 ('x',"This is a test.");
   ob1.show();
   ob2.show();
   return 0;
}
```

8-12 写出下面程序的运行结果。

```
#include<iostream>
using namespace std;
namespace NS1{
    int x=10;
}
namespace NS2{
    int x=20;
}
int main()
{
    using NS1::x;
    using namespace NS2;
    cout<<"x= "<<x<<endl;
    return 0;
}
```

8-13 已知下列主函数：

```
int main()
{ cout<<min(10,5,3)<<endl;
  cout<<min (10.0f,5.0f,3.0)<<endl;
  cout<<min('a','b','c' )<<endl;
  return 0;
}
```

设计一个求 3 个数中最小者的函数模板，并写出调用此函数模板的完整程序。

8-14 编写一个函数模板，求数组中的最大元素，并写出调用此函数模板的完整程序，使得函数调用时，数组的类型可以是整型，也可以是双精度型。

8-15 编写一个函数模板，使用冒泡排序将数组内容由小到大排列并打印出来，并写出调用此函数模板的完整程序，使得函数调用时，数组的类型可以是整型，也可以是双精度型。

8-16 建立一个用来实现求 3 个数和的类模板（将成员函数定义在类模板的内部），并写出调用此类模板的完整程序。

第9章 输入输出流

【学习目标】

(1) 理解如何使用输入输出流。

(2) 掌握格式化输入输出。

(3) 掌握如何输入输出用户自定义类型数据。

(4) 掌握文件的顺序/随机处理方式。

数据的输入输出是最重要的操作，C++的输入输出由 iostream 库(iostream library)提供支持。它利用多继承和虚拟继承实现了面向对象类层次结构。C++的输入输出机制为内置数据类型的输入输出提供了支持，同时也支持文件的输入输出。在此基础上，设计者可以通过扩展 iostream 库，为新类型的数据读写进行扩展。

9.1 C++的流

stdio.h 中定义的输入/输出库函数 scanf/printf，完成输入/输出工作有较严重的缺点。

(1) 在 C++语言环境中，这样的输入输出设施缺乏完备性，不能把自定义类型的数据作为一个整体进行输入或输出。

(2) 使用库函数时，需要写出比较烦琐的格式说明。

(3) 不同的库函数在参数次序和语义等方面存在不一致性。

因此，C++语言使用继承机制，创建出了自己特有的方便、一致、安全而且可扩充的输入输出系统，这就是通常所说的流库。

9.1.1 流的概念

输入和输出是数据传送的过程，数据如流水从一处流向另一处，C++形象地将此过程称为流。在 C++中，“流”指的是数据从一个源流到一个目的的抽象，它负责在数据的生产者(源)和数据的消费者(目的)之间建立联系，并管理数据的流动。凡是数据从一个地方传输到另一个地方的操作都是流的操作。

从流中提取数据称为输入操作，在输入操作中，字节流从输入设备(例如键盘、磁盘等)流向内存；向流中添加数据称为输出操作，在输出操作中，字节流从内存流向输出设备(例如显示器、打印机等)。

C++的输入输出是以字节流的形式实现的，字节流可以是 ASCII 字符、二进制形式的数据、图形图像、音频视频等信息。文件和字符串也可以看成有序的字节流，分别称为文件流和字符流。

C++编译系统带有一个 I/O 流类库。在 I/O 流类库中包含许多用于输入输出的类，称为流类。用流类定义的对象称为流对象。cin 是标准输入流对象，cout 是标准输出流对象。

程序运行时，在内存中为每一个数据流开辟一个内存缓冲区，用来存放流中的数据。当用 cout 和插入运算符“<<”，向显示器输出数据时，先将这些数据送到程序中的输出缓冲区保存，直到缓冲区满了，或者遇到 endl，就将缓冲区中的全部数据送到显示器上显示出来。在输入时，从键盘输入的数据先放在键盘的缓冲区中，当按回车键时，键盘缓冲区中的数据输入到程序中的输入缓冲区，形成 cin 流，然后用提取运算符“>>”，从输入缓冲区中提取数据，送给程序中的有关变量。

9.1.2 I/O 流类库

C++流类库是 C++语言为完成输入输出工作而定义的类的集合。C++的 I/O 流类库是用继承方法建立起来的一个输入输出类库，这些类构成一个层次结构的系统。几个常用的流类库层次结构如图 9-1 所示。

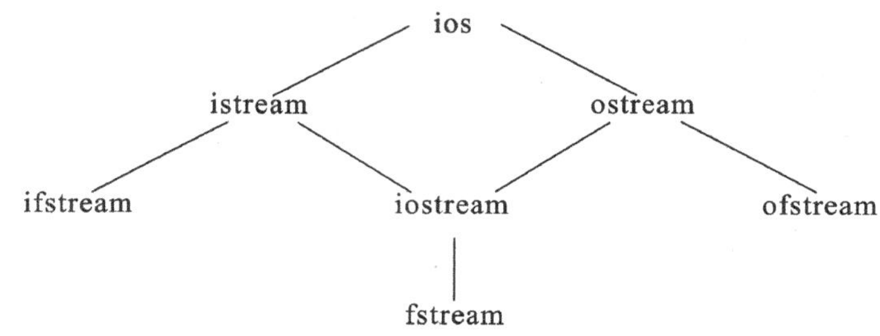

图 9-1　几个常用的流类库层次结构

ios 类作为流类库的基类，主要派生了 istream(输入流类)、ostream (输出流类)，由这两个类又派生了很多实用的流类，除 ifstream(输入文件流类)、ofstream (输出文件流类)、iostream 类外，还有 strstream(输入/输出串流类)、istrstream(输入串流类)、ostrstream(输出串流类)等。输入输出流类 iostream 是通过多继承从类 istream 和 ostream 派生而来的。

I/O 流类库中有数百种输入输出功能，I/O 流类库中各种的类的声明被放在相应的头文件中，用户在自己的程序中用 # include 命令包含了有关的头文件，就相当于在本程序中声明了所需要用到的类。常用的头文件有：

- iostream　包含了对输入输出流进行操作所需的基本信息。使用 cin、cout 等流对象进行针对标准设备的 I/O 操作时，须包含此头文件。
- fstream　用于用户管理文件的 I/O 操作。使用文件流对象进行针对磁盘文件的操作，须包含此头文件。
- strstream　用于字符串流的 I/O 操作。使用字符串流对象进行针对内存字符串空间的 I/O 操作，须包含此头文件。
- iomanip　用于输入输出的格式控制。在使用 setw、fixed 等大多数操作符进行格式控制时，须包含此头文件。

1. 用于输入输出的流类

I/O 流类库中包含了许多用于输入输出操作的类，其中类 istream 支持流输入操作，类 ostream 支持流输出操作，类 iostream 同时支持流输入和流输出。表 9-1 列出了 I/O 流类库中常用的流类，并指出了这些流类在哪个头文件中声明。

表 9-1 I/O 流类库中常用的流类

类　名	说　明	头 文 件
抽象流基类		
ios	流基类	iostream
输入流类		
istream	通用输入流类和其他输入流的基类	iostream
ifstream	输入文件流类	fstream
istrstream	输入字符串流类	strstream
输出流类		
ostream	通用输出流类和其他输出流的基类	iostream
ofstream	输出文件流类	fstream
ostrstream	输出字符串流类	strstream
输入输出流类		
iostream	通用输入输出流类和其他输入输出流的基类	iostream
fstream	输入输出文件流类	fstream
strstream	输入输出字符串流类	strstream

2. 标准流对象

与输入设备(如键盘)相联系的流(流对象)称为输入流(流对象),与输出设备(如显示器)相联系的流(流对象)称为输出流(流对象)。

C++中包含几个预定义的标准流对象,它们是:

(1) cin——标准输入流对象,与标准输入设备(通常指键盘)相联系。例如:

```
cin>>变量名;
```

“>>”为提取运算符(输入运算符),表示从键盘读取数据放入变量中。

(2) cout——标准输出流对象,与标准输出设备(通常指显示器)相联系。例如:

```
cout<<“数据”;
```

“<<”为插入运算符(输出运算符),表示将“数据”写到显示器上。

(3) cerr——非缓冲型的标准出错流对象,与标准输出设备相联系。

(4) clog——缓冲型的标准出错流,与标准输出设备(通常指显示器)相联系。

cerr 与 clog 均用来输出出错信息。cerr 是不经过缓冲区,直接向显示器上输出有关信息,因而发送给它的任何内容都立即输出;clog 中的信息存放在缓冲区中,缓冲区满后或遇上 endl 时向显示器输出。

由于 istream 和 ostream 类都是在头文件 iostream 中声明的,因此只要在程序中包含头文件 iostream。使用 iostream 库的文件流,必须包含相关的头文件 fstream。

用户也可以用 istream 和 ostream 等类声明自己的流对象。例如:

```
istream  is;
ostream  os;
```

声明了 is 为输入流对象,声明了 os 为输出流对象。

9.2 输入输出流

C++的 ostream 提供了丰富的格式化和无格式化的输出功能:用流插入符“<<”输出标准数据类型。如:

```
cout<<"hello! C++\n";          //其中\n表示换行
cout<<"hello! C++"<<endl;  //其中 endl 表示换行,与上行效果一样
```

对应于输出,C++提供了实用的输入功能。类似于输出流中的流插入符,输入中引入了流读取符“>>”,也称提取符,实现数据的输入。如:

```
int i;
cin>>i;//从键盘输入的数据自动转换为 i 的类型,存储到变量 i 中
```

9.2.1 输入输出操作符>>和<<

1. 输出操作符<<

流输出可以用流插入运算符即重载的<<(左移位运算符)来完成。其重载函数原型为:

```
ostream& operator<<( ostream &,类型名);
```

“<<”是一个双目运算符,调用时,运算符“<<”左边的操作数是 ostream 类的一个对象(如 cout),右边可以是 C++的合法表达式。格式如下:

```
输出流对象 << C++合法表达式;
```

输出操作符可以接受任何内置数据类型的实参,包括 const char *,以及标准库 string 和 complex 类型。还可以是函数调用,只要它的计算结果是一个能被输出操作符实例接受的数据类型即可。

因为重载的<<运算符返回对它左边操作数对象的引用(ostream &),所以可以用级联的形式,这在 C++中是允许的。如:

```
cout<<"hello!C++"<<strlen("hello!C++")<<endl;
```

语句执行效果如下:

```
(((cout<<"hello!C++")<<strlen("hello!C++"))<<endl);
```

最内层小括号内的表达式 cout<<" hello! C++" 输出特定的字符串,并返回对 cout 的引用。这使得第 2 层小括号内的表达式 cout<<strlen(" hello! C++")输出 10,并返回对 cout 的引用。最外层括号内的表达式 cout<<endl 输出换行,并返回对 cout 的引用,只是并没有使用这个返回。

说明:

(1) C++提供了指针预定义输出操作符,允许输出项为显式对象的地址。默认情况下,地址以十六进制的形式显示。

【例 9-1】 简单输出实例 1。

```
#include<iostream>
using namespace std;
int main()
{
    int i=10;
```

```
        int *p=&i;
        cout<<"i: "<<i<<"   &i:"<<&i<<endl;
        cout<<"*p:"<<*p<<"   p:"<<p<<"   &p:"<<&p<<endl;
        return 0;
    }
```

程序执行结果如图 9-2 所示。

```
C:\WINDOWS\system32\cmd.exe
i: 10    &i:00CFFA6C
*p:10    p:00CFFA6C   &p:00CFFA60
请按任意键继续. . .
```

图 9-2　例 9-1 运行结果

(2) 在输出时需要注意<<的优先级问题,例如,求两者中的最大值。

【例 9-2】 简单输出实例 2。

```
#include<iostream>
using namespace std;
int main()
{
    int i=10,j=20;
    cout<<"the max is ";
    cout<<(i>j)? i:j;
    return 0;
}
```

程序执行结果如图 9-3 所示。

```
C:\WINDOWS\system32\cmd.exe
the max is 0请按任意键继续. . .
```

图 9-3　例 9-2 运行结果

说明:输出操作符<<的优先级高于条件运算符,所以先输出 i、j 比较的结果(10<20 为 false)0。

2. 输入操作符>>

类似于输出流中的流插入符,输入中引入了流读取符,也称提取符。流输入可以用流读取运算符即重载的>>(右移位运算符)来完成。其重载函数原型为:

istream& operator>>(istream &,类型名 &);

类似于输出运算符<<,读取符是一个双目运算符,左边的操作数是 istream 类的一个对象(如 cin),右边的操作数是系统定义的任何数据类型的变量。格式如下:

输入流对象 >> 基本类型变量;

因为原型中第二个参数是输入的变量的引用,所以此时实参和形参是双向传递的。

例如:

```
int i;cin>>i;
```

从键盘输入的数据会自动转换为 i 的类型，存储到变量 i 中。

说明：

(1) 输入运算符>>也支持级联输入。在默认情况下，运算符>>跳过空格，读入后面与变量类型相应的值。因此给一组变量输入值时，要用空格、换行或 Tab 键将输入的数值间隔开，例如：

```
int i;float f;cin>>i>>f;
```

当从键盘输入 10 12.34 时，数值 10 和 12.34 会分别存储到变量 i 和 f 内。

(2) 当输入字符串(char * 类型)时，输入运算符>>会跳过空格，读入后面的非空格符，直至遇到另外一个空格结束，并在字符串末尾自动放置字符'\0'作为结束标志。例如：

```
char s[20];cin>>s;
```

当输入 Hello!　 world! 时，存储在字符串 s 中的值为"Hello!"，而没有后面的"world!"。

(3) 数据输入时，不仅检查数据间的空格，还做类型检查、自动匹配。例如：

```
int i;float f;cin>>i>>f;
```

如果输入 12.34　34.56，则存储在 i、f 内的数值为 12 和 0.34，而不是 12.34 和 34.56。

9.2.2 格式化输出

标准输出流默认设置如下。

(1) 整数：十进制，域宽为零，右对齐，以空格填充。

(2) 实数：十进制，域宽为零，右对齐，以空格填充，精度 6 位小数，浮点输出。

(3) 字符串：域宽为零，右对齐，以空格填充，按实际字符长度输出。

但是在很多情况下，用户希望自己控制输出格式。C++提供了两种格式控制方法：通过使用 ios 类中的格式控制函数和使用称为操纵符的特殊类型函数。

1. ios 类成员函数控制格式

ios 类中有几个流成员函数可以用来对输入输出进行格式控制。常用的流成员函数如表 9-2 所示。

表 9-2　用于控制输入输出格式的流成员函数

流成员函数	功　　能
setf(flags)	设置状态标志，待设置的状态标志 flags 的内容见表 9-3 所示
unsetf(flags)	清除状态标志，待清除的状态标志 flags 的内容见表 9-3 所示
flags( )	返回当前的格式标志
width(n)	设置字段域宽为 n 位
fill(char ch)	设置填充字符 ch
precision(n)	设置实数的精度为 n 位，在以普通十进制小数形式输出时，n 代表有效数字；在以 fixed(固定小数位数)形式和 scientific(指数)形式输出时，n 为小数位数

流成员函数 setf 和 unsetf 括号中的参数是用状态标志指定的，状态标志在类 ios 中被定义为枚举值，所以在引用这些状态标志时要在前面加上"ios::"。状态标志如表 9-3 所示。

表 9-3 类 ios 中定义的状态标志

标志	作用	输入输出
ios::skipws	跳过输入中的空白符	用于输入
ios::left	输出数据在本域宽范围内左对齐	用于输出
ios::right	输出数据在本域宽范围内右对齐	用于输出
ios::internal	数据的符号位左对齐,数据本身右对齐,符号和数据之间为填充符	用于输出
ios::dec	设置整数的基数为 10	用于输入/输出
ios::oct	设置整数的基数为 8	用于输入/输出
ios::hex	设置整数的基数为 16	用于输入/输出
ios::showbase	输出整数时显示基数符号(八进制数以 0 打头,十六进制数以 0x 打头)	用于输入/输出
ios::showpoint	浮点数输出时带有小数点	用于输出
ios::uppercase	在以科学表示法格式 E 和以十六进制输出字母时用大写表示	用于输出
ios::showpos	正整数前显示"+"符号	用于输出
ios::boolalpha	把 true 和 false 表示为字符串	用于输出
ios::scientific	用科学表示法格式(指数)显示浮点数	用于输出
ios::fixed	用定点格式(固定小数位数)显示浮点数	用于输出
ios::unitbuf	完成输出操作后立即刷新所有的流	用于输出
ios::stdio	完成输出操作后刷新 stdout 和 stderr	用于输出

1) 设置状态标志流成员函数 setf

一般格式为:

```
long ios::setf(long flags)
```

功能:设置状态标志,就是将某一状态标志位置"1"。

说明:参数 flags 是用状态标志指定的,状态标志在类 ios 中被定义成枚举值。

使用时,一般的调用格式为:

```
流对象.setf(ios::状态标志);
```

例如:

```
cout.setf(ios::dec);//表示以十进制输出
cout.setf(ios::dec|ios::scientific);//表示以十进制、科学计数法输出
```

说明:在使用 setf 函数设置多项标志时,中间应该用或运算符"|"分隔。

2) 清除状态标志流成员函数 unsetf

一般格式为:

```
long ios::unsetf(long flags)
```

功能:清除某一状态标志,就是将某一状态标志位置"0",

说明:流成员函数 unsetf 括号中的参数 flags 与流成员函数 setf 相同。调用格式为:

```
流对象.unsetf(ios::状态标志);
```

使用方法与 ios::setf()函数的相同。

3) 取状态标志

取状态标志用 flags()函数,在 ios 类中重载了两个版本:long ios::flags()和 long ios::flags(long newflag)。前者用于返回当前状态标志字;后者设置格式标志为 newflag,返回旧的格式标志。

【例 9-3】 setf/unsetf/flags 使用。

```
#include<iostream>
using namespace std;
void showflags(long f)    //输出标志字函数
{
    long i;
    for(i=0x8000;i;i=i>>1)   //使用右移位方法
        if(i&f)             //如果某位为 1,则输出 1;否则输出 0
            cout<<"1";
        else
            cout<<"0";
    cout<<endl;
}
int main()
{
    long flag;
    flag=cout.flags();//获取状态字
    showflags(flag);  //以二进制形式显示系统默认的状态字
    cout.setf(ios::dec|ios::boolalpha|ios::skipws);//设置状态字
    flag=cout.flags();//获取状态字
    showflags(flag); //以二进制形式显示状态字
    cout.unsetf(ios::skipws);//清除状态字
    flag=cout.flags();//以二进制形式显示状态字
    showflags(flag);
    return 0;
}
```

程序执行的结果如图 9-4 所示。

图 9-4 例 9-3 运行结果

说明:函数 showflags()的功能是输出状态字的二进制数值。算法思想是:从最高位到最低位,从 0x8000 开始逐个右移位循环 16 次,从高到低取 flags 对应位的值,并输出该二进制位的数值(只有二进制位为1时,结果才为1,否则为0),由此得到状态字各个二进制位的数值。

第一行显示的是系统默认状态下的状态字值,skips 和 unitbuf 被设定(查相应的标志数值表得到)。第二行显示的是默认状态下追加了 ios::dec|ios::boolalpha|ios::skipws 的状态标志,skipws 是已有标志,没有改变相应的二进制,而 ios::dec|ios::boolalpha 位发生了变化。第三行显示的是去掉 skipws 后状态字的变化,显示最后一位是 skipws 标志位。

4) 设置域宽流成员函数 width

常用的格式为:

```
int ios::width(int n)
```

功能:返回当前域宽值,并设置域宽为 n 位。

注意:所设置的域宽仅对下一个流输出操作有效,当一次输出操作完成之后,域宽又恢复为默认域宽 0。当 n 缺省时,仅返回当前域宽值。

5) 设置实数的精度流成员函数 precision

常用格式为:

```
int ios::precision(int n);
```

功能:返回当前设置的精度值,并设置实数的精度为 n 位。在以一般十进制小数形式输出时,n 代表有效数字;在以 fixed(固定小数位数)形式和 scientific(指数)形式输出时,n 为小数位数。设置一直有效,直到碰到下一条设置精度语句。当 n 缺省时,仅返回当前设置的精度值。

6) 填充字符流成员函数 fill

常用的格式:

```
char ios::fill(char ch);
```

功能:返回当前使用的填充字符,并设置 ch 为新的填充字符。当输出值不满域宽时,用填充字符来填充,默认情况下填充字符为空格。设置一直有效,直到碰到下一条设置填充字符语句。当 ch 缺省时,仅返回当前使用的填充字符。

说明:在使用填充字符函数 fill 时,必须与 width 函数相配合,否则就没有意义。

【例 9-4】 输入输出综合举例。

```
#include<iostream>
using namespace std;
int main()
{
    int i=123;
    float f=2010.0301;
    const char*const str="hello! every one!";
    cout<<"default width is:"<<cout.width()<<endl;//默认域宽
    cout<<"default fill is :"<<cout.fill()<<endl;//默认填充字符
    cout<<"default precision is:"<<cout.precision()<<endl;//默认精度
```

```
        cout<<"i= "<<i<<"  f="<<f<<"  str="<<str<<endl;
        cout<<"i=";
        cout.width(12);  //设置域宽为 12
        cout.fill('*');  //设置填充字符为"*"
        cout<<i<<endl;
        cout<<"i(hex)=";
        cout.setf(ios::hex,ios::basefield);//设置十六进制输出
        cout<<i;
        cout<<"i(oct)=";
        cout.setf(ios::oct,ios::basefield);//设置八进制输出
        cout<<i<<endl;
        cout<<"f=";
        cout.width(12);//设置域宽为 12
        cout.precision(3);//设置精度为 3
        cout<<f<<endl;
        cout<<"f=";
        cout.width(12);//设置域宽为 12
        cout.setf(ios::fixed,ios::floatfield);//设置精度:小数位为 3 位
        cout<<f<<endl;
        cout<<"str=";
        cout.width(20);
        cout.setf(ios::left);//设置左对齐
        cout<<str<<endl;
        return 0;
    }
```

程序执行结果如图 9-5 所示。

图 9-5　例 9-4 运行结果

说明：首先输出默认情况下的域宽、填充字符和精度——0，空格、6，注意系统默认保留 6 位整数、2 位小数，如果整数超过 6 位，自动转为科学计数法形式。

调用域宽函数 width()设置域宽为 12，只对它后面的第一个输出有影响，当完成后面的第一个输出后，域宽自动置为 0，而调用 precision()和 fill()则一直有效，除非重新设置新值。

用域宽为 12、填充字符为“ * ”，输出整数 i 的值。

调用 setf(ios::hex,ios::basefield)设置十六进制输出 i 的十六进制值，调用 setf (ios::oct,ios::basefield) 设置八进制输出 i 的八进制值。

用域宽为 12、精度为 3，输出浮点数 f 的值，而 f 长度超过 3，则转为科学计数法形式，整数保留 1 位，小数保留 2 位，即 2.01e+003，空白部分用"*"填充。

调用函数 fixed 使得小数部分保留 3 位（根据前面设置的 precision(3)），显示结果为 2010.030，空白部分用"*"填充。

设置域宽为 20，并用左对齐方式输出字符串 str，str 的长度不足 20，空白部分用上面设置的"*"填充。

2. 操纵符控制格式

使用 ios 类中的成员函数进行输入输出格式控制时，每个函数的调用需要写一条语句，而且不能将它们直接嵌入到输入输出语句中去，显然使用起来十分不方便。C++提供了另一种进行输入输出格式控制的方法，这一方法使用了一种称为操纵符（也称为操作符或者控制符）的特殊函数，在很多情况下使用操纵符进行格式化控制，比用 ios 类状态标志和成员函数要方便。

操纵符有不带参数的操纵符和带参数的操纵符，许多操纵符的功能类似于上面介绍的 ios 类成员函数的功能。表 9-4 列出了 C++提供的预定义操纵符。

表 9-4　C++预定义操纵符

操纵符	功能	输入输出
dec	设置整数的基数为 10	用于输入/输出
hex	设置整数的基数为 16	用于输入/输出
oct	设置整数的基数为 8	用于输入/输出
ws	用于在输入时跳过开头的空白符	用于输入
endl	输出一个换行符并刷新输出流	用于输出
ends	插入一个空字符 null，通常用来结束一个字符串	用于输出
flush	刷新一个输出流	用于输出
setbase(*n*)	设置整数的基数为 *n*（*n* 的取值为 0，8，10 或 16），*n* 的默认值为 0，即以十进制形式输出	用于输入/输出
setfill(c)	设置 c 为填充字符，默认时为空格	用于输出
setprecision(*n*)	设置实数的精度为 *n* 位，在以一般十进制小数形式输出时，*n* 代表有效数字。在以 fixed（固定小数位数）形式和 scientific（指数）形式输出时，*n* 为小数位数	用于输出
setw(*n*)	设置域宽为 *n*	用于输出
setiosflags(f)	设置由参数 f 指定的状态标志	用于输入/输出
resetiosflags(f)	终止由参数 f 指定的状态标志	用于输入/输出
…	…	…

操纵符 setiosflags 和 resetiosflags 要带上状态标志才能使用，表 9-5 列出了部分带状态标志的操纵符 setiosflags 和 resetiosflags。

表 9-5　部分带状态标志的操纵符 setiosflags 和 resetiosflags

操　纵　符	功　　能
setiosflags(ios::left)	数据按域宽左对齐输出
setiosflags(ios::right)	数据按域宽右对齐输出
setiosflags(ios::fixed)	固定的小数位数显示
setiosflags(ios::scientific)	设置浮点数以科学表示法(即指数形式)显示
setiosflags(ios::showpos)	在正数前添加一个"+"号输出
setiosflags(ios::uppercase)	在以科学表示法格式 E 和以十六进制输出字母时用大写表示
resetiosflags(f)	终止已设置的状态标志,在括号中应指定 f 的内容

在进行输入/输出时,操纵符被嵌入到输入/输出语句中,用来控制格式。修改例 9-4 中的代码,比较操纵符与成员函数的不同。

【例 9-5】 格式控制。

```
#include<iostream>
#include<iomanip>    //包含头文件
using namespace std;
int main(){
    int i=123;
    float f=2010.0301;
    const char*const str="hello! every one!";
    cout<<"default width is:"<<cout.width()<<endl;
    cout<<"default fill is :"<<cout.fill()<<endl;
    cout<<"default precision is:"<<cout.precision()<<endl;
    cout<<"i="<<i<<"  f="<<f<<"  str="<<str<<endl;
    cout<<"i="<<setw(12)<<setfill('*')<<i<<endl;
    cout<<"i(hex)="<<hex<<i<<"  i(oct)="<<oct<<i<<endl;
    cout<<"f="<<setw(12)<<setprecision(3)<<f<<endl;
    cout<<"f="<<setw(12)<<fixed<<f<<endl;
    cout<<"str="<<setw(20)<<left<<str<<endl;
    return 0;
}
```

程序执行结果如图 9-6 所示。

```
C:\WINDOWS\system32\cmd.exe
default width is:0
default fill is :
default precision is:6
i=123  f=2010.03  str=hello! every one!
i=*********123
i(hex)=7b  i(oct)=173
f=***2.01e+003
f=****2010.030
str=hello! every one!***
请按任意键继续. . .
```

图 9-6　例 9-5 运行结果

输出结果相同，但是程序简洁方便许多。

注意：(1) 所有不带参数的操纵符都定义在头文件 iostream 中，而带形参的操纵符则定义在头文件 iomanip 中，因而使用相应的操纵符，就必须包含相应的头文件。

```
#include<iostream>     #include<iomanip>
```

(2) 在进行输入输出时，操纵符被嵌入到输入链或输出链中，用来控制输入输出的格式，而不是执行输入或输出操作。

3. 用户自定义的操纵符控制格式

C++除了提供系统预定义的操纵符之外，也允许用户自定义操纵符，便于控制一些频繁使用的格式操作，使得格式控制更方便、高效。

自定义输出流操纵符算子格式如下：

```
ostream  &自定义输出流操纵符算子函数名(ostream &stream)
{
    ……  //自定义代码
    return stream;
}
```

自定义输入流操纵符算子格式如下：

```
istream  &自定义输入流操纵符算子函数名(istream &stream)
{
    ……  //自定义代码
    return stream;
}
```

【例 9-6】 自定义输出操纵符。

```
#include<iostream>
#include<iomanip>
using namespace std;
ostream &output1(ostream &stream)
{ stream.setf(ios::left);
  stream<<setw(10)<<oct<<setfill('*');
  return stream;
}
int main()
{ cout<<123<<endl;
  cout<<output1<<123<<endl;
  return 0;
}
```

程序执行结果如图 9-7 所示。

自定义一个名为 output1 的操纵符，功能为：设置域宽为 10，整数按八进制输出，填充字符为“*”，并采用左对齐。在主函数中只写“output1”即可。

可以看到，调用自定义的操纵符子函数与调用系统的操纵符完全一样。

图 9-7　例 9-6 运行结果

【例 9-7】　自定义输入操纵符。

```
#include<iostream>
#include<iomanip>
using namespace std;
istream &input1(istream &in){
  cout<<"Enter number using hex format:";
  in>>hex;
  return in;
}
int main()
{ int i;
  cin>>input1>>i;
  cout<<"hex: "<<hex<<i<<"------dec:"<<dec<<i<<endl;
  return 0;
}
```

程序执行结果如图 9-8 所示。

```
C:\WINDOWS\system32\cmd.exe
Enter number using hex format:7b
hex: 7b------dec:123
请按任意键继续. . .
```

图 9-8　例 9-7 运行结果

程序运行，显示提示信息“Enter number using hex format:”，当输入 7b 后，分别以十六进制和十进制显示 i。

9.2.3　输入输出流的成员函数

在 C++程序中除了用 cout 和插入运算符“<<”实现输出，用 cin 和提取运算符“>>”实现输入外，还可以用类 istream 和类 ostream 流对象的一些成员函数，实现字符的输出和输入。下面介绍其中的一部分。

1. get( )、put( )函数

get(char& ch)从输入流中提取一个字符，包括空白字符，并把它存储在 ch 中。如果读取成功，则返回非 0 值；如失败(遇到文件结束符 EOF)，则返回 0 值。此函数在类 istream 里。

对应于 get( )，类 ostream 提供了 put(char ch)函数，用于输出字符。

【例 9-8】　get/put 函数应用实例。

```
#include<iostream>
using namespace std;
int main()
```

```
{ char ch;
  cout<<"Input:";
  while(cin.get(ch))
    cout.put(ch);
  return 0;
}
```

程序执行结果如图 9-9 所示。

```
Input:hello! world!
hello! world!
123 abc d
123 abc d
^Z
请按任意键继续. . .
```

图 9-9　例 9-8 运行结果

说明：利用 get 循环输入字符，put 输出字符，直到输入“Ctrl＋Z”及回车，使得 get 读入的值是 EOF 为止。

get( )的重载版本：

```
get(char *str,streamsize size,char delimiter='\n');
```

功能：从输入流读取最多 size－1 个字符，赋给 str 指向的字符数组，如果在读取 size－1 个字符之前遇到指定的终止字符 delimiter，则提前结束读取。delimiter 本身不会被读入，而是留在 istream 中，作为 istream 的下一个字符，默认结束符是换行符。

一个常见的错误是，执行第二个 get()时首先读入的就是这个 delimiter，从而影响下一步操作。

【例 9-9】　借助 istream 的成员函数 ignore()来去掉 delimiter。

```
#include<iostream>
using namespace std;
int main()
{   const int str_len=100;
    char str[str_len];
    while(cin.get(str,str_len))
    {   //当读入的数据不为空时循环下一次，每次最多读入 str_len 个
        int count=cin.gcount();   //当前实际读入多少个字符
        cout<<"the number is:"<<count<<endl;
        if(count<str_len)
            cin.ignore();   //在下一行之前去掉换行符
    }
    return 0;
}
```

程序执行结果如图 9-10 所示。

说明：当输入 hello! every one! 后，通过函数 gcount()得到字符串含有字符的个数，得到字符串长度 17(包含中间两个空格)；输入 welcome C＋＋后，字符串长度为 11；输入 goodby! 后，字符串长度为 7；最后直接输入换行，程序结束。

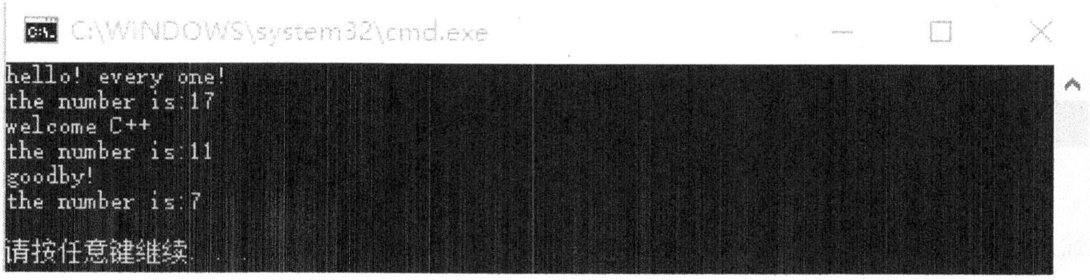

C:\WINDOWS\system32\cmd.exe
hello! every one!
the number is:17
welcome C++
the number is:11
goodby!
the number is:7
请按任意键继续. . .

图 9-10　例 9-9 运行结果

2. getline( )函数

使用 get( )函数输入字符串时，经常忘记去掉 delimiter，将其留在 istream 流中，所以引入函数 getline( )，其原型与 get( )的重载版本相同：

```
getline(char *str,streamsize size,char delimiter= '\n');
```

功能：从输入流读取最多 size−1 个字符，赋给 str 指向的字符数组，然后插入一个字符串结束标志'\n'。如果在读取 size−1 个字符之前遇到指定的终止字符 delimiter，则提前结束读取。

使用 getline( )函数比 get( )方便，它除去了 delimiter，而不是将其留做下一个字符。

将例 9-9 中的 get 函数换成 getline，代码如下：

【例 9-10】 用 getline 函数读入一行字符。

```
#include<iostream>
using namespace std;
int main()
{   const int str_len=10;
    char str[str_len*2];
    while(cin.get(str,str_len))
    {
        int count=cin.gcount();
        cout<<"the number is:"<<count<<endl;
    }
    return 0;
}
```

程序执行结果如图 9-11 所示。

C:\WINDOWS\system32\cmd.exe
hello! every one!
the number is:18
welcome C++
the number is:12
goodby!
the number is:8
^Z
请按任意键继续. . .

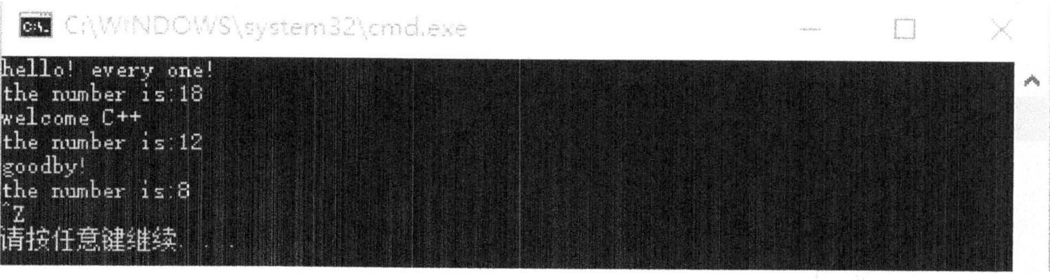

图 9-11　例 9-10 运行结果

与上一个程序的结果比较，发现此时统计的字符串长度要多一个，就是 getline 在读入的字符串尾插入的'\n'。而且 getline 会除去 delimiter，所有程序运行可以循环直至输入

"Ctrl+Z"及回车，读入的值是 EOF 为止。

请注意用"cin>>"和成员函数"cin. getline()"读取数据的区别。

(1) 使用"cin>>"可以读取 C++标准类型的各类数据(如果经过重载，还可以用于输入自定义类型的数据)，而用"cin. getline()"只能用于输入字符型数据。

(2) 使用"cin>>"读取数据时以空白字符(包括空格、Tab 键、回车键)作为终止标志，而"cin. getline()" 可连续读取一系列字符，可以包括空格。

3. write( )、read( )函数

ostream 类成员函数 write( )提供一种输出字符数组的方法。它不是输出"直到终止字符为止"，而是输出某个长度的字符序列，包括空字符。函数原型如下：

```
write(char *str,streamsize length);
```

功能:将 str 所指字符串中,length 个连续字符显示出来,返回当前被调用的 ostream 类对象。

与 ostream 类的 write()函数对应的是 istream 类的 read()函数，原型如下：

```
read(char *str,streamsize length);
```

功能:从输入流中读取 length 个连续的字符放到 str 所指向的字符数值中。

gcount()返回由最后一个 read()调用所读取的字节数，而 read()返回当前被调用的 istream 类对象。

【例 9-11】 输入输出函数综合实例。

```
#include<iostream>
using namespace std;
int main()
{
    const int str_len=100;
    char str[str_len];
    int  iline=0; //行数
    int  max=-1;//最长行的长度
    while(iline<3)
    {
        cin.getline(str,str_len);//每次最多读入 str_len 个
        int num=cin.gcount();   //当前实际读入多少个字符,即行的长度
        iline++;   //统计行数,最长行
        if(num>max)
            max=num;
        cout<<"Line#"<<iline<<"\t chars read:"<<num<<endl;
        cout.write(str,num).put('\n').put('\n');
    }
    cout<<"Total lines:"<<iline<<endl;
    cout<<"The longest line:"<<max<<endl;
    return 0;
}
```

程序执行结果如图 9-12 所示。

注意:cout. write(str,num). put('\n'). put('\n');是级联输出形式，因为对象每次返回的是 cout 的引用。

```
C:\WINDOWS\system32\cmd.exe
123
Line#1   chars read:4
123

welcome C++
Line#2   chars read:12
welcome C++

Goodby!
Line#3   chars read:8
Goodby!

Total lines:3
The longest line:12
请按任意键继续. . .
```

图 9-12　例 9-11 运行结果

9.2.4　用户自定义类型的输入输出

C++除了可以输入输出系统预定义的各类型的数据，而且通过重载可以输入输出运算符(>>,<<)来实现用户自定义类型的输入输出。

1. 重载输出运算符“<<”

C++对插入运算符“<<”的功能进行了扩充，可以实现用户自定义类型的输出。作为一个双目运算符，定义插入运算符“<<”重载函数的一般格式如下：

```
ostream &operator<<(ostream &out, 自定义类名 obj)
{
    out<<obj.data1;
    out<<obj.data2;
    ……
    out<<obj.datan;
    return out;
}
```

函数中第一个参数 out 是对 ostream 对象的引用，即 out 必须是输出流对象；第二个参数是用户自定义要输出的类对象。date1，date2，…，data*n* 是类内要输出的数据成员。

输出运算符“<<”不能作为类的成员函数，只能作为友元函数来实现重载。

【例 9-12】　输出运算符重载。

```
#include<iostream>
using namespace std;
class Complex{                  //  声明复数类 Complex
 public:
    Complex(double r=0.0,double i=0.0);//声明构造函数
    friend ostream& operator <<(ostream&,Complex& );
                        //声明运算符"<<"重载为友元函数
private:
    double real;       // 复数实部
    double imag;       // 复数虚部
};
```

```
Complex::Complex(double r,double i) //定义构造函数
{   real=r;  imag=i;    }

ostream& operator<<(ostream& out,Complex& com)
{
    out<<com.real;              //定义运算符"<<"重载函数
    if (com.imag>0) out<<"+";
    if (com.imag!=0) out<<com.imag<<"i\n";
    return out;
}
int main()
{
    Complex com1(2.3,4.6); //定义 1 个复数类对象
    cout<<com1;            //直接输出 Complex 对象 com
    return 0;
}
```

程序执行结果如图 9-13 所示。

```
C:\WINDOWS\system32\cmd.exe
2.3+4.6i
请按任意键继续. . .
```

图 9-13 例 9-12 运行结果

程序为类 Complex 以友元函数方式重载输出运算符"<<",使得可以通过 cout 简单地输出 Complex 类对象 com。

2. 重载输入运算符">>"

C++对提取运算符">>"的功能进行了扩充,可以实现用户自定义类型的输入。作为一个双目运算符,定义提取运算符">>"重载函数的一般格式如下:

```
istream &operator>>(istream &in, 自定义类名 &obj)
{
    in>>obj.data1;
    in>>obj.data2;
    ……
    in>>obj.datan;
    return in;
}
```

函数中第一个参数 in 是对 istream 对象的引用,即 in 必须是输入流对象;第二个参数是用户自定义要输入的类对象的引用。date1,date2,…,data*n* 是类内要输入的数据成员。

与"<<"相同,输入运算符">>"只能作为友元函数来实现重载。

【例 9-13】 输入运算符重载。

```
#include<iostream>
using namespace std;
class Complex{
```

```
  public:
    Complex(double r=0,double i=0)
    { real=r;imag=i;}
    friend ostream &operator<<(ostream &,Complex );
    friend istream &operator>>(istream &,Complex &);
private:
   double real,imag;
};
ostream &operator<<(ostream &output,Complex obj)
{                              //定义重载"<<"的运算符函数
   output<<obj.real;
   if (obj.imag>0) output<<"+";
   if(obj.imag!=0) output<<obj.imag<<"i ";
   return output;
}
istream &operator>>(istream &input,Complex &obj)
{                              //定义重载">>"的运算符函数
   cout<<"请输入复数实部和虚部的值:"<<endl;
   input>>obj.real;
   input>>obj.imag;
   return input;
}
int main()
{
    Complex c1;//定义了一个复数对象 c1
    cout<<"复数 c1 的值是:"<<c1<<endl;
    cin>>c1;
    cout<<"输入后,复数 c1 的值是:"<<c1<<endl;
    return 0;
}
```

程序执行结果如图 9-14 所示。

图 9-14　例 9-13 运行结果

Complex 的对象 c1 的初值为 0,通过 cin 输入后,通过 cout 可以看到现在 c1 的值为:3－4i。

注意:重载输入符“>>”的第二个参数必须为引用,且不能是常引用。

 9.3 文件的输入输出

变量中的数据保存在内存中，是临时的；文件数据保存在磁盘、光盘等外存储器中，用于永久保存大量的数据。本节讨论怎样用C++程序建立、更新和处理数据文件，包括顺序访问文件和随机访问文件。

根据数据的组织形式，文件分为文本文件和二进制文件。文本文件的每个字节存放一个ASCII代码，代表一个字符；二进制文件把内存中的数据，按照其在内存中的存储形式原样写到磁盘上存放。

C++语言把每个文件都看成一个有序的字节流（字符流或二进制流）。每个文件不是以文件结束符结束，就是以在系统维护和管理的数据结构中特定的字符结束。

C++进行文件处理时，需要包含头文件iostream.h和fstream.h。fstream.h头文件包括流类ifstream（从文件输入）、ofstream（向文件输出）和fstream（从文件输入/输出）的定义。这三个流分别从istream、ostream和iostream类继承而来。

C++把文件视作无结构的字节流，所以记录等说法在C++中不存在。要正确地进行文件的输入/输出，需要遵循以下步骤。

（1）为要进行操作的文件定义一个流对象。

（2）建立（或打开）文件。如果文件不存在，则建立该文件；如果磁盘上已存在该文件，则打开它。

（3）进行读写操作。在建立（或打开）的文件基础上执行所要求的输入或输出操作。

（4）关闭文件。当完成输入输出操作时，应把已打开的文件关闭。

9.3.1 文件的打开与关闭

在程序中包含头文件fstream.h，定义相关流对象。例如：

```
#include<fstream>
using namespace std;
...
ifstream in;      //输入文件流
ofstream out;  //输出文件流
fstream inout;  //输入/输出文件流
```

只要将这些对象和相应的文件关联，就和cin、cout（标准输入输出流对象）一样，可以实现数据的输入输出，只是不像cin、cout用标准设备进行输入输出，而是从文件中输入输出。

在C++中打开一个文件，就是将这个文件与一个流对象建立关联，关闭一个文件就是取消这种关联。

1. 文件的打开

打开文件有两种方式。

1）使用open( )函数

open函数是ifstream、ofstream和fstream类的成员函数。原型定义如下：

```
void open(const unsigned char* ,int mode,int access= filebuf::openprot);
```

第一个参数用来传递文件名称；第二个参数mode决定文件的打开方式，取值见表9-6。

表 9-6 文件打开方式

打开方式	描 述
ios::in	以输入方式打开
ios::out	以输出方式打开,如果已有此名字的文件,则将其原有内容清除
ios::app	以输入方式打开,写入的数据追加在文件末尾
ios::ate	打开一个已有的文件,把文件指针移到文件末尾
ios::trunc	打开一个文件。若文件已存在,删除其中全部数据;若文件不存在,则建立新文件。
ios::nocreate	打开一个已有文件,若文件不存在,则打开失败
ios::noreplace	打开一个已有文件。若文件不存在,则建立新文件;若文件存在,则打开失败
ios::binary	以二进制方式打开一个文件,如不指定此方式,则默认为文本文件

例如:

```
ofstream out;
out.open("test.tt",ios::out);//ios::out 可省
```

表示用输出流对象 out 打开一个"test.tt"文件。

当一个文件需要多种方式打开时,可以用"或"操作符(即"|")把几种方式连接在一起。例如,打开一个能用于输入/输出的二进制文件:

```
fstream inout;
inout.open("test.tt",ios::in | ios::out | ios::binary);
```

打开文件后要判断是否打开成功:

```
if(inout.is_open())   //如果打开成功 true,则进行读写操作
{
    ...
}
```

注意:每一个打开的文件都有一个文件指针,该指针的初始位置由输入输出的方式指出,每次读写都从文件指针的当前位置开始,每读一个字节指针就向后移一个字节,当文件指针移到最后就会遇到文件结束符 EOF(文件结束符也占一个字节,其值为-1),此时流对象的成员函数 eof 的值为非 0 值(一般设为 1),表示文件结束了。

2) 流类构造函数打开文件

虽然完全可以用 open( )函数打开文件,但是类 ifstream、ofstream 和 fstream 中的构造函数都有自动打开文件功能,这些构造函数的参数及默认值与 open( )函数完全相同。因此,打开文件的最常见形式简化为:

输入/输出流类　流对象名("文件名称");

如果文件打开操作失败,则与文件相关联的流对象的值为 0。例如:

```
ofstream out("test.tt");
```

使用构造函数打开文件后，直接使用流对象判断是否打开成功：

```
if(!out)
{
cout<<"文件打开失败!"<<endl;
//错误处理代码
}
```

2. 文件的关闭

使用完文件后，应该把它关闭，即把打开的文件与流对象分开。对应于 open( )函数，使用 close( )函数关闭文件。在流对象的析构函数中，也具有自动关闭功能。

例如：

```
ofstream out;              //建立输出流对象
outout.open("test.dat");//流对象 out 与 test.dat 建立了关联，即打开磁盘文件 test.dat
…
out.close();               //将与流对象 out 所关联的磁盘文件 test.dat 关闭
```

在进行文件操作时，应养成将已完成操作的文件关闭的习惯，如果不关闭文件，则有可能丢失数据。

9.3.2 文件的读写

文件一旦打开，从文件中读取数据或向文件中写入数据将变得十分容易，只需要使用运算符“>>”和“<<”就可以，只是必须用与文件相连接的流对象代替 cin 和 cout。例如：

```
ofstream out("test.tt");//定义输出流对象 out，打开文件 test.tt
if(out)               //如果打开成功
{
out<<10<<"hello! \n";//把数字 10 和字符串 hello! \n 写入到文件 test.tt
out.close();          //关闭文件
}
```

流类的成员函数 put\write\get\getline，都可以用于文本文件的输入输出。

1. 文本文件的读写

【例 9-14】 先建立一个输出文件，向它写入数据，然后关闭文件，在按输入模式打开它，并读取信息。

```
#include<iostream>
#include<fstream>
using namespace std;
int main()
{
    ofstream fout("f2.dat",ios::out);
    //定义输出文件流对象 fout，打开输出文件 f2.dat
    if(! fout)       //如果文件打开失败，fout 返回 0 值
    {
        cout<<"Cannot open output file.\n";
        return 1;
    }
    fout<<100<<' '<<hex<<100<<endl;
```

```
    //把一个十进制整数和一个十六进制整数写到磁盘文件 f2.dat 中
  fout<<"\"Hello! \"\n"; //把一个字符串写到磁盘文件 f2.dat 中
  fout.close(); //将与流对象 fout 所关联的输出文件 f2.dat 关闭
  ifstream fin("f2.dat",ios::in); //定义文件流对象 fin,打开输入文件 f2.dat
  if (! fin)      //如果文件打开失败,fin 返回 0 值
  { cout<<"Cannot open input file.\n";
    return 1;
  }
  char str[80];
  while (fin)
  {
      fin.getline(str,80); //从磁盘文件 f2.dat 读入信息,赋给字符数组 str
      cout<<str<<endl; //在屏幕上显示字符串
  }
  fin.close(); //将与流对象 fin 所关联的输入文件 f2.dat 关闭
  return 0;
}
```

程序运行后,首先建立一个输出文件 f2. dat,并向它写入数据;完成写入数据后,关闭输出文件 f2. dat 后,再将文件 f2. dat 按输入模式打开,并从磁盘文件 f2. dat 读入信息赋给数值 str;最后在屏幕上显示出 str 的值,如图 9-15 所示。

图 9-15　例 9-14 运行结果

2. 二进制文件的读写

我们已经知道文件分为文本文件和二进制文件。最初设计流的目的是用于文本,因此在默认情况下,文件用文本方式打开,在以文本模式输出时,若遇到换行符(十进制 10,'\n'),便自动被扩充为回车换行符(十进制 13 和 10)。如果所操作的文件不是普通的文本文件,文件中包含一些控制符,比如换行符或文件结束符,这种自动扩充有时候可能使文件处理发生问题。

【例 9-15】 文本处理发生问题实例。

```
#include<fstream>
using namespace std;
int iarray[2]={65,10};
int main()
{
    ofstream fout("f3.dat",ios::out); //ios::out 可省
    fout.write((char*)iarray,sizeof(iarray));
    fout.close();
    return 0;
}
```

当执行程序时，向文件中输出时，ASCII 值会自动转换成 ASCII13(CR)及 10(LF)。然而这里的转换显然不是我们所需要的。如此，就要采用二进制模式输出。使用二进制模式输出时，其中所写的字符是不转换的。

对二进制文件进行读写有两种方式：使用函数 get 和 put；使用函数 read 和 write。这四种函数也可以用于文本文件的读写。除字符转换方面略有差别外，文本文件的处理过程与二进制文件的处理过程基本相同。

1）使用函数 get 和 put

get 函数是输入流类 istream 中定义的成员函数，它可以从与流对象连接的文件中读出数据，每次读出一个字节(字符)。put 函数是输出流类 ostream 中的成员函数，它可以向与流对象连接的文件中写入数据，每次写入一个字节(字符)。

【例 9-16】 二进制文件读写实例。

```
#include<iostream>
#include<fstream>
using namespace std;
void myread(const char*fname)
{
    ifstream file_read(fname,ios::binary);
        //定义 ifstream 类对象 file_read，打开二进制文件
    char c;
    if(file_read)//如果文件打开成功
    {
        while(file_read.get(c))   //文件没有结束时读入
            cout<<c;              //输出到屏幕
    }
}
void mywrite(const char*fname)
{
    ofstream file_write(fname,ios::binary);
        //定义 ofstream 类对象 file_read，打开二进制文件
    char c='A';
    if(file_write)//如果文件打开成功
    {
        for(int i=0;i<26;i++)
          file_write.put(c+i);
    }
}
int main()
{
    char fname[20]="word.file";
    mywrite(fname);
    myread(fname);
    return 0;
}
```

程序执行结果如图 9-16 所示。

```
C:\WINDOWS\system32\cmd.exe
ABCDEFGHIJKLMNOPQRSTUVWXYZ请按任意键继续. . .
```

图 9-16　例 9-16 运行结果

程序功能是：首先向文件“word.file”写入 26 个英文大写字母；然后调用读函数，从文件中读出并显示出来。

2）使用函数 read 和 write

C++提供了两个函数 read 和 write，用来读写一个数据块，read/write 函数最常用的调用格式如下：

```
inf.read(char * buf,int len)
outf.write(const char * buf,int len)
```

inf、outf 分别是输入、输出文件流对象，read()函数是类 istream 的成员函数，它从相应的流中读取 len 个字节(字符)放到 buf 所指的缓冲区中。write()函数是 ostream 的成员函数，它从 buf 所指的缓冲区中向相应的流写入 len 个字节(字符)。例如：

```
int iList[]={10,20,30,40};
write((unsigned char*)&iList,sizeof(iList));
```

定义了一个整型数组 iList，为了写入它的全部数据，必须在函数 write()中指定它的首地址 &iList，并转换为 unsigned char＊类型，由 sizeof()指定要写入的字节数。

例 9-17 对例 9-16 进行修改，用 read 和 write 函数实现文件的输入/输出。

【例 9-17】　一组数据的文件读写实例。

```
#include<iostream>
#include<fstream>
using namespace std;
struct list
{   char course[15];
    int score;
};
int main()
{   list list1[2]={"Computer",90,"Mathematics",78};
  ofstream out("f4.dat",ios::binary);
    if (!out)                //如果文件打开失败,out 返回 0 值
{ cout<<"Cannot open output file.\n";
      abort();              //退出程序,其作用与 exit 相同
      }
  for (int i=0;i<2;i++)
out.write((char*)&list1[i],sizeof(list1[i]));
out.close();
return 0;
}
```

执行后屏幕不显示任何信息，但程序已将两门课程的课程名和成绩以二进制形式写入文件 f4.dat 中。用下面的程序可以读取文件 f4.dat 中的数据，并在屏幕上显示出来，以验

证前面程序的操作。

【例 9-18】 将以二进制形式存放在磁盘文件中的数据(两门课程的课程名和成绩)读入内存,并在显示器上显示。

```
#include<iostream>
#include<fstream>
using namespace std;
struct list
{  char course[15];
   int score;
};
int main()
{
   list list2[2];
   ifstream in("f4.dat",ios::binary);
   if (!in)              //如果文件打开失败,in 返回 0 值
   {  cout<<"Cannot open input file.\n";
      abort();
   }
   for (int i=0;i<2;i++)
   { in.read((char*) &list2[i],sizeof(list2[i]));
     cout<<list2[i].course<<" "<<list2[i].score<<endl;
   }
   in.close();
   return 0;
}
```

程序执行结果如图 9-17 所示。

```
C:\WINDOWS\system32\cmd.exe
Computer 90
Mathematics 78
请按任意键继续. . .
```

图 9-17　例 9-18 运行结果

9.3.3　文件读写位置指针

按一定顺序进行读写的文件称为顺序文件。顺序文件只能按实际排列的顺序,一个一个地访问文件中的各个元素。

在类 istream 及类 ostream 中定义了几个与读或写文件指针相关的成员函数,使我们可以在输入输出流内随机移动文件指针,从而可以对文件的数据进行随机读写。

可以用以下三个成员函数来对读指针进行操作,它们是:tellg()(返回输入文件读指针的当前位置)、seekp(位移量,参照位置)和 seekg(位移量,参照位置)。

seekp( )函数和 seekg( )函数的原型如下:

```
ostream& seekp(streamoff off,ios::seek_dir dir);
istream& seekg(streamoff off,ios::seek_dir dir);
```

函数 seekp( )用于输出文件，函数 seekg( )用于输入文件，将相应的文件指针 get 从 dir 的位置移动 off 个字节。dir 取值如下。

ios::beg:从文件头开始，此时 off 取值为正；ios::beg 也可以用枚举值 0 表示。

ios::cur:从文件当前位置开始，此时 off 取值可为正也可为负；可用 1 表示。

ios::end:从文件末尾开始，此时 off 取值为负；可以用 2 表示。

【例 9-19】 随机访问文件实例。

```
#include<iostream>
#include<fstream>
using namespace std;
void myread(const char*fname)
{
    ifstream file_read(fname,ios::binary);
    char c[10];
    if(file_read)
    {
        file_read.seekg(1,ios::beg);          //从开始位置移动 1 位
        file_read.get(c[0]);                  //读取 1 个字符
        file_read.seekg(2,ios::cur);          //从当前位置移动 2 位
        file_read.get(&c[1],4*sizeof(char));
        //一次读取 1 个字符，连续读 3 次，最后一个放置'\0'
        cout<<c<<endl;
    }
}
void mywrite(const char*fname)
{
    char c[30];
    for(int i=0;i<26;i++)
        c[i]='A'+i;
    ofstream file_write(fname,ios::binary);
    if(file_write)
        file_write.write(c,26*sizeof(char));
}
int main()
{
    char fname[20]="word.file";
    mywrite(fname);
    myread(fname);
    return 0;
}
```


程序执行结果如图 9-18 所示。

```
C:\WINDOWS\system32\cmd.exe
BEFG
请按任意键继续. . .
```

图 9-18　例 9-19 运行结果

9.4 应用举例

【例 9-20】 将一个文件中所有大写字母读出并拷贝到另一个文件中去。

说明:在此程序中,定义一个 Cp_File 类,里面定义了输出文件流对象 out 和输入文件流对象 in,并定义了文件拷贝成员函数 copyfile,实现源文件到目的文件的拷贝,并由成员函数 infile 和 outfile 在屏幕上显示源文件和目的文件的内容。

```
#include<iostream>
#include<fstream>
#include<stdlib.h>
using namespace std;
class Cp_File{
private:
    ifstream in;
    ofstream out;
    char fname1[20];
    char fname2[20];
public:
        Cp_File();      //打开源文件,建立目的文件
    ~Cp_File();    //关闭源文件、目的文件
    void copyfile();  //读源文件,将其内的大写字母内容写入到目的文件
    void infile();     //声明函数 infile 的原型,输出源文件内容
    void outfile();    //声明函数 outfile 的原型,输出目的文件内容
};
Cp_File::Cp_File()
{
    cout<<"请输入源文件名:";
    cin>>fname1;
    in.open(fname1,ios::in);
    if(!in)
    {  cout<<"不能打开源文件:"<<fname1<<endl;
       abort();
    }
    cout<<"请输入目的文件名:";
    cin>>fname2;
    out.open(fname2,ios::out);
    if(!out)
    {  cout<<"不能打开目的文件:"<<fname2<<endl;
       abort();
    }
}
Cp_File::~Cp_File()
{
   in.close();
```

```
    //out.close();
}
void Cp_File::copyfile() //从源文件中读出字符,并将所有大写字母写入目的文件中
{
    char c;
    in.seekg(0);
    in.get(c);
    while(!in.eof())
    {
        if(c>='A'&&c<='Z')
            out.put(c);
        in.get(c);
    }
}
void Cp_File::infile()
{
    char c;
    in.close();
    in.open(fname1,ios::in);
    in.get(c);
    while(!in.eof())
    {
        cout<<c;
        in.get(c);
    }
    cout<<endl;
}
void Cp_File::outfile()   //定义函数 outfile,输出目的文件内容
{
    char c;
    in.close();
    out.close();
    in.open(fname2,ios::in);
    in.get(c);
    while(!in.eof())
    {
        cout<<c;
        in.get(c);
    }
    cout<<endl;
}
int main()
{
    Cp_File cfile;
    cfile.copyfile();
```

```
    cout<<"源文件中的内容:"<<endl;
    cfile.infile();
    cout<<"目的文件中的内容:"<<endl;
    cfile.outfile();
    return 0;
}
```

假设本例中已存在源文件 dd.txt,程序运行结果如图 9-19 所示。

```
请输入源文件名: dd.txt
请输入目的文件名: vv.txt
源文件中的内容:
东风东路开发545454545jngtrtug5tADSFnn

目的文件中的内容:
ADSF

--------------------------------
Process exited after 11.17 seconds with return value 0
请按任意键继续. . .
```

图 9-19　例 9-20 运行结果

习　　题

9-1　为什么 C++还要建立自己的输入输出系统呢?

9-2　C++有哪 4 个预定义的流对象? 它们分别与什么具体设备相关联?

9-3　C++提供了哪两种控制输入输出格式的方法?

9-4　C++进行文件输入输出的基本过程是什么?

9-5　C++中,数据文件类型分为(　　)。

A. 文本文件和顺序文件　　B. 顺序文件和随机文件

C. 文本文件和二进制文件　　D. 数据文件和文本文件

9-6　当要用到 setw()来设置输出宽度时,必须包含的头文件是(　　)。

A. fstream.h　　B. stdlib.h　　C. iostream.h　　D. iomanip.h

9-7　(　　)是标准输入流。

A. cout　　B. cin　　C. cerr　　D. clog

9-8　C++提供的预定义操纵符中,(　　)是转换为八进制形式的操纵符。

A. doc　　B. oct　　C. hex　　D. right

9-9　seekg(位移量,参照位置),其中参照位置的错误取值是(　　)。

A. 0　　B. 2　　C. 4　　D. ios::cur

9-10　使用 myFile.open("S.dat",ios::app)语句打开文件 S.dat 后,则(　　)。

A. 该文件只能用于输出

B. 该文件只能用于输入

C. 该文件既可以用于输出,也可以用于输入

D. 若该文件存在,则清除该文件的内容

9-11　下面关于提取和插入运算符的说法中不正确的是(　　)。

A. 可以重载为类的成员函数

B. 应该重载为类的友元函数

C. 提取运算符是从输入字符序列中提取数据的

D. 插入运算符是把输出数据插入到输出字符序列中的

9-12　现有程序如下：其运行结果是(　　)。

```
#include<iostream>
#include<iomanip>
using namespace std;
int main(){
  int kk=1234;
  cout<<setfill('*')<<setw(6)<<kk<<endl;
  cout<<kk<<endl;
  return 0;
}
```

A. 1234
1234　　B. * * 1234
1234　　C. * * 1234
* * 1234　　D. 以上都不对

9-13　以下程序运行后的输出结果是(　　)。

```
#include<iostream>
using namespace std;
int main()
{  int i=100;
    cout.unsetf(ios::dec);
    cout.setf(ios::hex);
    cout<<i<<"\t";
    cout<<i<<"\t";
    cout.setf(ios::dec);
    cout<<i<<"\t";
    return 0;
}
```

A. 64　100　64　　B. 64　64　64　　C. 64　64　100　　D. 64　100　100

9-14　编写一个程序，要求定义 in 为 fstream 的对象，与输入文件 file1. txt 建立关联。文件 file1. txt 的内容如下：

abodef ghijklmn

定义 out 为 fstream 的对象，与输出文件 file2. txt 建立关联。文件打开成功后，将 file1. txt 文件的内容转换成大写字母，输出到 file2. txt 文件中。

9-15　编写一程序，在屏幕上显示一个由字母 A 组成的三角形。

```
      A
     AAA
    AAAAA
   AAAAAAA
  AAAAAAAAA
 AAAAAAAAAAA
AAAAAAAAAAAAA
```

9-16　编写一个程序，用于统计某文本文件中单词 is 的个数。

9-17　编程实现：从键盘录入单词，统计单词个数，把单词及单词数保存到文件中。

第10章 异常处理

【学习目标】

(1) 用 try、throw 和 catch 分别监视、指定和处理异常。

(2) 处理未捕获和未预料的异常。

(3) 理解标准异常层次结构。

异常处理是对所能预料的运行错误进行处理的一套实现进制。有了异常处理，C++程序可以在环境出现意外或用户操作不当的情况下，做出正确、合适的处理和防范。

10.1 异常处理概述

C++具有强大的扩展能力，同时也大大增加了产生错误的可能性。错误处理代码往往分布在整个系统代码中，在任何可能出错的地方都要进行错误处理，引起代码膨胀，增加程序阅读困难。

C++中的异常处理机制能帮助程序设计员写成更清晰、更健全、更具有容错性的程序。

1. 传统的异常处理

程序中的错误，分为编译时的错误和运行时的错误。编译时的错误主要是语法错误，如关键字拼写错误、语句末尾缺分号、括号不匹配等。这类错误相对比较容易修正，因为编译系统会指出在第几行，是什么样的错误。运行时的错误则不然，其中有些错误甚至是不可预料的，如算法出错；有些虽然可以预料但却无法避免，如内存空间不够、无法实现指定的操作等；还有在函数调用时存在的一些错误，如无法打开输入文件、数组下标越界等。如果在程序中没有对这些错误的防范措施，往往得不到正确的运行结果甚至可能导致程序不正常终止，或出现死机现象。这类错误比较隐蔽，不易被发现，是程序调用中的一个难点。

程序在运行过程中出现的错误，统称为异常，对异常的处理称为异常处理。我们在程序设计时，应当事先分析程序运行时可能出现的各种意外情况，并且分别制订出相应的处理方法，使程序能够继续执行，或者至少给出适当的提示信息。

传统的异常处理方法基本上是采取判断或由分支语句来实现。

【例 10-1】 传统的异常处理方法举例。

```
#include<iostream>
using namespace std;
int Div(int x,int y);      //函数 Div 的原型
int main()
{
    cout<<"7/3="<<Div(7,3)<<endl;
    cout<<"5/0="<<Div(5,0)<<endl;
    return 0;
}
int Div(int x,int y)       //定义函数 Div
{
```

```
        if(y==0)
        {
            cout<<"除数为 0,错误!"<<endl;
            exit(0);
        }
        return x/y;
    }
```

程序执行结果如图 10-1 所示。

图 10-1　例 10-1 运行结果

说明:函数 Div 用来计算 x/y 的值。当调用函数时,一旦除数 y 为 0,则程序输出提示信息“除数为 0,错误!”,然后退出程序的运行。

传统的异常处理方法可以满足小型的应用程序需要,但无法保证程序的可靠运行,而且采用判断或由分支语句处理异常的方法不适合大量异常的处理,更不能处理不可预知的异常。

2. 异常处理机制

C++提供的异常处理机制的逻辑结构非常清晰,而且在一定程度上可以保证程序的健壮性。

C++的异常处理是一种允许两个独立开发的程序组件在程序执行期间遇到程序不正常执行的情况(称为异常)时,相互通信的机制。具有以下特点:

(1) 异常处理程序的编写不再烦琐。在错误有可能出现处写一些代码,并在后面的单独节中加入异常处理程序。如果程序中多次调用一个函数,在程序中加入一个函数异常处理程序即可。

(2) 异常发生不会被忽略。如果被调用函数需要发送一条异常处理信息给调用函数,它可向调用函数发送一个描述异常处理信息的对象。如果调用函数没有捕捉和处理该错误信息,在后续时刻该调用函数将继续发送描述异常处理信息的对象,直到异常信息被捕捉和处理为止。异常处理通常用于发现错误的部分与处理错误的部分不在同一位置(不同范围)时。与用户进行交互式对话的程序,不能用异常处理来处理输入错误,异常处理特别适合用于程序无法恢复,但又需要提供有序清理,以使程序可以正常结束的情况。

异常处理不仅提供了程序的容错性,还提供了各种捕获异常的方法,如根据类型捕获异常,或者指定捕获任何类型的异常。

10.2　异常处理的方法

C++处理异常的办法是:如果在执行一个函数过程中出现异常,不在本函数中立即处理,而是发出一个信息,传给它的上一级(即调用函数)来解决,如果上一级函数也不能处理,就再传给其上一级,由其上一级处理。如此逐级上传,如果到最高一级还无法处理,则终止程序的运行。

这样的异常处理方法，使得异常的引发和处理机制分离，而不是由同一个函数完成，这样做的好处是使底层函数（被调用函数）着重用于解决实际问题，而不必过多地考虑对异常的处理，减轻底层函数的负担，而把处理异常的任务上移到上层去处理。

C++处理异常的机制由检查、抛出和捕获三个部分组成，分别由三种语句来完成：try（检查）、throw（抛出）、catch（捕获）。把需要检查的语句放在 try 中，throw 用来在出现异常时，发出一个信息，而 catch 用来捕获异常，并在捕获异常信息后对其进行处理。

1. 抛出异常

如果程序发生异常情况，而在当前的上下文环境中获取异常处理的足够信息，可以创建一个包含出错信息的对象并将此对象抛出当前的上下文环境，将出错信息发送到更大的上下文环境中，称为异常抛出。抛出异常语法如下：

```
throw 表达式;
```

如果在某段程序中发现了异常，可以使用 throw 语句抛出这个异常给调用者，该异常由与之匹配的 catch 来捕获。throw 语句中的表达式表示抛出的异常类型，异常类型由表达式的类型来表示。

例如，含有 throw 语句的函数 Div 可写成：

```
int Div(int x,int y)
{   if (y==0)
throw y;      //抛出异常，当除数 y 为 0 时，语句 throw 将抛出 int 型异常
return x/y;//当除数 y 不为 0 时，返回 x/y 的值
}
```

由于变量 y 的类型是 int，所以当除数 y 为 0 时，语句 throw 将抛出 int 型异常。该异常将由与之匹配的 catch 语句来捕获。

2. 异常捕获

如果函数内抛出一个异常（或在调用函数时抛出一个异常），则在异常抛出时系统会自动退出所在函数的执行。由关键字 try 引导，异常抛出后，由 catch 引导的异常处理模块应能接受任何类型的异常。

在 try 之后，根据异常的不同情况，相应的处理方法由关键字 catch 引导。语法如下：

```
try{
        //可能发生错误的代码
}catch(type1 t1){
          //第一种类型异常处理
}catch(type2 t2){
          //第二种类型异常处理
}
……          //其他类型异常处理
}catch(typen tn){
           //第 n 种类型异常处理
}
```

try 后的复合语句是被检查语句，也是容易引起异常的语句，这些语句称为代码的保护段。catch 子句后的复合语句是异常处理程序，放在 try 之后。

异常处理的执行流程如下：

(1) 程序进入 try 块，执行 try 块内的代码。

(2) 如果在 try 块内没有发生异常，则直接转到所有 catch 块后的第一条语句执行下去。

(3) 如果发生异常，则根据 throw 抛出的异常对象类型来匹配一个 catch 语句(此 catch 能处理此种类型的异常，即 catch 后的参数类型与 throw 抛出异常对象类型一致)。如果找到类型匹配的 catch 语句，进行捕获，其参数(t1，t2，…，t*n*)被初始化为指向异常的对象，执行相应 catch 内的语句模块；如果找不到匹配类型的 catch 语句，系统函数 terminate 被调用，终止程序。

(4) 执行异常处理语句后，程序继续执行 catch 子句后的语句。

【例 10-2】 除数为 0 的例子。

```
#include<iostream>
using namespace std;
int Div(int x,int y);                        //函数 Div 的原型
int main()
{ try                                        //检查异常
  { cout<<"7/3="<<Div(7,3)<<endl;            //被检查的复合语句
    cout<<"5/0="<<Div(5,0)<<endl;
}
  catch(int)                  //捕获异常,异常类型是 int 型
  { cout<<"除数为 0,错误!"<<endl;}//进行异常处理的复合语句
    cout<<"end"<<endl;
    return 0;
  }
int Div(int x,int y)
{
   if (y==0)
      throw y;                 //抛出异常,当除数 y 为 0 时,语句 throw 将抛出 int 型异常
    return x/y;              //当除数 y 不为 0 时,返回 x/y 的值
}
```

程序执行结果如图 10-2 所示。

图 10-2 例 10-2 运行结果

在主函数中首先执行 try 语句，调用函数 Div(5，0)时发生异常，由 Div 函数中的语句“throw y;”抛出 int 型异常(因为变量 y 是 int 类型)，被与之匹配的 catch 语句捕获(因为两者的异常类型都是 int 型)，并在 catch 内进行异常处理后，执行 catch 后的语句。

说明：

(1) 被检测的语句或程序段必须放在 try 块中，否则不起作用。

(2) try 和 catch 块中必须有用花括号括起来的复合语句，即使花括号内只有一个语句

也不能省略花括号。

（3）一个 try_catch 结构中只能有一个 try 块，但却可以有多个 catch 块，以便与不同的异常信息匹配。

catch 后面的括号中，一般只写异常信息的类型名。但是如果要用到该异常，就要加上对应的变量名（或参数）。

【例 10-3】 有多个 catch 块的异常处理程序。

```
#include<iostream>
using namespace std;
int main()
{ double a=2.5;
  try                        //检查异常
  { throw a;}                //抛出异常
   catch(int t)                //捕获异常，异常类型是 int 型，t 是接收异常的参数
  { cout<<"异常发生！ 整数型！"<<t<<endl;}
                             //进行异常处理的复合语句
  catch (double t2)      //捕获异常，异常类型是 double 型，t2 是接收异常的参数
  { cout<<"异常发生！ 双精度型！"<<t2<<endl;}
                             //进行异常处理的复合语句
  cout<<"end"<<endl;
  return 0;
}
```

程序执行结果如图 10-3 所示。

```
异常发生！双精度型！2.5
end
请按任意键继续. . .
```

图 10-3　例 10-3 运行结果

因为 a 为 double 型，所以“throw a;”抛出的是 double 型异常，被 catch(double t2)捕获，double 型异常 a 传给异常参数 t2，执行相应代码。

（4）如果在 catch 子句中没有指定异常信息的类型，而用了删节号“...”，则表示它可以捕获任何类型的异常信息。

【例 10-4】 有删节号“...”的异常处理程序。

```
#include<iostream>
using namespace std;
void func(int x)
{ if(x)
    throw x;                 //抛出异常，throw 抛出整型异常
}
int main()
{ try                            //检查异常
  { func(5);
    cout<<"No here!"<<endl;    //被检查的复合语句
```

```
    }
    catch(...)              //捕获异常,异常类型是任意类型
    {
      cout<<"任意类型异常!"<<endl;//进行异常处理的复合语句
    }
    cout<<"end"<<endl;
    return 0;
}
```

程序执行结果如图 10-4 所示。

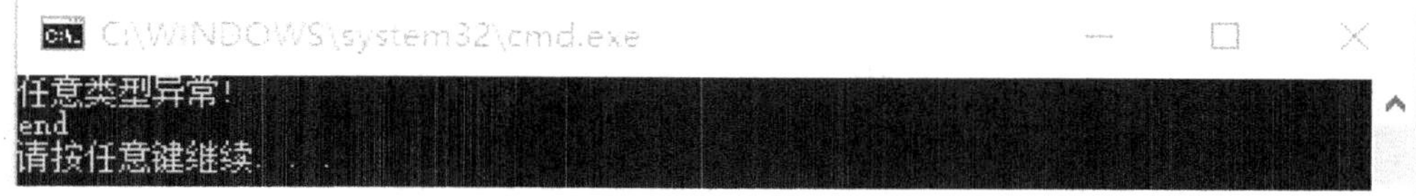

图 10-4　例 10-4 运行结果

(5) 在某种情况下,在 throw 语句中可以不包括表达式,如:

```
throw;
```

此时它将把当前正在处理的异常信息再次抛出,给其上一层的 catch 块处理。

(6) C++中,一旦抛出一个异常,而程序又不捕获的话,那么最终会被系统捕获,系统就会调用一个系统函数 terminate,由它调用 abort 终止程序。

【例 10-5】 未捕获的异常。

```
#include<iostream>
using namespace std;
class Bummer{};
class Killer{};
void foo(){
    int error=1;
    if(error){
        cout<<"throwing Killer"<<endl;
        throw Killer();
    }
}
int main()
{
    try{
        cout<<"calling foo()"<<endl;
        foo();
    }
    catch(Bummer){
        cout<<"catching Bummer"<<endl;
    }
    cout<<"finished"<<endl;
    return 0;
}
```

程序执行结果如图 10-5 所示。

图 10-5　例 10-5 运行结果

说明:在程序中,定义了两个类 Bummer 和 Killer,函数 foo()中会抛出 Killer 类型的异常。在 main 中调用 foo 函数,于是由 Killer 类型的异常抛出,后面的 catch 语句只能捕获 Bummer 类型的异常,所以异常类型不匹配,发生了未捕获异常的情况,通过调用系统的特殊函数 terminate()终止程序。

(7) 异常可以是基本数据类型,也可以是系统预定义类型(如:runtime_error、logic_error),还可以是用户自定义类型,如例 10-5 中的 Bummer、Killer。

【例 10-6】 用户自定义异常——除数为 0 的例子。

```
#include<iostream>
#include<iostream>
using namespace std;
class DivdeByZeroException{
    const char*message;
public:
    DivdeByZeroException():message("divided by zero"){}
    const char*what(){return message;}
};
double testdiv(int num1,int num2)
{
    if(num2==0)
        throw DivdeByZeroException();
    return (double)num1/num2;
}
int main()
{
    int num1,num2;
    double res;
    cout<<"please input two integers:";
    while(cin>>num1>>num2){
        try{
            res=testdiv(num1,num2);
            cout<<"the res is :"<<res<<endl;
        }catch(DivdeByZeroException ex){
            cout<<"error "<<ex.what()<<"\n";
            break;
        }
        cout<<"\n please input two integers:";
    }
```

```
    return 0;
}
```

程序执行结果如图 10-6 所示。

```
C:\WINDOWS\system32\cmd.exe
please input two integers:100 5
the res is :20

 please input two integers:10 3
the res is :3.33333

 please input two integers:10 0
error divided by zero
请按任意键继续. . .
```

图 10-6　例 10-6 运行结果

说明:这里自定义一种异常类 DivdeByZeroException,DivdeByZeroException 类的构造函数将 message 数据成员指向字符串 divided by zero。当 main 函数 try 中没有列出实际可能发生异常的除法,而是通过调用 testdiv 函数来判断。函数通过判断除数是否为 0 来抛出异常对象。catch 处理程序指定的参数(这里参数为 ex)接受抛出的对象,并通过 what 打印这个消息。

10.3　异常匹配

从基类可以派生各种异常类,当一个异常抛出时,异常处理器会根据异常处理顺序找到“最近”的异常类型进行处理。如果 catch 捕获了一个指向基类类型异常对象的指针或引用,那么它也可以捕获该基类所派生的异常对象的指针或引用。相关错误的多态处理是允许的。

【例 10-7】　异常捕获顺序举例。

```
#include<iostream>
using namespace std;
class BasicErr{
};
class ChildErr1:public BasicErr{
};
class ChildErr2:public BasicErr{
};
class Test{
public:
    void f(){ throw ChildErr2();}
};
int main()
{
    Test t;
    try{
        t.f();
    }
```

```
    catch(BasicErr){
        cout<<"catching BasicErr"<<endl;
    }
    catch(ChildErr1){
        cout<<"catching ChildErr1"<<endl;
    }
    catch(ChildErr2){
        cout<<"catching ChildErr2"<<endl;
    }
    return 0;
}
```

对于这里的异常处理机制，第一个处理器总是匹配一个 BasicErr 对象或者从 BasicErr 派生的子类对象，所以第一个异常处理捕获第二个和第三个异常处理的所有异常，而第二个和第三个异常处理器永远不会被调用，因此在捕获异常中常把捕获基类类型的异常处理器放在最末端。

 10.4 标准异常及层次结构

C++标准提供了标准库异常及层次结构。标准异常以基类 exception 开头(在头文件<exception>中定义)，该基类提供了函数 what( )，每个派生类中重定义发出相应的错误信息。由基类 exception 直接派生的类 runtime_error 和 logic_error(均定义在头文件<stdexcept>中)，分别报告程序的逻辑错误和运行时的错误信息。I/O 流异常类 ios::failure 也由 exception 类派生而来。

注意：异常处理不能用于处理异步情况，如磁盘 I/O 完成、网络消息到达、鼠标单击等。这些情况最好用其他办法处理，如终端处理。

 10.5 应用举例

【例 10-8】 输入三角形的三条边长，求三角形的面积。当输入边的长度小于或等于 0，或者当三条边都大于 0，但不能构成三角形时，分别抛出 int 型和 double 型异常，给出警告并结束程序运行。

```
#include<iostream>
#include<cmath>
using namespace std;
double triangle(double a,double b,double c)
{
    double s=(a+b+c)/2;          //三角形面积计算函数
    if(a+b<=c||b+c<=a||c+a<=b)
       throw 1.0;                //语句 throw 抛出 double 型异常
    return sqrt(s*(s-a)*(s-b)*(s-c));
```

```
}
int main()
{
    double a,b,c;
    try                                   //检查异常
    {
        cout<<"请输入三角形的三个边长(a、b、c):"<<endl;
        cin>>a>>b>>c;
        if (a<=0||b<=0||c<=0) throw 1;     //语句 throw 抛出 int 型异常
        while (a>0&&b>0&&c>0)
        {
            cout<<"a= "<<a<<",b= "<<b<<",c= "<<c<<endl;
            cout<<"三角形的面积= "<<triangle(a,b,c)<<endl;
            cout<<"请输入三角形的三个边长(a、b、c):"<<endl;
            cin>>a>>b>>c;
            if(a<=0||b<=0||c<=0) throw 1;   //语句 throw 抛出 int 型异常
        }
    }catch(double)                         //捕获异常,异常类型是 double 型
    {
        cout<<"这三条边不能构成三角形,异常发生,结束!"<<endl;
    }catch(int)                            //捕获异常,异常类型是 int 型
    {
        cout<<"边长小于或等于 0,异常发生,结束!"<<endl;
    }
    return 0;
}
```

程序运行结果如图 10-7 所示。

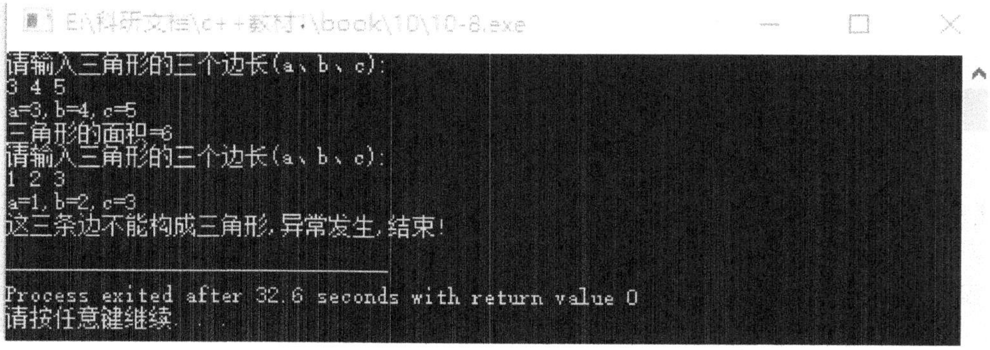

```
E:\科研文档\c++教材\book\10\10-8.exe
请输入三角形的三个边长(a、b、c):
3 4 5
a=3, b=4, c=5
三角形的面积=6
请输入三角形的三个边长(a、b、c):
1 2 3
a=1, b=2, c=3
这三条边不能构成三角形,异常发生,结束!

Process exited after 32.6 seconds with return value 0
请按任意键继续. . .
```

图 10-7　例 10-8 运行结果

习　　题

10-1　什么叫异常处理?

10-2　如果 try 不抛出异常,那么 try 块执行完后控制权会转向何处?

10-3　如果没有匹配除对象类型的 catch 处理程序，会发生什么情况？

10-4　catch(...)一般放在其他 catch 子句的后面，该子句的作用是(　　)。

A. 抛出异常　　B. 捕获所有类型的异常

C. 检查并处理异常　　D. 有语法错误

10-5　C++中实现异常处理的 3 种语句，除了 try 和 catch 外，还有(　　)。

A. throw　　B. class　　C. if　　D. return

10-6　C++处理异常的机制由(　　)三部分组成。

A. 编辑、编译和运行　　B. 检查、抛出和捕获

C. 检查、抛出和运行　　D. 编辑、编译和捕获

10-7　写出下面程序的运行结果。

```
#include<iostream>
using namespace std;
int f(int);
int main()
{
   try{
      cout<<"4!="<<f(4)<<endl;
      cout<<"-2!="<<f(-2)<<endl;
   }catch (int n)
   {
      cout<<"n="<<n<<"不能计算 n!。"<<endl;
      cout<<"程序执行结束。"<<endl;
   }
   return 0;
}
int f(int n)
{   if (n<=0)
        throw n;
    int s=1;
    for(int i=1;i<=n;i++)
      s*=i;
      return s;
}
```

10-8　设计一个程序，采用异常处理的方法，演示抛出异常。

第11章 Windows程序开发概述和MFC

【学习目标】

(1)了解 Windows 编程模型。

(2)了解 MFC。

本书前面的章节详细介绍了 C++面向对象的程序设计,所有的编程实例都是在控制台方式下进行的,事实上,开发图形用户界面程序,才最能体现出面向对象方法的优势。由于界面复杂,图形用户界面程序相对都比较庞大,但是一个界面元素在程序中出现的重复率却很高,这就需要程序模块具有很好的可复用性。另外,在图形用户界面中,对程序的交互要求较高,软件运行时要能够随时响应用户的各种操作,这些操作可能是完全无序的,很难用一个过程来描述。

Visual C++是 Windows 系统下的一个很好的开发环境。从名字上看,它似乎是一个完全可视化的开发工具,但是实际并非如此,程序员必须自己编写和阅读 C++代码。尽管 Visual C++不是一个完全可视化的开发工具,但它为我们提供了很好的辅助工具。另外,Microsoft 基本类库(Microsoft Foundation Class,缩写 MFC)为我们提供了大量可以重用的代码,隐藏程序设计中的许多复杂工作,使编写 Windows 应用程序更加简单。

本章将利用 VS2012 作为平台,首先概述 C++的 Windows 编程模型,了解 Windows 应用程序是如何工作的;然后介绍 MFC,并带领大家开发第一个 Windows 应用程序。

 11.1 C++的 Windows 编程

早期的 Windows 应用程序开发是使用 C/C++通过调用 Windows API 所提供的结构和函数来进行的,对于有些特殊的功能,有时还要借助相应的软件开发工具(Software Development Kit,SDK)来实现。这种编程方式由于其运行效率高,因而至今在某些场合中仍旧使用,但它编程烦琐,手工代码量也较大。下面来看一个简单的 Windows 应用程序。

【例 11-1】 一个简单的 Windows 应用程序。

```
#include<windows.h>
int WINAPI WinMain( HINSTANCE hInstance,HINSTANCE
                    hPrevInstance,LPSTR lpCmdLine,int nShowCmd )
{
    MessageBox (NULL,"hello!,我的图形界面","C++面向对象程序设计",0);
      return 0;
}
```

在 VS2012 中,运行上述程序需要进行以下操作:

(1) 选择“文件”－>“新建”－>“项目”菜单命令,在弹出的“新建项目”对话框中选中“Visual C++”“Win32 项目”,选定位置,确定项目名称,如图 11-1 所示。

图 11-1 新建 Win32 项目

(2) 单击“确定”按钮，弹出一个欢迎使用 Win32 应用程序向导对话框，单击“下一步”按钮，在后继弹出的“应用程序设置”对话框中，选中“空项目”，如图 11-2 所示。单击“完成”按钮，系统将自动创建此应用程序。

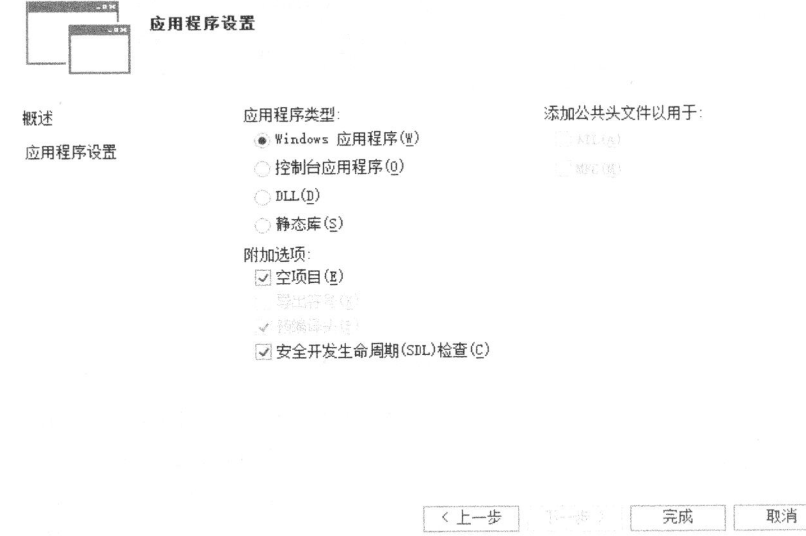

图 11-2 选择“空项目”

(3) 右击“解决方案资源管理器”中的“源文件”，在弹出的快捷菜单中选择“添加”－>“新建项”命令，如图 11-3 所示。新建一个 C++ 文件(.cpp)，命名为“hello.cpp”，确定后输入上面的代码。

(4) 因为 VS2012 默认支持的字符集是 UNICODE，不同于 ANSI 标准，一个 UNICODE 字符占 2 个字节，修改 VS2012 中的字符集。“项目”→“项目属性”→“配置属性”→“常规”→“项目默认值”→“字符集”，将使用 Unicode 字符集改为未设置即可，如图 11-4 所示。

图 11-3　选择“新建项”命令

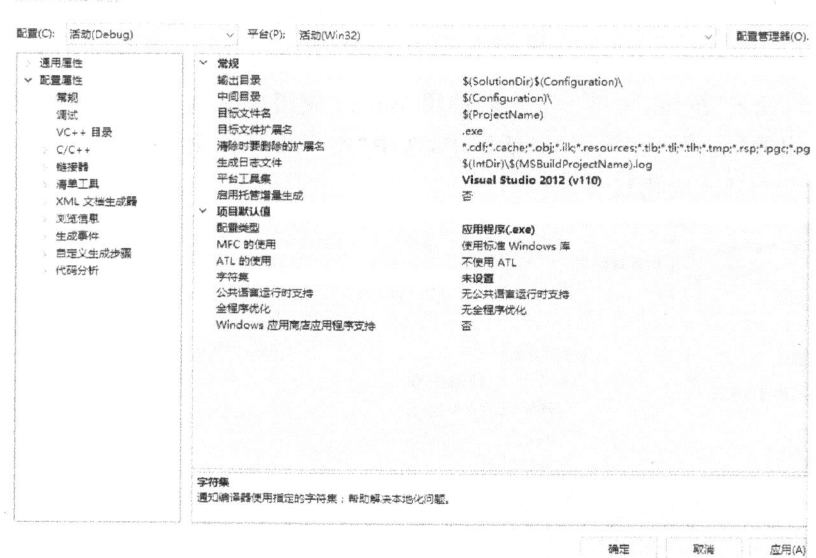

图 11-4　修改字符集

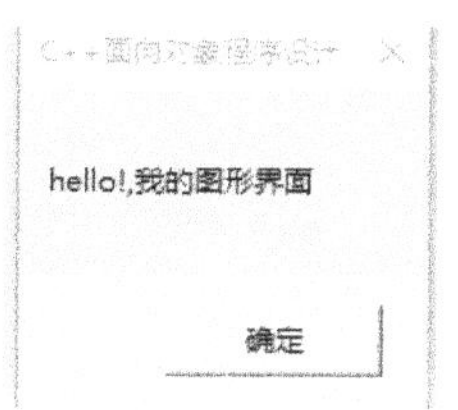

图 11-5　运行结果

(5) 运行程序，结果如图 11-5 所示。

从上面的程序代码可以看出：

● C++控制台应用程序以 main 函数作为进入程序的入口点，但在 Windows 应用程序中，mian 主函数被 WinMain 函数取代。WinMain 函数的原型如下：

```
int WINAPI WinMain(
    HINSTANCE hInstance,//当前实例句柄
    HINSTANCE hPrevInstance,//前一个实例句柄，被置为 NULL
    LPSTR lpCmdLine,    //指向命令行参数的指针
    int nShowCmd )      //窗口的显示状态
```

WinMain 函数返回一个整数。WINAPI 用于指定调用约定，具体在 WINDEH.h 中定义。

这里出现了一个新的概念“句柄”(handle)。所谓句柄是一个标识 Windows 资源(如菜单、图标、窗口等)和设备等对象的数据指针类型。通常一个句柄可用来对系统中某些资源进行间接引用。

● MessageBox 是一个 Win32 API 函数,用于弹出一个对话框,显示一些简短的信息。函数原型如下:

```
MessageBox ( HWND hWnd,LPCTSTR lpText,LPCTSTR lpCaption,UINT uType);
```

第一个参数 hWnd 是一个窗口句柄,表明对话框所属的窗口。

第二个参数 lpText 是一个字符串,表明需要显示的信息。

第三个参数 lpCaption 是一个字符串,表明对话框的标题。

第四个参数 uType 用于指定对话框中的按钮和图标。

● 每一个 C++ Windows 应用程序,都需要 windows.h 头文件,另外还包含了其他的一些 windows 头文件,这些头文件定义了 Windows 的所有数据类型、函数调用、数据结构和符号常量。

● 程序中结果的输出已不再显示在屏幕上,而是通过对话框(如 MessageBox)来显示或者将结果绘制在用户界面元素上。

下面来看一个比较完整的 Windows 应用程序。

【例 11-2】 一个比较完整的 Windows 应用程序

```
/*****************************************************************
*                                                                *
*    演示程序:hello2.cpp                                          *
*    功能:显示一个简单的窗口                                       *
*                                                                *
*****************************************************************/
#include<windows.h>
LRESULT CALLBACK WndProc (HWND,UINT,WPARAM,LPARAM);//窗口过程

int WINAPI WinMain(HINSTANCE hInstance,              //当前实例句柄
                   HINSTANCE hPrevInstance,          //前一个实例句柄
                   LPSTR     lpCmdLine,              //命令行字符串
                   int       nCmdShow)               //窗口显示方式
{
    HWND        hwnd;  //窗口句柄
    MSG         msg;
    WNDCLASS    wndclass;
    //填写窗口类结构,使得其参数描述主窗口各方面的属性
    wndclass.style          = CS_HREDRAW | CS_VREDRAW;
    wndclass.lpfnWndProc    = WndProc;
    wndclass.cbClsExtra     = 0;
    wndclass.cbWndExtra     = 0;
    wndclass.hInstance      = hInstance;
    wndclass.hIcon          = LoadIcon (NULL,IDI_APPLICATION);
    wndclass.hCursor        = LoadCursor (NULL,IDC_ARROW);
    wndclass.hbrBackground= (HBRUSH) GetStockObject (WHITE_BRUSH);
    wndclass.lpszMenuName   = NULL;
    wndclass.lpszClassName= "hello!,我的图形界面";//窗口类名
    //对窗口进行注册
```

```
        if (!RegisterClass(&wndclass))
        {
              MessageBox (NULL,TEXT("窗口注册失败!"),"hello!,我的图形界面",MB_
    ICONERROR);
              return 0;
        }
        hwnd = CreateWindow ("hello!,我的图形界面",   // 窗口类名
                            "我的窗口",               // 窗口标题
                            WS_OVERLAPPEDWINDOW,    // 窗口样式
                            CW_USEDEFAULT,          // 窗口左上角的横坐标
                            CW_USEDEFAULT,          // 窗口左上角的纵坐标
                            CW_USEDEFAULT,          // 窗口的宽度
                            CW_USEDEFAULT,          // 窗口的高度
                            NULL,                   // 父窗口的句柄
                            NULL,                   // 窗口菜单句柄
                            hInstance,              // 当前实例的句柄
                            NULL);                  // 指向一个传递给窗口的参数值指针
        //让窗口显示出来,并更新其客户区,最后返回 TRUE
        ShowWindow (hwnd,nCmdShow );
        UpdateWindow (hwnd);
        //进入消息循环,从应用程序消息队列中检取消息
    //当检取的消息是一条 WM_QUIT 消息时,就退出消息循环
        while (GetMessage (&msg,NULL,0,0))
        {
            TranslateMessage (&msg);//把虚拟键消息翻译为字符消息
            DispatchMessage (&msg);//把消息分配到相应的窗口中去,这里是 WndProc
        }
        return msg.wParam;
    }
    /*****************************************************************
    *                                                                *
    *   函数:MainWndProc(HWND,UINT,WPARAM,LPARAM)                    *
    *   功能:处理主窗口消息。                                          *
    *                                                                *
    *****************************************************************/
    LRESULT CALLBACK WndProc (HWND hwnd,UINT message,WPARAM wParam,LPARAM lParam)
    {
        HDC         hdc;
        PAINTSTRUCT ps;
        RECT        rect;

        switch (message)
        {
          case WM_CREATE:return 0;   //窗口创建产生消息
          case WM_LBUTTONDOWN:
```

```
            MessageBox(NULL,"hello!,我的图形界面","C++面向对象程序设计",0);
             return 0;
        case WM_PAINT:
            hdc = BeginPaint (hwnd,&ps);
            GetClientRect (hwnd,&rect);
            DrawText (hdc,"窗口外的世界很精彩,窗口内的天地也很奇妙!",- 1,
                &rect,DT_SINGLELINE | DT_CENTER | DT_VCENTER);
            EndPaint (hwnd,&ps);
            return 0;
        case WM_DESTROY:
            PostQuitMessage (0);
            return 0;
    }
    return DefWindowProc (hwnd,message,wParam,lParam);
}
```

在 VS2012 中创建和运行上述程序的步骤与例 11-1 相同。程序运行后,出现一个中间有字的窗口,单击鼠标左键,就会弹出和例 11-1 一样的一个对话框,结果如图 11-6 所示。

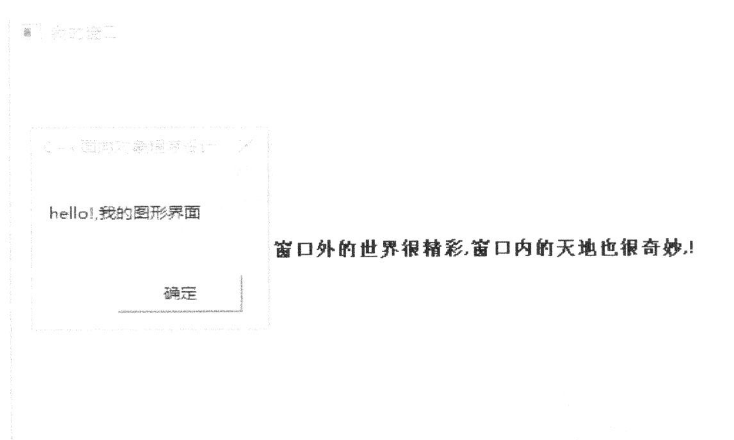

图 11-6　例 11-2 运行结果

与例 11-1 相比,例 11-2 要复杂得多,但可以做如下分解。

- WinMain 函数:用来完成五个部分的工作:填充窗口结构、注册窗口类、创建窗口、显示窗口和更新客户区、建立消息循环。如果接收到 WM_QUIT 消息,则调用 PostQuitMessage,系统请求退出。
- WinProc 函数:窗口过程函数,用来接收和处理各种不同的消息。

Windows 应用程序和消息的处理流程,可以用图 11-7 表示。

Windows 应用程序执行时使用事件驱动编程模型,应用程序通过处理操作系统发送来的消息来响应事件,事件可能是一次击键、鼠标单击或是要求窗口更新的命令以及其他事情。Windows 应用程序的进入点是 WinMain,但是大多数操作是在称为窗口过程(这里是 WinProc)中的函数中进行的。窗口过程函数处理发送给窗口的消息,因为函数创建该窗口并进入消息循环,即获取消息或将其调度给窗口过程,消息被检索之前处于消息队列中等待。一个典型的应用程序的绝大部分操作是在响应它收到的消息,除了等待下一个消息到达以外,几乎什么都不做。Windows 的编程模型如图 11-8 所示。

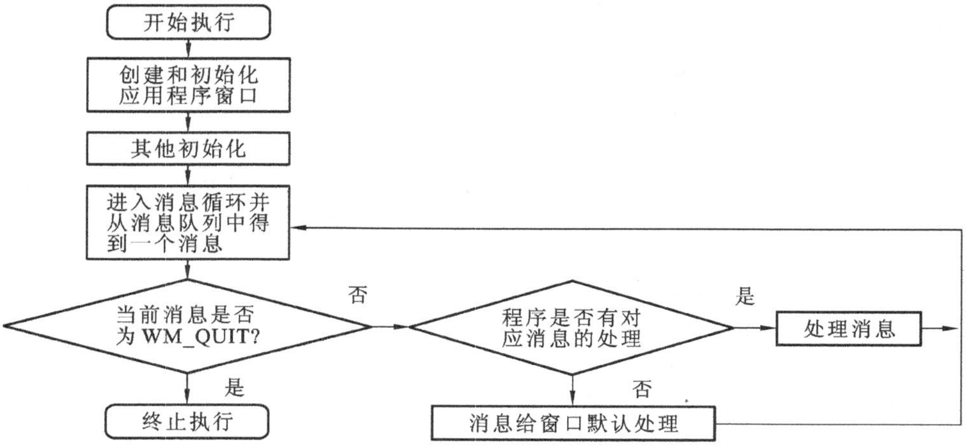

开始执行
创建和初始化
应用程序窗口
其他初始化
进入消息循环并
从消息队列中得
到一个消息
当前消息是否
为WM_QUIT?
否
程序是否有对
应消息的处理
是
处理消息
否
消息给窗口默认处理
是
终止执行

图 11-7　Windows 应用程序的基本流程

WM_PAINT
消息
WM_KEYDOWN
WM_SIZE
WM_COMMAND
WM_CHAR
消息队列
应用程序
WimMain
消息循环
窗口过程
发送消息
消息处理程序
消息处理程序
消息处理程序
消息处理程序
未处理的消息
DefWindowProc

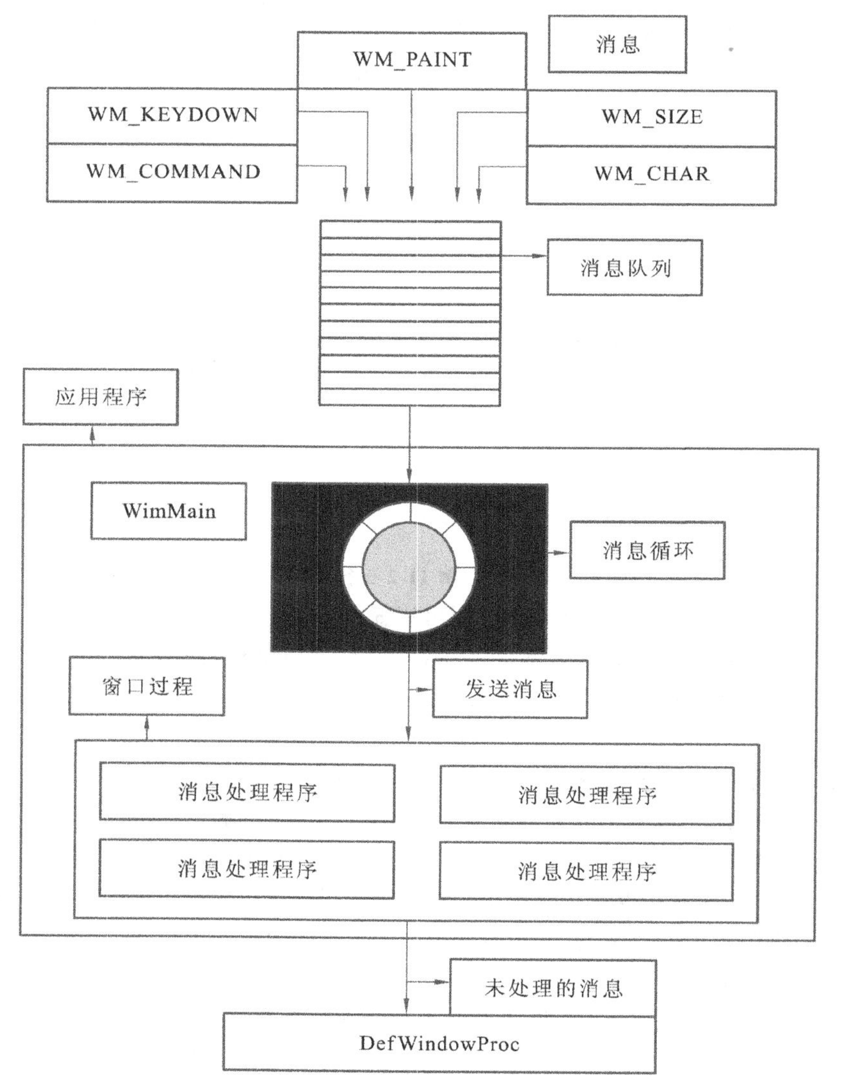

图 11-8　Windows 编程模型

如果应用 MFC 库，WinMain()函数就被隐藏了。

11.2 MFC 应用程序

例 11-1 和例 11-2 都是基于 Windows API 的 C++应用程序。显然，随着应用程序的逐渐复杂，C++应用程序代码也必然变得复杂。

为了方便处理那些经常使用但又复杂烦琐的各种 Windows 操作，Visual C++设计了一套基础类库(Microsoft Foundation Classes，MFC)。MFC 把 Windows 编程规范中的大多数内容封装成各种类，称为 MFC 程序框架，它使程序员从繁杂的编程中解脱出来，提高了编程效率。

11.2.1 设计一个 MFC 应用程序

在理解 MFC 程序框架机制之前，先来看一个 MFC 应用程序。

【例 11-3】 一个 MFC 应用程序。

在 VS2012 中运行上述 MFC 程序时进行以下操作。

(1) 参照例 11-1 的步骤，新建一个 Win32 空项目，命名为 HelloWorld，并为该项目添加 HelloWorld.cpp 文件。源文件代码如下：

```
//HelloWorld.cpp
#include<afxwin.h>
class CHelloWorldApp : public CWinApp
{
public:virtual BOOL InitInstance();
};
CHelloWorldApp theApp;   //建立应用程序的实例
class CMainWindow:public CFrameWnd   //声明主窗口类
{
public:
        CMainWindow()
        {
            Create(NULL,_T("我的窗口"));//创建主窗口
        }
protected:
        afx_msg void OnLButtonDown(UINT nFlags,CPoint point);
        afx_msg void OnPaint();//窗口更新时的绘制
        DECLARE_MESSAGE_MAP();
};
// CHelloWorldApp 消息处理程序
BEGIN_MESSAGE_MAP(CMainWindow,CFrameWnd)
        ON_WM_PAINT()          //窗口更新时的绘制消息映射
        ON_WM_LBUTTONDOWN()    //单击鼠标消息映射
END_MESSAGE_MAP()
void CMainWindow::OnLButtonDown(UINT nFlags,CPoint point)
{
```

```
        MessageBox(_T("hello!,我的图形界面"),_T("C++面向对象程序设计"),0);
        CFrameWnd::OnLButtonDown(nFlags,point);
}
void CMainWindow::OnPaint()
{
        CPaintDC dc(this);
        CRect rect;
        GetClientRect(&rect);
        dc.DrawText(_T("窗口外的世界很精彩,窗口内的天地也很奇妙!"),
                    - 1,&rect,DT_SINGLELINE|DT_CENTER|DT_VCENTER);
}
BOOL CHelloWorldApp::InitInstance()
{
    m_pMainWnd = new CMainWindow;   //新添加的一行代码,新建窗口
    m_pMainWnd->ShowWindow(SW_SHOW);
    m_pMainWnd->UpdateWindow();
    return TRUE;
}
```

(2) 依次单击"项目"—>"项目属性"—>"配置属性"—>"常规"—>"项目默认值"—>"MFC的使用",将"使用标准 Windows 库"改为"在共享 DLL 中使用 MFC",单击"应用"和"确定"按钮。

(3) 生成解决方案并执行程序,结果同例 11-2。

11.2.2 理解程序代码

从例 11-3 可以看出,MFC 使用 afxwin.h 来代替文件 windows.h,但在例 11-3 程序中却看不到 Windows 应用程序所必需的程序入口函数 WinMain。这是因为 MFC 将它隐藏在应用程序框架内部了。

当用户运行应用程序时,首先创建应用程序对象 theApp,当 theApp 配置完成后,Windows 会自动调用应用程序框架内部的 WinMain 函数,并自动查找该应用程序类 CHelloWorldApp(从 CWinApp 派生)的全局变量 theApp,然后自动调用 CWinApp 的虚函数 InitInstance,该函数会进一步调用相应的函数来完成主窗口的构造和显示工作。下面来看上述程序中 InitInstance 的执行过程。

首先执行的是:

```
m_pMainWnd=new CMainWindow
```

该语句用来创建从 CFrameWnd 类派生而来的用户框架窗口 CMainFrame 类对象,继而调用该类的构造函数,使得 Create 函数被调用,完成了窗口创建工作。

然后执行后面两句:

```
m_pMainWnd->ShowWindow(SW_SHOW);
m_pMainWnd->UpdateWindow();
```

用于窗口的显示和更新。

最后返回 TRUE,表示窗口创建成功。

需要说明的是,由于应用程序类 CWinApp 派生类 CHelloWorldApp 有一个全局对象实例 theApp,这使得在构造时还自动进行基类 CWinApp 的初始化,使得在 InitInstance 完成

初始化工作之后，还调用基类 CWinApp 的成员函数 Run，执行应用程序的消息循环，即重复执行接收消息并转发消息的工作。当 Run 检查到消息队列为空时，将调用基类 CWinApp 的成员函数 OnIdle 进行空闲时的后台处理工作。若消息队列为空，且又没有后台工作要处理，使得应用程序一直处于等待状态，一直等到有消息为止，当程序结束后，调用基类 CWinApp 的成员函数 ExitInstance，完成终止应用程序的收尾工作。

11.2.3 使用 MFC 应用程序向导

事实上，上述 MFC 程序代码可以不必从头构建，甚至不需要输入一句代码，就能创建这样的 MFC 应用程序，这就是 C++的 MFC 应用程序向导(MFC AppWizard)的功能。

MFC 应用程序向导能为用户快速、高效、自动地生成一些常用的标准程序结构和编程风格的应用程序，它们被称为应用程序框架结构。

(1) 启动 VS2012，单击菜单栏中的“文件”→“新建”→“项目”命令，弹出“新建项目”对话框，选择工程类型。在“Visual C++”下选择“MFC”，对话框中间区域会出现三个选项：MFC 应用程序 MFC ActiveX 控件和 MFC DLL。要选择 MFC 应用程序，在对话框下部设置名称为“helloWorld”，位置设置为“E:\C++\MFC”，单击“确定”按钮，如图 11-9 所示。

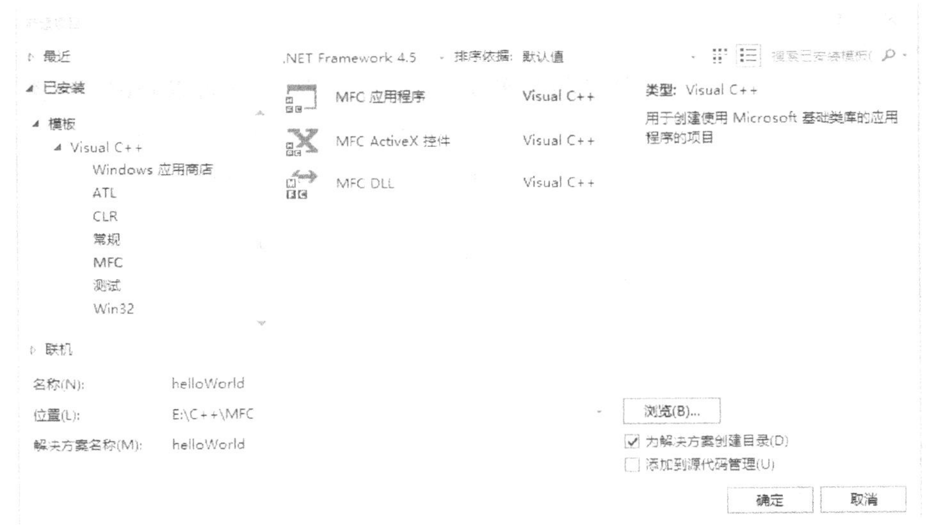

图 11-9 新建 MFC 项目

(2) 这时会弹出 MFC 应用程序向导对话框，显示了当前工程的默认设置。如果这时直接单击下面的“完成”按钮，可生成多文档程序。但我们此例是要建立单文档应用程序，所以单击“下一步”按钮，继续设置。

(3) 接下来弹出的对话框让选择应用程序类型，应用程序类型选中“单个文档”，项目类型选中“MFC 标准”，以生成一个 MFC 风格的单文档应用程序框架。单文档应用程序运行时是一个单窗口界面。其他保持默认值，如图 11-10 所示。

(4) 此时弹出上部写有“复合文档支持”的对话框，使用默认值“None”。单击“下一步”按钮。

(5) 在此后的对话框中，我们都使用默认设置，单击“下一步”按钮，直至完成，弹出“生成类”对话框。

应用程序类型

概述
应用程序类型
复合文档支持
文档模板属性
数据库支持
用户界面功能
高级功能
生成的类

应用程序类型：
单个文档(S)
多个文档(M)
选项卡式文档(B)
基于对话框(D)
使用 HTML 对话框(I)
无框架的 MFC 控件(O)
多个顶级文档(T)
文档/视图结构支持(V)
安全开发生命周期(SDL)检查(C)
资源语言(L)：
中文(简体，中国)
使用 Unicode 库(N)

项目类型：
MFC 标准(A)
Windows 资源管理器(X)
Visual Studio(O)
Office(F)
视觉样式和颜色(Y)：
Windows 本机/默认
启用视觉样式切换(C)
MFC 的使用：
在共享 DLL 中使用 MFC(U)
在静态库中使用 MFC(E)

< 上一步　下一步 >　完成　取消

图 11-10　选择应用程序类型

(6) 弹出“生成类”对话框，在对话框上部的“生成类”列表框内，列出了将要生成的 4 个类：一个视图类(CHelloWorldView)、一个应用类(CHelloWorldApp)、一个文档类(CHelloWorldDoc)和一个主框架窗口类(CMainFrame)。在对话框下面的几个编辑框中，可以修改默认的类名、类的头文件名和源文件名。对于视图类，还可以修改其基类名称，默认的基类是 CView，还有其他几个基类可以选择。这里使用默认设置，单击“完成”按钮。

应用程序向导最后生成了应用程序框架，并在 Solution Explorer 中自动打开了解决方案。

(7) 添加类。单击菜单“项目”→“添加类”或在“解决方案资源管理器”中切换到类视图，右击根目录 HelloWorld，在弹出的对话框中选择“添加”→“类”，进入新建类向导，如图 11-11 所示。

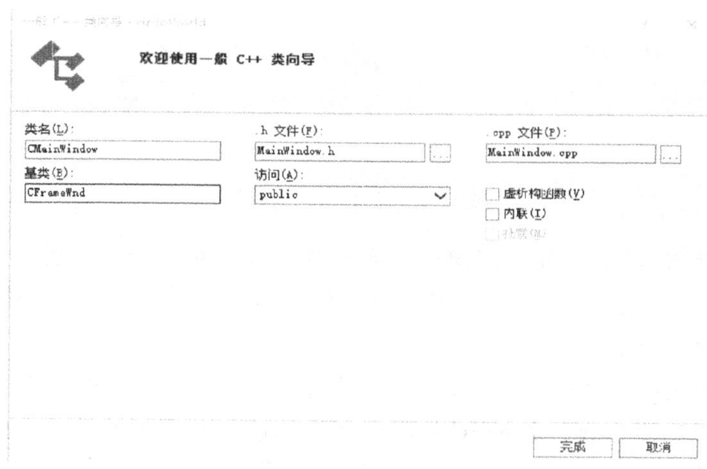

图 11-11　新建类向导

(8) 按图 11-11 设置后，单击“完成”按钮，会自动生成 MainWindow.h 和 MainWindow.cpp 文件。MainWindow.h 的类定义中仅有构造函数和析构函数声明，MainWindow.cpp 中是对应构造函数和析构函数的定义，补充构造函数后如下：

```
CMainWindow::CMainWindow(void)
{
    Create(NULL,_T("我的窗口"));//创建主窗口
}
```

（9）添加消息。单击菜单“项目”→“类向导”或在“解决方案资源管理器”中切换到类视图，右击根目录 HelloWorld，在弹出的对话框中选择“类向导”，弹出类向导对话框，类名选择 CMainWindow，并将对话框切换到“消息”页面，在众多选项中分别双击 WM_PAINT 和 WM_LBUTTONDOWN，就会自动生成处理程序 OnPaint 和 OnLButtonDown，如图 11-12 所示。单击“编辑代码”按钮，进入 MainWindow. cpp 的编辑状态。

图 11-12　映射消息

（10）此时，MainWindow. cpp 自动产生如下代码：

```
BEGIN_MESSAGE_MAP(CMainWindow,CFrameWnd)
    ON_WM_PAINT()
    ON_WM_LBUTTONDOWN()
END_MESSAGE_MAP()
void CMainWindow::OnPaint()
{
    CPaintDC dc(this);// device context for painting
    @ TG
    #3073
        // TODO: 在此处添加消息处理程序代码
        // 不为绘图消息调用 CFrameWnd::OnPaint()
}
```

```
void CMainWindow::OnLButtonDown(UINT nFlags,CPoint point)
{
    // TODO: 在此添加消息处理程序代码和/或调用默认值
    CFrameWnd::OnLButtonDown(nFlags,point);
}
```

将对应的消息处理代码输入其中：

```
void CMainWindow::OnPaint()
{
    CPaintDC dc(this);// device context for painting
    CRect rect;
    GetClientRect(&rect);
    dc.DrawText(_T("窗口外的世界很精彩,窗口内的天地也很奇妙!"),
          -1,&rect,DT_SINGLELINE|DT_CENTER|DT_VCENTER);
}
void CMainWindow::OnLButtonDown(UINT nFlags,CPoint point)
{
    MessageBox(_T("hello!,我的图形界面"),_T("C++面向对象程序设计"),0);
          CFrameWnd::OnLButtonDown(nFlags,point);
}
```

（11）双击“解决方案资源管理器”中的 HelloWorld.cpp，在该文件 BOOL CHelloWorldApp::InitInstance()函数的尾部新添如下注释的代码：

```
m_pMainWnd = new CMainWindow;  //新添加的一行代码,新建窗口
m_pMainWnd->ShowWindow(SW_SHOW);
m_pMainWnd->UpdateWindow();
```

（12）编译运行生成的程序。单击菜单栏中的“生成”→“生成解决方案”编译程序，然后单击“调试”—>“开始执行(不调试)”(快捷键 Ctrl+F5)运行程序，结果页面如图 11-13 所示。

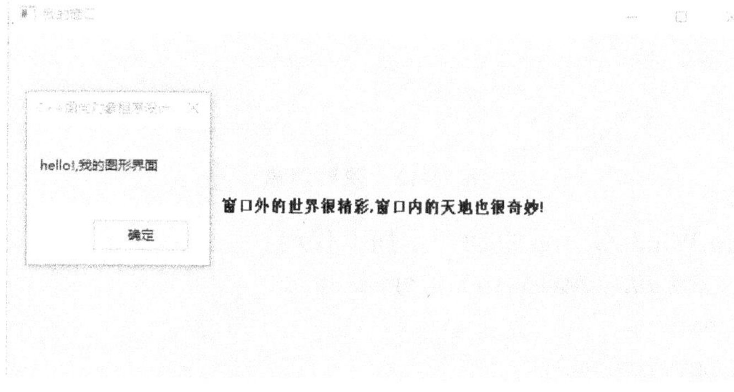

图 11-13　使用 MFC 应用程序向导生成的页面

可以看到，结果与例 11-2、例 11-3 的结果相同。

11.3　MFC 的类层次结构

MFC 与 VCL 类似，是一种应用框架，随微软 Visual C++开发工具发布。目前最新版本为 10.0。该类库提供一组通用的可重用的类库供开发人员使用。大部分类均从 CObject

直接或间接派生，只有少部分类例外。MFC 类库中各类的关系如图 11-14 所示。

MFC 中的各种类结合起来构成了一个应用程序框架，目的就是让程序员在此基础上建立 Windows 下的应用程序。

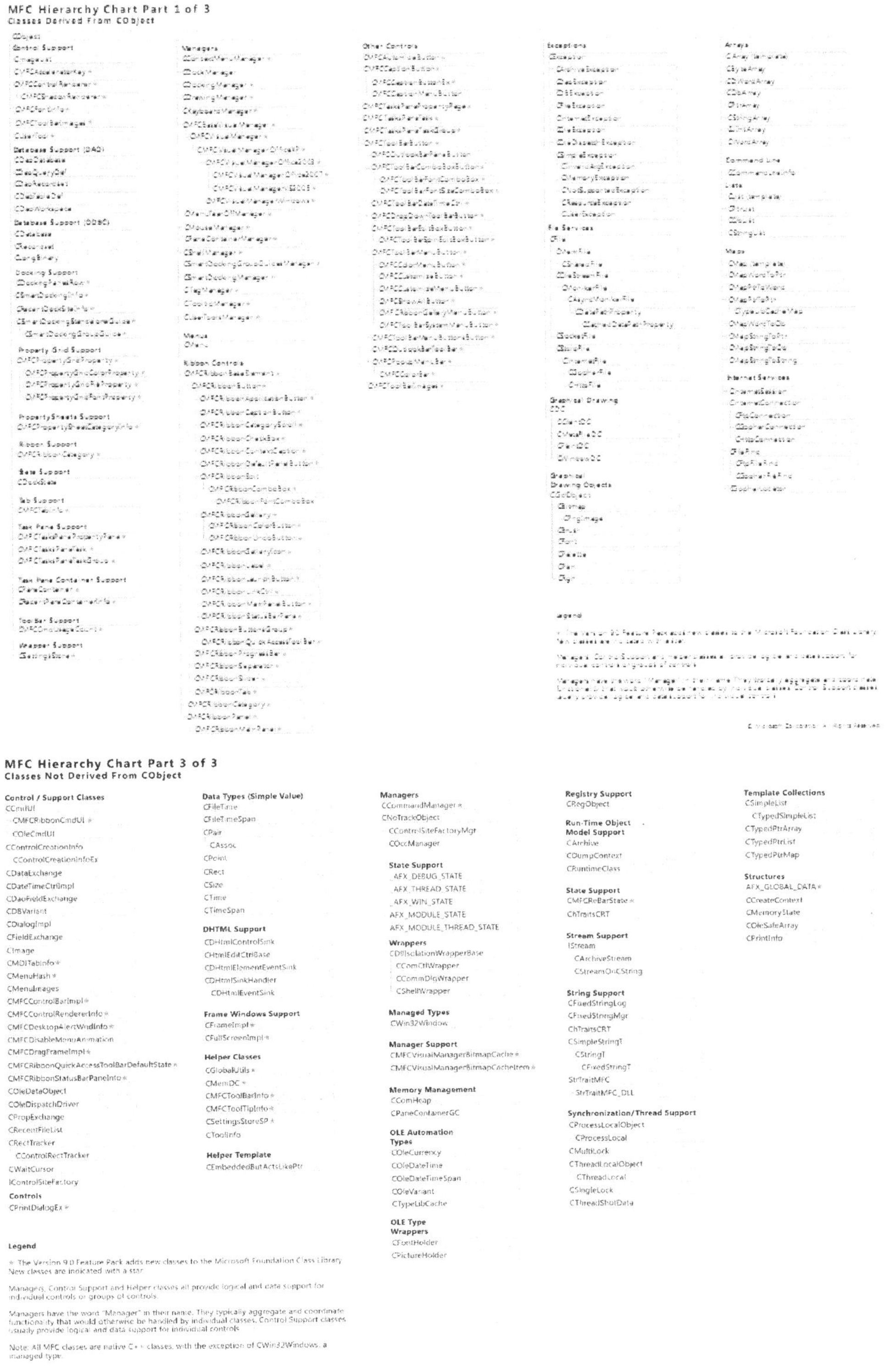

MFC Hierarchy Chart Part 1 of 3
Classes Derived From CObject

MFC Hierarchy Chart Part 3 of 3
Classes Not Derived From CObject

Control / Support Classes
CCmdUI
CMFCRibbonCmdUI *
COleCmdUI
CControlCreationInfo
CControlCreationInfoEx
CDataExchange
CDateTimeCtrlImpl
CDaoFieldExchange
CDBVariant
CDialogImpl
CFieldExchange
CImage
CMDITabInfo *
CMenuHash *
CMenuImages
CMFCControlBarImpl *
CMFCControlRendererInfo *
CMFCDesktopAlertWndInfo *
CMFCDisableMenuAnimation
CMFCDragFrameImpl *
CMFCRibbonQuickAccessToolBarDefaultState *
CMFCRibbonStatusBarPaneInfo *
COleDataObject
COleDispatchDriver
CPropExchange
CRecentFileList
CRectTracker
CControlRectTracker
CWaitCursor
IControlSiteFactory

Controls
CPrintDialogEx *

Data Types (Simple Value)
CFileTime
CFileTimeSpan
CPair
CAssoc
CPoint
CRect
CSize
CTime
CTimeSpan

DHTML Support
CDHtmlControlSink
CHtmlEditCtrlBase
CDHtmlElementEventSink
CDHtmlSinkHandler
CDHtmlEventSink

Frame Windows Support
CFrameImpl *
CFullScreenImpl *

Helper Classes
CGlobalUtils *
CMemDC *
CMFCToolBarInfo *
CMFCToolTipInfo *
CSettingsStoreSP *
CToolInfo

Helper Template
CEmbeddedButActsLikePtr

Managers
CCommandManager *
CNoTrackObject
CControlSiteFactoryMgr
COccManager

State Support
AFX_DEBUG_STATE
AFX_THREAD_STATE
AFX_WIN_STATE
AFX_MODULE_STATE
AFX_MODULE_THREAD_STATE

Wrappers
CDllIsolationWrapperBase
CComCtlWrapper
CCommDlgWrapper
CShellWrapper

Managed Types
CWin32Windows

Manager Support
CMFCVisualManagerBitmapCache *
CMFCVisualManagerBitmapCacheItem *

Memory Management
CComHeap
CPaneContainerGC

OLE Automation Types
COleCurrency
COleDateTime
COleDateTimeSpan
COleVariant
CTypeLibCache

OLE Type Wrappers
CFontHolder
CPictureHolder

Registry Support
CRegObject

Run-Time Object Model Support
CArchive
CDumpContext
CRuntimeClass

State Support
CMFCReBarState *
ChTraitsCRT

Stream Support
IStream
CArchiveStream
CStreamOnCString

String Support
CFixedStringLog
CFixedStringMgr
ChTraitsCRT
CSimpleStringT
CStringT
CFixedStringT
StrTraitMFC
StrTraitMFC_DLL

Synchronization/Thread Support
CProcessLocalObject
CProcessLocal
CMultiLock
CThreadLocalObject
CThreadLocal
CSingleLock
CThreadSlotData

Template Collections
CSimpleList
CTypedSimpleList
CTypedPtrArray
CTypedPtrList
CTypedPtrMap

Structures
AFX_GLOBAL_DATA *
CCreateContext
CMemoryState
COleSafeArray
CPrintInfo

Legend

* The Version 9.0 Feature Pack adds new classes to the Microsoft Foundation Class Library. New classes are indicated with a star.

Managers, Control Support and Helper classes all provide logical and data support for individual controls or groups of controls.

Managers have the word "Manager" in their name. They typically aggregate and coordinate functionality that would otherwise be handled by individual classes. Control Support classes usually provide logical and data support for individual controls.

Note: All MFC classes are native C++ classes, with the exception of CWin32Windows, a managed type.

图 11-14　MFC 类关系图

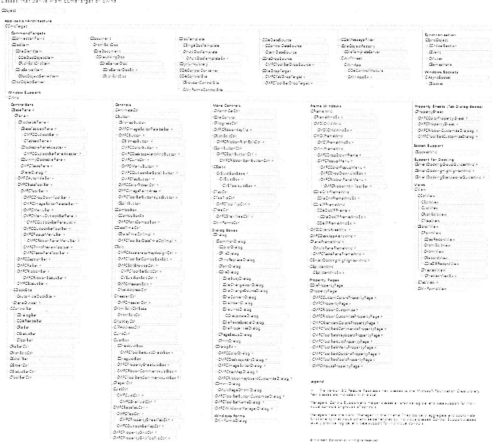

MFC Hierarchy Chart Part 2 of 3
Classes That Derive From CCmdTarget or CWnd

续图 11-14

11.4 MFC 类功能简介

本节对常用的 MFC 类进行简单介绍。

1. 根类 CObject

CObject 类是 MFC 提供的绝大多数类的基类(根类)。该类完成动态空间的分配与回收,支持一般的诊断、出错信息处理和文档序列化等。Microsoft 基本类库中的大多数类都是由 CObject 类派生而来的。CObject 对所有由它派生出的类提供了有用的基本服务。

2. MFC 应用程序类

MFC 应用程序类如表 11-1 所示。

表 11-1 MFC 应用程序类

类　　名	简　　述
CWinApp 类	派生 Windows 应用程序基类,提供成员函数初始化、运行和终止应用程序
CWinThread 类	所有线程类的基类,CWinApp

3. 文档相关类

文档相关类如表 11-2 所示。

表 11-2 文档相关类

类 名	简 述
CDocument 类	应用程序文档类
CDocTemplate 类	文档模板类
CMultiDocTemplate 类	多文档应用程序的文档模板类
CSingleDocTemplate 类	单文档应用程序的文档模板类
COleDocument 类	支持可视编辑的 OLE 文档类
COleServerDoc 类	用于服务器应用程序文档类
CArchive 类	结合

4. 视图相关类

视图相关类如表 11-3 所示。

表 11-3 视图相关类

类 名	简 述
CView 类	用于查看文档数据的应用程序视图类，显示数据并接收用户输入
CScrollView 类	具有滚动功能的视图类
CFormView 类	用于实现基于对话框模板资源的用户界面
CDaoRecordView 类	提供链接到 DAO 记录集的表单视图类
CRecordView 类	提供链接到 ODBC 记录集的表单视图类
CCtrlView 类	与 Windows 控件有关的所有视图的基类
CEditView 类	包含 Windows 标准编辑控件的视图类
CRichEditView 类	包含 WindowsRichEdit 控件的视图类
CListView 类	包含 Windows 列表控件的视图类，显示图标和字符串

5. 窗口相关类

窗口相关类如表 11-4 所示。

表 11-4 窗口相关类

类 名	简 述
CWnd 类	窗口类，它是大多数“看得见的东西”的父类（Windows 里几乎所有看得见的东西都是一个窗口，大窗口里有许多小窗口），比如视图 CView、框架窗口 CFrameWnd、工具条 CToolBar、对话框 CDialog、按钮 CButton 类等；一个例外是菜单（CMenu）不是从窗口派生的
CFrameWnd 类	单文档应用的主框架窗口类，也是其他框架窗口类的基类
CMDIFrameWnd 类	多文档应用程序主框架窗口类
CMDIChildWnd 类	多文档应用程序文档框架窗口类

6. 控件相关类

控件相关类如表 11-5 所示。

表 11-5　控件相关类

类　　名	简　　述
CStatic 类	静态文本类,在窗体上显示标签
CEdit 类	用于接收用户输入的文本编辑框
CRichEditCtrl 类	用于输入和编辑文本的窗口,支持字体、颜色、段落格式化和 OLE 对象
CSliderCtrl 类	包含滑杆的控件类
CButton 类	按钮控件类
CBitmapButton 类	以位图而不是文本做标题的按钮
CListBox 类	列表框类
CComboBox 类	组合框类,允许用户输入或选择
CCheckListBox 类	复选列表框类
CTreeCtrl 类	树形查看控件类
CToolBarCtrl 类	工具栏控件类

7. 绘图和打印相关类

绘图和打印相关类如表 11-6 所示。

表 11-6　绘图和打印相关类

类　　名	简　　述
CDC 类	设备文本类。将输出到显示器或打印机的信息抽象为 CDC 类。CDC 与其他 GDI(图形设备接口)一起,完成文字和图形、图像的显示工作
CClientDC 类	窗口客户区设备环境类,从 CDC 类派生而来,用于窗口绘制
CPaintDC 类	在窗口的 OnPaint 函数中使用的设备环境,构造函数自动调用 BeginPaint,析构函数自动调用 EndPaint 函数
CPen 类	封装了 GDI 的画笔类
CBrush 类	封装了 GDI 的画刷类
CFont 类	封装了 GDI 的字体类

8. 文件相关类

文件相关类如表 11-7 所示。

表 11-7　文件相关类

类　　名	简　　述
CFile 类	提供二进制磁盘文件访问接口类
CMemFile 类	内存文件类
CShareFile 类	表示共享文件类

9. 数据库相关类

数据库相关类如表 11-8 所示。

表 11-8　数据库相关类

类　　名	简　　述
CDatabase 类	封装与数据源链接,通过链接可以操作数据源
CDaoDatabase 类	与数据库链接,操作数据库数据类
CDaoRecordset 类	从数据源中选择数据集类

10. Internet 相关类

Internet 相关类如表 11-9 所示。

表 11-9　Internet 相关类

类　　名	简　　述
CHttpFilterContext 类	管理 HTTP 过滤器的环境

习　　题

11-1　Windows 应用程序开发的步骤有哪些？执行过程是什么？

参考文献

[1] (美)Bruce Eckel,Chuck Allison. C++编程思想(第1卷)[M]. 2版. 刘宗田,袁兆山,等,译. 北京:机械工业出版社. 2002.

[2] (美)Stanley B. Lippman,Josee Lajoie,等. C++ PRIMER[M]. 4版. 李师贤,将爱军,等,译. 北京:人民邮电出版社,2006.

[3] 陈维兴,林小茶. C++面向对象程序设计教材[M]. 3版. 北京:清华大学出版社,2009.

[4] 陈维兴,陈昕. C++面向对象程序设计[M]. 北京:人民邮电出版社,2010.

[5] 姚全珠. C++面向对象程序设计[M]. 北京:电子工业出版社,2010.

[6] 郑莉,董渊,何江舟. C++语言程序设计[M]. 4版. 北京:清华大学出版社,2010.

[7] 郑阿奇. Visual C++实用教程[M]. 4版. 北京:电子工业出版社,2012.

[8] (美)Jeff Prosise. MFC Windows 程序设计[M]. 2版. 北京彦博科技发展有限责任公司,译. 北京:清华大学出版社 2007.